女性兵士という難問

ジェンダーから問う
戦争・軍隊の社会学

佐藤文香

慶應義塾大学出版会

女性兵士という難問◇目次

第Ⅱ部　女性兵士という難問

第Ⅲ部　自衛隊におけるジェンダー

はじめに

わたしが知っていることの九五パーセントは、誰かが仕事をしてくれたおかげで知ったことです。わたしは、他の人たちが十分に自信を持ち、十分に力を、十分に活力を与えられ、十分に資金を得ることで、わたしをより賢くしてくれるような仕事をすることに、完全に依存しています。それに、わたしは実際、人と一緒に生き生きと経験をしたいのです。そうすれば、学問生活はより楽しくなり、もっと面白くなります。そうする価値があるんです。

——シンシア・エンロー (*Signs: Journal of Women in Culture and Society* 28(4), p. 1195, 2003)

冷たい雨がぱらつきはじめるなか、茗荷谷の改札をぬけたところに、その人は立っていた。わたしはドキドキしながら彼女に近づき声をかけた。「あなたがシンシア・エンロー教授ですね?」、「ええ!」。キラキラした目の奥に好奇心の光がいっぱいに灯っていた。

それは二〇〇三年の冬だった。お茶の水女子大学のジェンダー研究センターが、フェミニスト国際政治学者のパイオニアであるシンシア・エンローを客員教授として招聘し、わたしは彼女のセミナーの一コマでコメンテーターをすることになっていた[*1]。

わたしたちは、改札のすぐ横にあるカフェテリアに入った。それから二時間ほどだったろうか。電子辞書を片手につたない英語で自分の研究のことを伝えようとするわたしに、彼女は本当に忍耐強く耳を傾け、あなたの研究はとても重要だと全身で励ましてくださったのだった。

当時、わたしは前著『軍事組織とジェンダー——自衛隊の女性たち』のもとになった博士論文を書きあげたばかりだったが、とても孤独だった。日本のフェミニストたちにとって、自衛隊の「女性兵士」研究は歓迎されざるもの、むしろ、警戒すべきものだった。ある女性史の大家は「日本のフェミニズムの一角に女性兵士論が登場したことは遺憾だ」とはっきりと書いた。女性学の雑誌では、わたしの論文を掲載するならば自分は編集委員を辞任する、と言った人もいた。査読者から「自衛隊を軍隊として扱うような著者が将来論壇に出ていくことを憂慮する」と告げられたこともある。彼女たちが、軍事組織での男女平等な権利を求めるような主張に対し警戒感を抱く気持ちを、わたしはよく理解――共感さえ――していた。それでも、駆け出しの研究者として、「自衛隊の女性を研究するよりももっと大事なことがあるだろうに」といった類のことを言われるのはとてもつらかった。

　こうした批判をする人びとは、軍隊によって明確な被害を受けている女性たち――たとえば「慰安婦」であるとか基地周辺で軍人から性暴力被害にあった女性たち――を研究することこそ、重要だと考えていた。その重要性はまったく疑う余地がなかったけれど、わたしはそれでもなお、自衛隊の女性にも目を配る必要があるのではないかと思っていた。エンローの著作に魅せられていったのはこうした自分自身の苦闘を背景としている。

　女性の軍隊参入をめぐるフェミニズムの立場がけっして一枚岩でないことは本書でもさまざまな角度から論じていく。一つの分類をあげるなら、女性が増えれば軍隊はよりよいものになると考える「楽観主義者」の立場と、軍隊に女性が増えることは女性の軍事化を招くだけだと考える「悲観主義者」の立場がある。当時、日本のフェミニストたちのほとんどはこの「悲観主義者」の立場をとっていた。

　しかし、エンローは第三の可能性があるかもしれない、と示唆していた。軍事化と脱軍事化は時に同時進行し、家父長制は混乱をきたすかもしれない。だから、軍隊に女性が参入するという現象をつぶさに観察することもまた、研究者がはたすべき重要な仕事である、と。

自分自身が訳出することになった彼女の主著『策略』で、次のような文章に出会った時、どんなに勇気づけられたかを、今でもはっきりとおぼえている。


軍事化によって抑圧されている女性たちのために働く女性と、軍事化を通じてより大きな機会を求めている女性たちのために働く女性が、互いに何の共通点もないと考えること、あるいはもっと悪くすれば、互いを政治的な敵対者であると想定する方向に気持ちが傾くかもしれない。だが、こうした思いこみは、ジェンダー化された軍事化の全貌を検証されないままにしてしまうだろう。（Enloe 2000＝2006: 229-30）

「女性兵士という難問」に取り組む研究者にはたしかに自身を軍事化しかねないリスクがつねにつきまとう。だが、それはひき受ける価値のあるリスクだ、と彼女は言った。なぜなら、女性兵士を研究しないままにしておくならば、わたしたちが軍事化という過程や家父長制の適応能力についてけっして十分に理解することはできないのだから、と。エンローの著作に、そして彼女自身に出会わなければ、わたしは、本書第Ⅲ部で展開したような主張——自衛隊が日本社会に根づいてきた過程を検証するにあたって、女性自衛官のはたしてきた役割に光をあてることは不可欠だ——を持ちつづけることができなかったと思う。

エンローとの出会いから一九年、そして、前著『軍事組織とジェンダー——自衛隊の女性たち』を上梓してから一七年が経過した。この間、世界中の軍隊で、女性兵士は数を増し、その役割を拡大させつづけている。この現象を、単純な男女平等の進展と解するべきでないこと、フェミニズムにとって女性兵士は難問として存在するのであり、さまざまな立場がありうるのだということは、先にも述べたとおりである。

だが、現実社会の変化は著しい。二〇二二年二月末に突如起こったロシアのウクライナ侵攻でも、国を守ろうと立ちあがる女性兵士の姿が耳目を集めた。ウクライナ軍には全体の二二％を占める約五・七万人の女性がいると言われるが（『朝日新聞』2022. 7. 14 朝刊）、平和・安全保障分野におけるジェンダー主流化は、もはや国際的に不可逆的な潮流としてある。日本でも二〇一五年に「女性・平和・安全保障に関する行動計画」が策定され、女性自衛官のいっそうの登用が謳われた。防衛省は二〇一七年に女性自衛官活躍推進イニシアティブを発表するなど、少子化による募集難をも背景として、女性自衛官のさらなる増員と役割拡大が進んでいる。一方で、一八歳から六〇歳の男性の出国を禁じたウクライナの「国民総動員令」や、ロシアとの政治的妥結を説く論者があびた激しい非難に見られるように、国を守るために闘う英雄の姿も、戦争をめぐる言説も、今なお深くジェンダー化されたものとしてありつづけている。

本書『女性兵士という難問――ジェンダーから問う戦争・軍隊の社会学』は、この二〇余年のあいだに起こったさまざまな変化もふまえつつ、女性兵士がはたすことを求められてきた役割とその効果に注目していく。前著では、自衛隊を特殊な軍事組織として位置づけるところから脱却しきれず、女性自衛官の困難を、日本の働く女性の問題の一事例に解消してしまった感があった。しかし、本書は、英語圏において積み重ねられている批判的軍事・戦争研究の蓄積に連なり、ジェンダーの視点をもってする戦争・軍隊の社会学の輪郭を描くことを明確に志向している。

本書を貫く主張の一つは、戦争・軍隊を批判的に解剖するにあたって、「ジェンダーから問う」という視角が不可欠である、ということである。男らしさや女らしさといった観念の操作は、軍事化を推し進め、戦争を首尾よく遂行する際の要である。一方で、軍隊も戦争も、女性たちに依拠することを必ず必要としており、彼女たちの経験から現象を見つめることは、その男性中心性を明らかにするうえで欠かすことのできない作業である。本書は、「ジェンダーから問う」ことが、戦争・軍隊を批判的に考察するうえでいかに重要なのか、この視点を有することで見えてくる風景を描くことにより、示していきたい。

日本国内においては、二〇〇九年に戦争社会学研究会が設立され、「戦争と社会」をテーマにした学際的な研究ネットワークがつくられるようになった。わたし自身もその末端に連なり、ガイドブック（野上・福間編 2012）や論集（福間他編 2013）、「戦争と社会」シリーズ（蘭他編 2021－2022）の刊行に携わってきたが、ジェンダーの視点をもって現代的課題に取り組んでいる批判的社会学者はまだまだ少ないと感じている。本書は、この分野の興隆を目指し、さまざまな媒体に書いてきた論考を一冊にまとめることで、後進の研究者・学生がまとまったかたちでアクセスできるよう再編したものである。

再録にあたっては文章を全面的に見直し、加筆修正を行ったが、この作業をするなかで、自分でも驚くほど同じことを言いつづけてきたのだということを痛感させられた。願わくは、それがわたし自身の成長のなさを示すのではないことを。そして、書いたものを世に送り出す時もまた、いつもただ一つ、同じ願いをこめてきた――本書を手に取った読者のなかから、一人でも多く、この分野の研究に乗り出す方があれば、これに勝る幸せはない。

第Ⅰ部　ジェンダーから問う戦争・軍隊の社会学

第Ⅰ部「ジェンダーから問う戦争・軍隊の社会学」では、先行研究を概観し、研究に必要な基礎概念を整理することで、戦争・軍隊とジェンダーの密接不可分な関係の考察へと道案内していきたい。

そもそも「ジェンダーから問う」とは、どのようなことを意味するのだろうか？　本書では、まず、人間という存在に多様性をもたらす要素として性別を注意深く見ることを指している。戦争・軍隊がどのような男性、どのような女性によって担われ、どのような男性、どのような女性に、どのような加害／被害関係を生起させているのかをしっかりと見ていく、ということである。裏を返せば、ジェンダーの視点を落としてしまうことで、戦争にまつわる被害の様態が見落とされ、軍隊がもっぱら男性に担われていることが自然化されてしまう。「ジェンダーから問う」とは、こうした陥穽を意識して避けようとするということだ。

そして、「ジェンダーから問う」とは、性別や性別に関するわたしたちの知識がもたらす視点の偏りに注意深くあるということも意味している。戦争・軍隊があたかも性中立であり女性とは無関係な領域であるかのように扱ったり、戦時性暴力をまるで自然災害のように「仕方のない不可避な事柄」と見做したりすること、そのこと自体に知のバイアスがある。従来の研究に多く見られがちなこのバイアスを自覚し、戦争・軍隊がどのような性別分業によって支えられてきた／いるのか、既存のジェンダー秩序を自明のものとすることなく、批判的に問うていこうとするということだ。

以上のことを念頭に、第1章で戦争・軍隊のジェンダー研究の歩みを概観し、第2章ではそのなかでも特に、男性（性）研究の動向に焦点をあて、日本における研究の不在を指摘する。そのうえで、第3章では、軍事主義や軍事化、家父長制等、この研究分野における主要概念についての議論を整理し、概観していこう。

残念ながら戦争・軍隊のジェンダー研究として参照できる日本語の文献は、まだまだ少ないのが現状である。わたし自身の言語能力の問題から、第Ⅰ部はもっぱら英語文献に依拠した概説とならざるをえないが、軍事社会学においても、フェミニスト国際関係論においても毎年膨大な数の研究成果が生み出されつづけている。以下で紹介するものは、そのうちのごくかぎられた選択的レビューでしかないことをお断りしておきたい。

第1章　ジェンダーから問う戦争・軍隊の社会学

1　はじめに――軍事社会学と国際関係論

本章では、先行研究を概観することで、「ジェンダーから問う戦争・軍隊の社会学」の輪郭を描いていこう。

女性の戦争参加をはじめ、戦争における性別分業の変遷を論じてきた学問としては歴史学がある。また、人類学は、社会的・文化的文脈に応じて、戦争・軍隊と男女の関係が多様にありうることを描いてきた。これらの成果を取りこみながら、戦争・軍隊を「ジェンダーから問う」という知的営みに主要な貢献をしてきたのが、軍事社会学と国際関係論という二つの分野である。

軍事社会学

軍隊の女性に関する学術研究は、軍事社会学の「先進国」アメリカで徴兵制が志願制に切りかわった一九七〇年代以降に生み出されてきた。女性の軍隊役割を国家横断的・歴史的に研究することでこの分野の研究をリードしてきたマディ・W・シーガルは、フェミニストの反軍的立場と軍事組織の知識の欠如に、研究の遅れの原因を見出している（Segal 1999: 563-4）。本書第II部で論じていくが、多くのフェミニストにとって、女性兵士が扱いづらい難問として存在したのはたしかである。[*1] このため、研究は、湾岸戦争以降の女性兵士の可視性が高まっていったという現実に押されるかたちで、着手されることになったのだった。

シーガルは、比較研究のため、女性の軍隊参加の程度や質に影響を与える変数を、軍隊（国家の安全保障状況、軍隊の組織や活動）、社会構造（一般社会での女性の役割、市民社会の構造的変数）、文化（ジェンダーと家族役割の社会的構築）という三つのカテゴリーで理論化した（Segal 1995）。このシーガルのモデルを発展させるかたちでヘレナ・カレイラスはその要因を図のように整理している。

軍事社会学では、こうしたマクロレベルの分析に加え、ジェンダー構築に対する軍隊のシンボリックな機能に焦点をあてた実証研究も進んでいった。男女徴兵制を有するイスラエル軍の研究から女性兵士のアイデンティティー構築の両義性を明らかにしたイスラエルのオーナ・サッソン＝レヴィ（Sasson-Levy 2003）、R・コンネルの理論に影響を受けて軍隊における男性性の構築を扱った元イギリス軍人のポール・R・ハイゲート（Higate ed. 2003）、マクロレベル（社会的動向）、メゾレベル（組織的要因）、ミクロレベル（個人の態度）の相互作用を射程に入れてNATO諸国の軍隊の女性の比較研究を行ったポルトガルのカレイラス（Carreiras 2006）など、この分野の成果はアメリカを超えた広がりを見せており、わたし自身の自衛隊におけるジェンダー・イデオロギーの再生産に関する研究（佐藤 2004）やサビーネ・フリューシュトゥック（Frühstück 2007＝2008）の自衛官のアイデンティティー構築に関する研究などは、その日本版として位置づけられる。

図　「女性の軍隊参加に影響を与える要因」

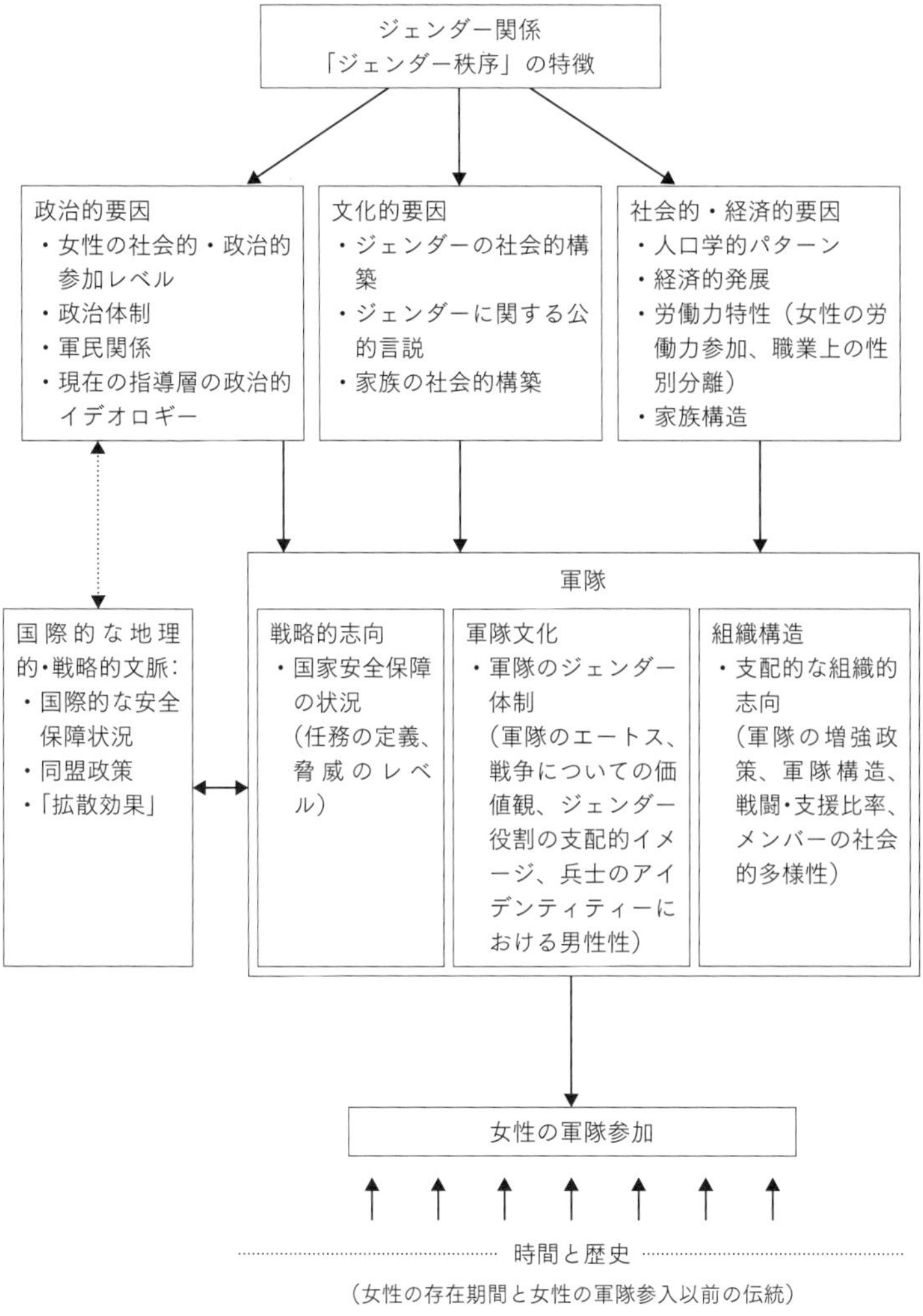

出典：カレイラスの「女性の軍隊参加に影響を与える要因」より筆者作成（Carreiras 2006: 19）

二〇〇三年にイタリアの軍事社会学者ジュゼッペ・カフォリオが編集した『軍隊の社会学ハンドブック』は、誰がどのように軍事社会学を行っているのか、研究に関する制約と自由度はどのようなものか、どの地域で盛んなのかといったメタレベルの考察を含む興味深いテキストで、この論集には「軍隊の女性——統合に向けた社会学的議論」という章が収録されている（Caforio ed. 2003）。執筆者のマリナ・ヌチャリは、実証研究の成果をまじえ、

① 軍隊が女性に門戸を開く理由は何か？
② 女性はどのように軍隊の専門職キャリアに入り、とどまるのか？
③ 女性は軍事組織でどのようなジェンダー特有の問題を見出すのか？
④ 女性の存在は軍事組織の機能にどんな問題を提起するのか？
⑤ 女性は軍事専門職そして軍事組織にどのような志向を示すのか？
⑥ 軍隊内の女性によってどのような限界が克服されるべきなのか？　平和支援や人道的任務の性質によって彼女たちにどのような機会がやってくるのか？

というリサーチ・クエスチョンに答えている（Nuciari 2003）。

二〇〇六年には、国際社会学会（International Sociological Association）で、軍隊と紛争解決研究委員会（RC01）のセッションの一つとして、ポルトガルのカレイラスとインドのリーナ・パルマールを議長として「軍隊の女性——国内的・国際的パースペクティブ」が開催された。この時の報告はカレイラスとゲルハルト・キュメルの編集により二〇〇八年に『軍隊と武力紛争における女性』として刊行されている

(Carreiras and Kümmel eds. 2008)。

国際関係論

一方、安全保障や外交政策を扱う主たる学問である国際関係論（ＩＲ）では、一九九〇年代前後からフェミニストたちの格闘がはじまった。一九八七年に国際関係学会（International Studies Association, ＩＳＡ）の年次大会でジェンダー・アプローチに関心のある研究者が会合を開いたのを皮切りに、ロンドン・スクール・オブ・エコノミクス（一九八八年）、南カリフォルニア大学（八九年）、ウェルズリー大学（九〇年）などで次々と関連会議が開かれ、九〇年にはＩＳＡの常設分科会として「フェミニスト理論とジェンダー研究」（ＦＴＧＳ）が設置された。[*2] さらに、八八年には国際関係論の主要雑誌の一つである *Millenium* で特集号が組まれ、九九年にはフェミニストＩＲの学術雑誌 *International Feminist Journal of Politics* が創刊されている。[*3]

土佐弘之は、このようなフェミニストＩＲ興隆の背景として、

① ＩＲを取りまく状況が変化し、その研究対象が外交、軍事以外の問題に拡大したこと
② 一九七〇年代以降、政治学において公的政治における女性の問題が議論になったこと
③ 知の構築と政治性を問うというアカデミズムの新潮流

をあげている（土佐 2000：2－3）。最後の点については、国際関係論における実証主義をめぐる論争との関係を指摘しておく必要があるだろう。表に示したように、ポスト実証主義は、研究者が理論に外在する

表　実証主義とポスト実証主義

実証主義	ポスト実証主義
理論に外在するものとして世界を眺める	理論が世界を構築する
研究対象から観察者を分離する	研究者は客観的観察者ではありえない
事実と価値は分離されなければならない	権力・知・利害には密接な関係がある
一つの真実がある	異なった社会的現実があり、真実は間主観的に構成される

出典　筆者作成

何者かとして世界を眺められるかのように自らの中立・客観性を自明のものとする実証主義的な国際関係論が、その実、支配的な国際秩序を正当化・維持してきたことを厳しく批判するものだった(Tickner 1992＝2005: 25-6; Steans 2006: 22-4)。

知の生産を社会的文脈のなかに置き、権力や利害と関連づけて問うポスト実証主義は、IRのなかで周縁化され排除されてきた声に道を拓くことになり、フェミニストたちはそのような潮流の主翼を担った(Cox 1986; Steans 2006: 23-4)。彼女たちの作業は、国際関係論において、

① 国家中心的な分析と実証主義を特徴とする主流派IRの排除とバイアスを指摘する
② 国際政治における主体として女性を可視化する
③ 国際関係に埋めこまれているジェンダーの不平等を分析する
④ 女性の経験から国際関係を理解し、知の主体として女性をエンパワーする

ことからはじまっていった。そして、一次元的なジェンダー理解やエスノセントリズムを超えていった他分野のフェミニスト研究同様

に、

⑤　グローバルな関係のなかで男性性と女性性の生産・再生産を解明する

⑥　国際関係の人種化され、植民地化された次元に注意を向ける

といった作業への取り組みも進められていった（Steans 2006: 27）。

わたし自身も参加してきたISAの年次大会では毎年一〇〇〇を超えるセッションが開かれるが、たとえば二〇一二年にはFTGSが五三のセッションを開催しており、「テロとの戦い――フェミニストの取り組みの一〇年」、「テロとの戦いの余波――ジェンダー化されたナショナル・アイデンティティーを再交渉する」、「安全保障の再概念化――九・一一後のジェンダー・人種・安全」など、フェミニストIRの面目躍如といった部会に加え、「軍事化された男性性を配置する――外交政策と国際的暴力」、「戦争犯罪・民族浄化・ジェノサイドの女性加害者」、「ジェンダーと軍事的安全保障の民営化」など、新たな研究の領野が世界各国の研究者によって切り拓かれている。一九四九年から二〇〇九年までの総理大臣および外務大臣の国会演説を分析素材として、戦後日本のサラリーマン的男性性の興隆・凋落と外交政策との関係を解き明かそうとした御巫由美子の研究（Mikanagi 2011）や、日本政府が女性・平和・安全保障に関する国別行動計画の策定にあたって、自らを自由民主主義国家として位置づけつつ、「慰安婦問題」という負の遺産をいかに消去しようとしたのかを検証した本山央子の研究（Motoyama 2018）、米軍基地で働く女性従業員たちの持つ両義的な感情と経験から沖縄の軍事化を考察したノーラ・ワイネクらの研究（Weinek and Sato 2019）は、こうした海外の研究群とも切り結ぶ、希少な成果である。

本章では、わたし自身が大きな影響を受けてきたこの二分野の成果をもりこみながら、戦争・軍隊がジェンダーの視角からどのように批判的に問われてきたのかを概観しよう。

2　戦争・軍隊とジェンダー

戦争・軍隊を支えるジェンダー

伝統的な研究は、戦争をジェンダー中立に扱い、軍隊を男性のビジネスとして自然化してきた。だが、第二次世界大戦時の五〇％から九〇％にまで上昇した戦死者に占める市民は、圧倒的に女性と子どもからなっている[*4]（UNICEF 1986: 3; Seifert 1994: 63; Turpin 1998: 4）。一方、軍隊構成員を見ると、徴兵制をとる国では韓国のように男子のみを徴兵するところがほとんどで[*5]、長いこと、女性も含めた徴兵を実施している国はイスラエルのように例外的な存在であった[*6]。志願制をとる国では、相対的に女性比率が高くなっているが、それでもほとんどが一割にも満たないジェンダー化された組織となっていた[*7]。

また、伝統的な研究は戦争の原因をジェンダーの視点から問うてこなかった[*8]。戦争を駆動させる装置として、ジェンダーが重要であることに目を向けたのはフェミニスト研究者たちである。本書第2章、第3章でも詳述するが、シンシア・エンローは、軍事主義というイデオロギーを持つことで、人は紛争を自然化し、その解決に軍事力を用い、国家が軍隊を持つことを正当だと思い、危機の際に保護を要する者や武力行為に従事しない者を女性的と見做すようになると言う（Enloe 2002: 23-4）。

軍事主義を根づかせるには、兵士の男性性以上のものが必要になる。少年を男に変えるには母の献身的な女性性が必要だ。兵士の男らしさを支えるためには妻や恋人の、あるいは性的サービスを提供する売春婦の女性性が必要だ。「マンパワー」の不足を補って軍事化された男性性に正当性を与えるためにはそこに経済的機会を見出し自らの仕事にプライドを感じる女性兵士の女性性が必要だし、時には彼女たちの権利を推進するフェミニスト・ロビイストの女性性さえも必要なのだ（Enloe 2000＝2006: 8; Feitz and Nagel 2008: 202）。

フェミニストたちは、男らしさと女らしさをめぐる考えをどのように操作することで、軍隊が支えられ、戦争が推進されてきたのかについて考えようとしてきた。国家と軍隊は男性が喜んで軍事任務に就くようおおいに努力するが、そのなかにはそのような男性を女性たちが喜んで支えるための密やかな努力も含まれている（Enloe 1993＝1999: 81-2; Eichler 2012: 136）。国家は軍事主義と男性性を結びつけることに利益を有し、そうするためにさまざまな女性性の構築に依拠している。国家が戦争を遂行しその正当性を得られるかどうかは、経済的資源や軍事的技術や世論といった要素のみならず、男女を特定の軍事化されたジェンダー役割に配置できるか否かにかかっているのである（Eichler 2012: 7）。

だから、フェミニストは、戦争や軍隊の既存研究にジェンダーを「変数」としてただ組み入れる以上のことを求めてきた。戦争が人びとに与える影響の差異をジェンダーによって読み解くとか、各国のジェンダー平等の度合いと外交政策との関係を調査するとかいう以上に、男性性と女性性をどのように構築することで軍隊は成り立っているのか、戦争によってジェンダー秩序がどう変容したり再生産したりするのかという多様なやり方を解明しようとしてきたのである。

戦時性暴力とジェンダー

ここで、圧倒的にジェンダー非対称な現象である戦時性暴力を考えてみよう。「自分たちの女」への性暴力（の想起）は、男性に武器を取らせるよう促すにあたって重要な役割をはたしているが、フェミニスト軍事社会学者のルート・ザイフェルトはその利用について次のような解釈を提示する。*9

① 性暴力は戦争の「規則」の一部である。征服した領土で、勝者が女性にふるう性暴力はつねに容認されてきた。

② 性暴力は男性のコミュニケーションの要素である。それは、敵対する男性にシンボリックな屈辱を与え、「自分たちの女」を守れない無能者として、彼らの男性性を傷つける。

③ 性暴力は軍隊が兵士に与える男性性、あるいは戦争による男性性の高まりによって起こる。軍隊は「真の男」を必要とし、「真の男」であることは女性的と思われている性質を抑圧できることを意味するため、個々の兵士がレイプを拒むことは難しくなる。

④ 性暴力は敵の文化を破壊する方法である。女性は文化と民族の再生産者と見做されるため、強制的に妊娠させたり生殖不能にしたりすることでその生物学的基盤を破壊しようとする。

⑤ 性暴力は文化に根ざした女性蔑視《ミソジニー》が危機の時に姿をあらわしたものである。女性は「敵」だからというより、憎悪の対象としてレイプされるのである（Seifert 1994: 58-66）。

ザイフェルトの命題は、性暴力を戦争の武器として知覚し、それを平時からの逸脱ではなく、平時の秩序に対する戦略的操作として見做すべきことを示唆している。*10

性暴力という実践と、男性が保護し守ろうとするネイションを女性として描くナショナリズムの象徴システムは不可分なものとしてある。戦時動員は、男性に、女性や子どものような脆弱な人びとを保護するために戦うよう呼びかける。その際、外国人に侵される女性身体としての祖国は、ナショナリズムにおける強力なイメージとなる。フェミニスト国際政治学者のV・スパイク・ピーターソンが言うように、女性としてのネイションは（異性愛的に）肥沃な女性身体として想起されるのであり、もしも、レズビアンや売春婦、閉経後の女性や女児として想起されたなら、そのイメージはまったく力を持たないことになるだろう（Peterson 1999: 49）。この純潔で従順な女性が、ネイションの母であり、集団の生物学的・文化的再生産を担い、差異をあらわすシンボルマーカーであることは、戦時レイプと深くかかわっているのだ（Messey 1995: 65; Kandiyoti 1991: 429; Steans 2006: 40）。

3　ジェンダー化された制度としての軍隊

ジェンダー化された制度

軍隊は「極度にジェンダー化された制度」である（Sasson-Levy 2011a: 393）。そこでは、誰がどのような仕事を持ち、どんな領域で任務に就くのかという規則が、年齢や人種や身体能力ではなくジェンダーの線にそって構造化されている（Herbert 1998: 7）。組織のジェンダー関係が、ジェンダー・イデオロギーや実践的ニーズに支配されている点は、公的領域における他の組織もまた同様である。だが、軍隊はヒエラルキー的なジェンダー政策を公式に有する数少ない組織であり、「改革」にもかかわらず、ジェンダー分離が規範としてありつづける（Sasson-Levy 2011b: 92）。

軍隊の組織分析は、「極度にジェンダー化された制度」である軍隊が、厳密な性差を維持していることを暴いてきた。このジェンダー化された制度はさまざまな分離メカニズムを通じて維持されており、[*11]軍隊にはガラスの天井（glass ceiling）ならぬ真鍮の天井（brass ceiling）がある。[*12]

エンローが述べたように、軍隊は「たんなるもう一つの家父長制的制度」ではない（Enloe 1983: 10）。軍隊と国家との緊密な一体化とその管轄にある財政・労働・物質的資源によって、軍隊は他の公的組織と同列には語ることのできぬ特異な社会的位置を占めている（Enloe 1983: 11-2）。軍隊という男性領域に女性の参入を認めることが、この制度にとどまらない社会全体のジェンダー秩序の破壊、国家の権力における男性優位の破壊につながることを懸念するからこそ、軍隊は時に激しく変化に抵抗するのである。[*13]

トータル・インスティテューション

軍事社会学は、軍隊の特異な社会的位置を考えるにあたって、トータル・インスティテューション（全制的施設）という概念をしばしば用いてきた。[*14]アーヴィング・ゴッフマンによって社会学で流通するようになったこの概念は「多数の類似の境遇にある個々人が、一緒に、相当期間にわたって包括社会から遮断されて、閉鎖的で形式的に管理された日常生活を送る居住と仕事の場所」（Goffman 1961 = 1984: v）を指し、精神病院、刑務所、兵舎などが該当する。

近代社会では通常、人びとは別々の場所で、別々の仲間と、別々の権威のもとで、眠り、楽しみ、働く。だが、トータル・インスティテューションでは、これらの生活領域の境界線がなく、人びとは単一の場所に集められ、単一の権威に統制され、同じ集団の人間との接触を展開する。そこでは、少数の者に統制されるインメイトが、これまでとは違った存在になることを強制される。外部世界から遮断されて役割を奪われ、散髪、身体検査、私服の没収などによって所有物を奪われた後、インメイトのアイデンティティーは新たにつくられる（Goffman 1961 = 1984: v; Caforio 2003: 20）。

軍隊というトータル・インスティテューションは、普通の人間を戦争に動員可能な人間へと変えることを目的としている。市民から切り離され、構成員だけが有する機能を持ち、厳格なヒエラルキーのもとで上官に服従し、組合や政治参加といった市民的権利が否定されるという環境のなかで、戦闘のための絆がつくり出されていく（Harrison 2003: 73-4）。

新たにやってくる新兵がすぐに使える戦士であることはめったになく、軍隊に要求される性質は意識的に教化されなければならない。新兵訓練の実践は、彼らの個性を破壊し、このトータル・インスティテューションへのコミットメントと依存で置きかえることを目指して綿密に計画されたプロセスである（Harrison and Laliberté 1994; Whitworth 2004: 155）。軍隊の教化プロセスは新兵の到着後ただちに開始され、彼らはこれまでの市民生活のあらゆる痕跡――洋服、髪の毛、大半の私物――を消し去られる。家族からひき離され、身体検査や体力測定を課され、生活を管理され、しばしば面白みがなく無意味に思える膨大な作業への参加を強制される（Whitworth 2004: 156）。みな同じように髪を切り、同じ制服を着て、同じ食事をとり、同じベッドに眠り、同じ期待に順応し、同じ規則にしたがわなければならない（Gill 1997: 534）。調和して行進する仕方、一糸乱れぬ所作の一つ一つが、彼らに自分たちがもはや個人ではなく集団のメンバーなのだと教えこむことを目指したものである（Whitworth 2004: 156）。

新兵の耳元で叫ぶ訓練指導官は、ここにやってくる以前にしてきたことは何一つ重要でなかったのだとくり返し叩きこみ、以前の生活の達成を空っぽにする。そうしてつくられた自己評価の真空地帯を、新たに与えられる戦闘兵士のアイデンティティーが埋める（Harrison 2003: 74）。自分を無価値だと教えこまれた新兵は、訓練指導官や仲間の兵士たちと一緒にいれば、どんな目標にも到達できることを学んでいく。初期の頃の教官の侮辱や不満は、次第に、他者と協力してうまくできた作業への賞賛や励ましの言葉へと置きかえられていく。カナダ軍の観察を行ったデボラ・ハリソンとルーシー・ラリベルテが「感情のジェットコースター」と表現したこのプロセスを経て、指導官は、新兵という子どもがなんとしても喜ばせたいと願う親のような存在となるのである（Harrison and Laliberté 1994: 22; Whitworth 2004: 157）。

あがめられるのは、訓練指導官だけではない。新兵たちは信頼できる者（軍隊と仲間の兵士）と信頼できない者（民間人の世界と政治的リーダー）を区別するようになり、仲間の兵士のあいだに強い絆をつくり出していく（Whitworth 2004: 158）。多くの兵士が報告するように、その絆は、家族や親密な人びととの関係も含め、彼らがこれまでに経験してきたいかなる関係よりも強いものだ（Harrison and Laliberté 1994: 27-8）。こうして、彼らは、自分自身を、自分たちを取りまく世界からは隔たった、新たな家族、戦士兄弟の一員として考えるようになる（Whitworth 2004: 158）。

軍隊が新兵に要求するこうした変容は、差異を記しづけられたあらゆる「他者」を侮辱することでもっとも効果的に達成される*15（Whitworth 2004: 161）。集団内の結束をつくり出すためのこうした「他者化」は何も軍隊にかぎったことではない。だが、集団の結束力が戦闘態勢に役立つと考えられるため、軍隊ではとりわけこのカテゴリカルな排他的文化が必要なものとして黙認される（Grossman 1995＝2004: 262-82）。排除されるカテゴリーの筆頭が女性だ。基礎訓練のあいだ、男性新兵たちは女ではないと証明することで「真の男」になれと促される（Harrison 2003: 75）。ポジティブなパフォーマンスが仲間から賞賛される一方、パフォーマンスに失敗することはしばしば女性的であると見做される（Hockey 2003: 17）。英軍の歩兵中隊で参与観察を行ったジョン・ホッキーによれば、訓練指導官の侮蔑には「女の子だってもっとうまくできるぞ」とか「おまえらお嬢ちゃんはいつもビリだな」といった女性化が含まれる。「真の男」はあらゆる艱難辛苦にも耐える者とされ、途中で断念する者も女性化される（Hockey 2003: 17)。女性を排除し侮蔑することは戦闘部隊の結束力の重要な局面なのだ。*16

こうして新兵は、訓練を通して、身体的・精神的にタフで、攻撃的で、性的活動性を競いあうような男性性へと駆り立てられていく。興味深いことに、軍隊外では女性的とラベリングされることの多い保護と相互協力は、軍隊では徹底的に男らしい行為とされる。「真の男」とは自ら犠牲を払ってでも仲間を守るものであり、利己的であることは軍隊において男性的でないものとされるのである（Hockey 2003: 18-9)。ただし、その動機にセクシュアルなものがあると見做されたとたん、犠牲は崇高なものではなく、利己的で集団行動を乱すものとして、断罪される。軍隊で要請される強い絆とは、二人の兵士が異性愛で同性の場合には望ましいものだとされるが、女性と男性にせよ、同性愛者にせよ、その関係がロマンチックなものだとされれば、集団にとっての脅威と見做されるのである（Herbert 1998: 17)。

4 「新しい」軍隊とジェンダー

ポスト冷戦期の軍隊

冷戦の終結により、西洋の軍隊は「戦争以外の任務」によりいっそう関与するようになっていった。*17 アメリカの軍事社会学者チャールズ・C・モスコスは冷戦をメルクマールとした時期区分で軍隊の性質の変化を整理し、冷戦後のポストモダン軍隊では女性が完全統合されるとした[*18]（Moskos et al. ed. 2000: 15）。だが、ポスト冷戦期の軍隊の「新しさ」をめぐるジェンダーの問題を、女性統合の度合いにのみ還元すべきではないだろう。

国民と国土を守る近代型の軍隊は、今や人権の名のもとに「遠くの他者を救う」ことに駆り立てられて、ポストナショナルなものになってきている（Kronsell 2012: 13）。平和維持や人道支援といった新たな任務に参加する兵士には戦闘とは別の能力が要請される。戦闘の重要性と中心性が減じられるのならば、対面の暴力遂行のためにひき出されてきた戦士の倫理と軍隊の文化が変容するかもしれない（Higate and Hopton 2005: 442; Brown 2012: 22）。すなわち、「新しい」軍隊は支配的な男性性の種類を変容させ、その文化には男性化された暴力がしみこまなくなるかもしれない。

だが、グローバルなコンテクストのなかで、安全保障と防衛の主たる担い手は今なお国軍である。ナショナルなアイデンティティーを持つ国軍が、戦争のために訓練される一方で、平和維持をも担うところにパラドックスが生ずる（Kronsell 2012: 5）。国軍兵士に育まれる戦闘兵士の男性性は、抑制、文化的寛容、共感といった平和任務に期待される責任やふるまいとは調和しないのだ[*19]。そして、武力行使を自衛にのみ認める伝統的平和維持任務は、兵士に教えられる戦闘技術や彼らの現場での期待とのあいだに矛盾を生むことになる[*20]。

「新しい」軍隊のジェンダー化

一方、女性統合にともなう軍事組織の内的な変化も、軍隊の「新しさ」の指標の一つであるとされる。そこでは、市民社会の規範が反映され、民主的規範や法の支配にしたがうことで、平等政策やハラスメント対策が進み、労働の性別分業の境界が崩れていくというわけである（Kronsell 2012: 14）。さらに、「新しい」軍隊は、国際社会のジェンダー主流化[*21]に対応し、戦闘地域において女性が犠牲者になりやすいこと、男性とは異なるニーズを持っていることを理解する。それは、和平交渉や平和構築の場に女性が含まれるべきだと考える軍隊だ（Kronsell 2012: 139）。

しかしながら、軍隊の役割の変化や女性の統合は、軍隊が「去勢」されたり、非ジェンダー化されたりすることを意味するわけではない（Brown 2012: 34）。たとえば、平和任務に携わる男性は、性奴隷にしたり売春婦にしたりする目的で、女性のトラフィッキングに関与してきた（Ress 2002; Higate 2004; Higate and Hopton 2005: 443）。二〇〇二年の春に、西アフリカで平和維持や人道的任務に携わる人びとによる性的搾取と虐待が発覚して以来、国連事務総長は、国連に雇われたり提携したりしている職員の犯す性的搾取と虐待を許さないとくり返し述べてきた。[*22] 国連平和維持活動局（DPKO）は、軍隊職員を含め、平和維持任務に就くあらゆるタイプの職員を対象とする規律指令の包括的パッケージをつくった（UNDPKO 2004: 122）。男性平和維持者によるこうしたスキャンダルを考えれば、「新しい」軍隊のジェンダー化された文化の変容に期待するのはいささか早計で楽観的だと言えよう（Higate and Hopton 2005: 443）。

さらに、軍隊が戦闘を排他的に男性のものとしながら女性を利用する方法、軍事任務と男性性との結びつきを破壊せずに女性を統合するやり方を考えようと格闘してきたことを思い起こさなければならないだろう（Brown 2012: 16）。軍隊のジェンダー統合を推進しようとしてきたフェミニストの一部の望みとは裏腹に、ジェンダー統合とは必ずしもジェンダー平等を意味してこなかったし、女性たちの存在が軍事任務のジェンダー中立な様式を自動的に導くわけでもなかった。だから、「新しい」軍隊の考察の際にも、なお残るジェンダー化に目をこらしてみる必要がある。

「新しい」軍隊が、ジェンダーの問題に目を向けようとしていることはたしかである。二〇〇〇年一〇月には平和と安全保障をめぐるあらゆる活動に女性の参加とジェンダー視点の導入を要求するジェンダー主流化の集大成として国連安全保障理事会決議一三二五号が採択された。国連史上はじめて、武力紛争、平和創造、平和維持、紛争解決の文脈における女性の役割と経験を公式に認知したこの決議の意義は何度でも確認されるべきものである。しかしながら、ジェンダー主流化の課題は、平和維持軍の女性比率増大や犠牲者としての女性のニーズの認識といった問題に切りつめられてしまう傾向がある*23（Kronsell 2012: 140-1）。

「新しい」軍隊は、女性を兵士であり平和維持者、「たんなる少年の一人」だと考える一方、女性を男性とは異なる作業に利用可能とすることで差異を強調もする。この場合、女性には、平和維持活動に正当性を付与することが期待される。前述したような、男性平和維持者による地元の女性への性的搾取が存在する場合、女性平和維持者は任務への信用回復のための「解毒剤」となるのである（Kronsell 2012: 141-2）。

また、女性は地元女性から広く情報を集められる者として重宝され、より完全な任務の遂行のための資源と見做される。米海兵隊が、イラクとアフガニスタンでの任務以来始動させてきたＦＥＴ（Female Engagement Team）はこのことを理解する好例である。地元の人びとの文化的規範を侵さずに女性にアクセスできるＦＥＴには、女性と平和の概念的な関係によって、軍事化された治安軍のシンボリックな力を減らすよう作用することも期待されたのだ。

九・一一以降の「テロとの戦い」における女性の抑圧と解放のアピールの欺瞞を見て取ったフェミニストたちは、ジェンダー化された表象に注意深いまなざしを注ぎつづけてきた（Shepherd 2006＝2022; Hunt and Rygiel eds. 2006）。男性を英雄（保護する者）、女性を犠牲者（保護される者）としてイデオロギー的に表象することは、「テロとの戦い」の中心的な特徴だった。[*24] グラウンド・ゼロでは女性消防士なども活躍していたが、アメリカ国民の結束を促進するプロジェクトの中心的な場所を与えられたのは男性のヒーローだった。その支配的語りから女性を欠くことで、ジェンダー化された空間――公的領域やフロントラインは男性的なもの、女性（とゲイ男性）が「適さない」空間――は再確認されたのだ（Dowler 2002: 163-4; Steans 2006: 52-3）。

さらに、「テロとの戦い」は、「保護されるべき女性」をムスリム女性に投影する一方、勇敢で解放された女性兵士を「救済」の主体とすることで戦争の正当化にも利用した（Stachowitsch, 2011: 124）。これは、軍隊の女性統合を、近代的で先進的で平等主義的な社会制度の証としてアピールするのと同様のイメージ戦略であった。

5　女性兵士という難問

ジェンダーのおとり

女性兵士に注目する研究者はエイジェンシーと構造の古典的な問いに突きあたる。すなわち、女性兵士の実践とは転覆的エイジェンシーの印であるのか、それともそれは女性兵士に課されている軍隊のジェンダー・イデオロギーや構造の結果にすぎないのかという問題である。

ミクロレベルでは、女性兵士は軍隊の二項対立的なジェンダー体制に挑む存在のように見える。しかし、わたし自身の女性自衛官研究も含めた調査は、女性たち自身の手によって既存のジェンダー体制が再生産される様子を描いてきた（佐藤 2004；兪《ユ》・佐藤 2012；Sasson-Levy 2003 など）。

非伝統的領域で成功した女性は自分自身をやりとげた者として知覚する。彼女たちはしばしばフェミニスト的達成の（あるいは陰謀の）シンボルと見られるが、その態度の多くは業績主義的で個人主義的なものである（Sasson-Levy 2003: 460）。彼女たちは、軍隊のなかの自分の場所を変えようとはするが、自分を女性の例外として位置づけることで、女性に関する軍隊の政策は受け入れる。つまり、軍隊で受容されているジェンダー二項対立のなかで、女性一般に対するまなざしを共有したまま、自らの位置を男性の側に調整するのだ。だから、彼女たちの実践がローカルに転覆的なものであったとしても、それが軍隊におけるジェンダーの権力関係のパターンを置きかえるにはいたらない（Sasson-Levy 2003: 459-60）。

「テロとの戦い」に参加した女性たちのことをジーラ・アイゼンスタインは「ジェンダーのおとり（decoy）」と呼んだ（Eisenstein 2004）。このおとりは、通常なら男性が占めるようなポジションに女性が就くことで、実際には実現していない民主主義や平等の幻想を人びとに与える。アブグレイブ刑務所で拷問に参加した女性たちも、通常は女性が犠牲者となる性的虐待の主体となることである種の混乱をつくり出した。このジェンダーの逆転に人びとの興味が惹きつけられた時、わたしたちの目はどのように幻惑されたのだろうか？

リンジー・フェイツとジョアン・ナーゲルが言うように、女性のセクシュアリティは、新たな戦争の武器として、敵の男性を脱男性化し侮辱するために使われた[*25]。女性兵士が「たんなる少年の一人」ではないという事実こそ、イラク人男性のシステマティックな屈辱に女性をうまく利用した当のものである。それはまた拷問に加わった女性をブッシュ政権の便利なスケープゴートにし、アメリカの崩壊や堕落のシンボルとして使うことにもつながった（Britain 2006: 90）。

アラブ男性の性的屈辱をにやりと笑う白人女性のイメージは、「性的に逸脱した」一人の女性に人びとの関心を集中させ、虐待に究極の責任を持つ人びとから目を逸らさせた。「ファリックな女性」としてのリンディー・イングランドのフェティッシュ化は、男性の悪評を大目に見ながら、このスキャンダルを、女性があまりに大きな権力を持つと何が起こるのかを警告する物語にしてしまったと、メリッサ・ブリテンは指摘する（Brittain 2006: 89-90）。

メディアがイングランドの「堕落」に固執する一方で、軍隊の女性の不安定な位置についての議論はなされず、アブグレイブの女性兵士にどんな選択肢が可能だったのかという問いはほとんど意味のないものになってしまった（Brittain 2006: 90）。フェイツとナーゲルが言うように、セクシュアル・ハラスメントが頻発するような環境では、支援を得たり、他の男性を「立ち入り禁止」にしようとしたりするために、男性と「つきあう」、つまり性的関係を結ぶことが時に女性の利益になる（Feitz and Nagel 2008: 216）。盲目的に命令にしたがい、「たんなる少年の一人」のようにふるまったイングランドを、自らの不安定な立場の交渉という観点から検討する余地があるのである（Brittain 2006: 90）。

女性兵士を取りまく構造

女性の性的エイジェンシーを過小評価することはできないが、男性支配的な職業に就く女性にいかなる構造的プレッシャーがあるのかを考えなければならない。軍隊では男性の同僚からの性的虐待の恐怖が蔓延するなかで、女性兵士が男性のようにタフであることを証明する必要に迫られてきた（Brittain 2006: 90）。

軍隊のジェンダー統合を進めてきたアメリカでは、一九九〇年代以降、次々と発覚した性暴力事件への対処を迫られ、国防総省が二〇〇五年に性暴力防止・対策局（ＳＡＰＲＯ）を設立した。主要基地には、性暴力対策コーディネーター（SARC）と被害者の代理人となる弁護士も配され、被害者支援制度が整えられた。だが、SARCに訴えてもなお、加害者が口頭の懲戒処分ですみ、被害者のほうが二次被害にあって退職に追いこまれるケースが後を絶たない。

性暴力被害を訴えることで「落ち度」を詮索されたり、組織における「トラブル・メーカー」と見做されたりすることを恐れることは民間企業でもよくあるだろう。だが、軍隊では、強者であることを要求される兵士と、犠牲者という弱者のアイデンティティーの相容れなさによって、被害者はさらに声をあげにくい状況に置かれてしまう。軍隊の理想的な男らしさは「女々しき弱者」との差異化によってこそつくられているため、性暴力被害者は「不適格者」の烙印を押され軍隊での居場所を失う。だからこそ、圧倒的多数の被害者は男女ともに口をつぐんでしまうのだ。[*26]

SAPRO報告書によれば、二〇一〇年度中にレイプや不当な性的接触を含む性的暴行の被害を届け出た者は二六一七人であるが、実際には一万九〇〇〇人の被害者があったと推計されている（DoD SAPRO 2011: 64, 97）。被害者には男性も含まれるがその九割が女性であり、加害者の九割が男性という圧倒的なジェンダー非対称性がある（DoD SAPRO 2011: 77-8）。一日五二人が何らかの被害を受けていることになるということの推計値は、女性兵士が「敵の」男性よりもむしろ仲間の男性同僚によって攻撃される傾向にあることを示している。[*27]

戦争プロパガンダのアイコン

一方、ジェシカ・リンチの救出は、浅黒い肌をした危険なイラク人から、若くかわいらしい白人女性を救うアメリカ人男性のヒロイックな物語として演じられた。リンチの救出における人種の役割は広く注目されてきた。彼女が攻撃にあったのと同じ日、他に二人の女性——黒人女性と先住民女性——が負傷したのだが、アメリカの軍、政府、メディアの主要な物語はジェシカの救出であり、彼らは少なくともしばらくのあいだ、これに執着した*[28] (Feitz and Nagel 2008: 206-7)。

メディアはリンチのレイプをほのめかすことで、イラク男性に残忍なしうちをされ性的に犯される白人の女性身体を人びとに想起させた。ブリテンが指摘するように、彼らは、脆弱な白人の女性性と野蛮なアラブの男性性というイメージを与えることで、白人の男性支配を再肯定し、イラクでの軍事的暴力を自然化した (Brittain 2006: 84)。

このように、イラク戦争において、女性たちは、アブグレイブ刑務所の戦争の武器として、米軍のプロパガンダ・キャンペーンのアイコンとして配された。軍事作戦に組みこまれてはいるものの、彼女たちの役割はジェンダー化されつづけている。フェイツとナーゲルが言うように、セクシュアリティとジェンダーを巧妙に利用される一方で、その搾取が公になったり事態が悪化したりすると女性たちはすぐにけなされ、責められ、訴追される。イラク戦争の女性たちの経験は、軍隊のジェンダー編成に顕著な変化があってもなお、不平等と権力関係の確立されたパターンを維持する構造があることを示しているのである (Feitz and Nagel 2008: 217-8)。

もちろん、人間のエイジェンシーは全面的に決定されているわけではないし完全に自由でもない。女性は犠牲者でもあり加害者でもある。抑圧されているが自由でもある。まったきリーダーでなければまったきおとりでもない。軍隊のジェンダー体制に抵抗も協調もしている。

個人の実践とより広い社会構造の関係は再帰的なものであり、エイジェンシーか構造のどちらか一方を優越するものとして扱うべきでない。必要なのは、構造化された不平等に関心を持ちながら、行為者自らが構造をつくり出すと同時に、それらの構造によってつくり出されるやり方に注意を払うことである。人びとの実践は、ジェンダーをめぐる想定を再生産することもあれば、そのような想定に挑むこともある。そして行動はみな、真空地帯に生じるのではなく、特定の歴史的かつ物質的な条件のなかにつねに存在するのだ（Whitworth 1997＝2000: 119-20）。

6　おわりに

本章では、戦争・軍隊を「ジェンダーから問う」先行研究を概観してきた。第Ⅰ部の冒頭で断ったように、ここで言及した研究は広大な領域のうちごくごく一部であり、わたしのかぎられた能力からその全体像を示せたとはとうてい言えない。[*29] 見落としてしまった重要な論点も多々あるだろうが、戦争・軍隊をジェンダー視点で考察することの意義とおもしろさが少しでも伝わっていることを願っている。

ジェンダーが戦争・軍隊の支柱の一つであるという認識のもと、世界中の研究者が現状に問題を見出して批判的な研究を進めている。いまだこの知の営みが低調な日本ではあるが、ともにこの分野に加わってくださる読者が一人でも多く出てくることを期待している。なぜなら、エンローが言うように、「軍事化を追究し脱軍事化を促進するには、協力的な調査、多次元的な技能、多様なパースペクティブの理解を要する。パーソナルなこと、ローカルなこと、ナショナルなこと、グローバルなことに同時に関心を払うことは一人ではできない」からだ（Enloe 2007: 164）。

言うまでもないことだが、戦争・軍隊を「ジェンダーから問う」研究は女性にばかり注目してきたのではない。戦争・軍隊は、男性にもっぱら担われるからというだけでなく、戦時と軍隊を超えて、一般社会における男性性の構築の場として重要な役割をはたしているという点からも、ジェンダー研究にとって重要なフィールドである[*30]（Morgan 1994: 169-70; Barrett 2001: 77）。第2章では、そのような先行研究に焦点をあててみることにしよう。

第2章　戦争・軍隊の男性（性）研究

1　はじめに

本章ではジェンダーから問う戦争・軍隊研究のなかでも特に、男性および男性性に焦点をあてた研究を見ていこう。実態としての軍隊制度と男性の強い結びつきはもちろんのこと、観念としての軍事主義と男性性は密接な関係を持ってきた。戦争や攻撃的治安維持のような国家の暴力は、共同体のために身を賭す男性に価値を与える男性性に依拠している（Segal 1990; Barnett 1982; Platt 1991）。生身の男性が暴力を担うという以上に、観念としての男性性が暴力への支持を調達するのだ。だから、国家は両者の結びつきを維持し、軍事主義が国家の政治的関心にそうように軍事的男性性をつくりあげるよう心を配る（Hopton 2003: 113）。

この軍事的男性性を、生物学的男性性とがっちりと結びついた、矛盾なきものと考えるべきではない。たとえば、政治学者のアーロン・ベルキンは、軍事的男性性を、軍隊や軍事的考えとの肯定的な関係をもとに、個人が権威を主張することを可能にするような、一連の信念・実践・態度として位置づけている

(Belkin 2012: 3)。このように捉えれば、軍事的男性性と男性との結びつきは必然ではなくなる(Belkin 2012: 6)。利用可能性は男性のほうが高いとはいえ、軍隊や軍事的考えとの関係に基づいて女性が権威を主張することもできるのである。

軍事的男性性は、一般に、戦争を担う軍人に必要とされる、身体の強さ、行動力、たくましさ、暴力をふるう力などとしてイメージされる。士官の場合には、さらに、決断力、技術的知識、論理的・戦略的思考力も含まれるだろう。こうした「男性的」特徴はたしかに必要とされているが、一方で、戦争を担う男性には(階級の低い兵士たちには特に)、権威への全面的服従と従属、入念な装いへの関心、日常業務の無限のくり返しもまた要求される。こうした特徴は伝統的には「女性的」とされるものだが、軍隊では控えめに扱われるか、非ジェンダー化されたものとして解釈される。こうした性質を強調することは女性化のリスクを招き、軍人の男性的アイデンティティー形成は難しくなり、軍隊全体の地位の格下げにつながりかねないからである(Hooper 2001: 47)。

以下では、戦争・軍隊と男性および男性性とのこうした複雑な関係に焦点をあてた研究を概観していこう。*1

2　出発点としてのシンシア・エンロー と R・コンネル

軍事主義と男性性の関係を考察するにあたって第1章でも言及したシンシア・エンローの議論は出発点となる。エンローによれば、軍事主義はイデオロギーであり、諸前提・価値観・信念のよせ集めである。

軍事主義によって、人は紛争を自然化し、その解決に軍事力を用い、国家が軍隊を持つことを正当だと思い、危機の際に保護を要する者や武力行為に従事しない者を女性的と見做すようになる（Enloe 2002: 23-4）。軍事化は軍事主義を根づかせる多次元的プロセスであり、軍事化の原因としても帰結としても、「男らしい男」や「真の女」についての考えを固めること以上に重要なものはない、と彼女は考える。『グローバリゼーションと軍事主義』においては、グローバルに展開する軍事化が男性化により促進され、その男性化がしばしば女性化の恐怖や懸念にあおられることがさまざまな事例をもとに論じられている（Enloe 2007）。

彼女の議論に基づいて、韓国社会を分析したのが権仁淑《クォン・インスク》の『韓国の軍事文化とジェンダー』である（権《クォン》 2005＝2006）。毎年二五万人もの男性が軍隊に行く韓国で、一九九七年、大統領候補の息子の兵役不正をきっかけに既得権層の兵役忌避が問題化された。「わたしは行きたくなくても行くのに、なぜおまえたちは行かないのか」という批判の声は、若い男性のあいだに弱者意識と報償意識をつくりあげた。一九九九年、憲法裁判所が兵役を終えた男性に公務員試験の点数を加算する制度を違憲と判断すると、彼らは女性たちに憎悪を向けたのだった。

二〇二二年の韓国大統領選が掬いあげた反フェミニズムの歴史は根深い。権《クォン》の分析は、兵役不正問題で可視化された若い男性の犠牲が徴兵制の見直しのような脱軍事化を導くかわりに、兵役特権という男性化を維持する方向に働き、人びとがそれを支えた過程をうまく描き出している[*2]。エンローの枠組みをもとに、一国の軍事文化に対してジェンダーという知がいかに原因かつ結果としてあるのかを示した好例であろう。

一方、複数の男性性のヒエラルキー的な関係から権力と結びついたジェンダー秩序を捉えるコンネルは、世界中の研究者に影響を与えてきた。その男性性理論の要点を概略すれば以下のようになる。

①　複数の男性性：　男性性は文化・歴史により多様であるのみならず、一つの文化・制度内においても複数の男性性があること。暴力的で攻撃的な男性性が普遍的で唯一の男性性とは言えないこと。

②　ヒエラルキーとヘゲモニー：　複数の男性性はヒエラルキーをなしており、ジェンダー化された権力システムの中心としてヘゲモニックな男性性が存在すること。ヘゲモニックとはありふれた形態ということではなく、多数の男性たちはヘゲモニックな男性性とのあいだに亀裂や緊張・抵抗関係を持つこと。

③　集合的男性性：　男性性は個人のみならず、集団や制度やメディアのような形態で集合的に実行されること。企業、軍隊、職場など、男性性の制度化される場が重要であること。

④　アリーナとしての身体：　男性の身体は、男性性を表現する重要なアリーナであること。男性のジェンダー実践には身体的経験・快楽・被傷性《ヴァルネラビリティ》がともなうこと。

⑤　能動的構築：　男性性はある環境において利用可能な資源を用いながら能動的に生み出されること。いかなる暴力的な男性性のパターンも固定されたものではないこと。

⑥　不一致：　男性性は均一ではなく、内部に亀裂を抱えているがゆえに、変化への可能性を持つこと。男性個人は矛盾した願望を持ち一貫しない行動に出ることがあるし、男性集団も複雑で衝突しあう利害を有していること。

⑦　ダイナミクス：　男性性は特定の歴史状況のなかでつくられ、競合しあい、再構築され、置きかえられること。男性性がつねに変化していることが、学習の動機をつくり出していること（Connell 2002: 35-7）。

このコンネル理論に強い影響を受け、軍隊と男性性を明示的に結びつけたのが、イギリスの軍事社会学者ポール・R・ハイゲートの編集した『軍事的男性性』だった（Higate ed. 2003）。対象国も時代もディシプリンもさまざまであるが、「軍事的男性性」の複雑な構築過程を描き出した本書から、そのプロセスを概観してみよう。

3 構築される軍事的男性性《ミリタリー・マスキュリニティーズ》

単一の「軍事的男性性」がそれ自体注意深い構築物であることは、本書の複数の論者に言及されている。マルシア・コヴィッツは、軍隊が絶対的な階級制度を有し、男女の差異を強調するのは、異なる種類の男性性を一枚岩であるかのようにカモフラージュするための手段なのだと述べる（Kovitz 2003）。

ペニー・サマーフィールドらは、女性たちが軍務に関与していった第二次世界大戦期に、危機に陥った英国国土防衛軍の男性性を取りあげた。戦場に行くわけでない彼らは「女性的」と見做されるリスクを抱え、「軍事的男性性」の痕跡を守るために女性との差異化に腐心した（Summerfield and Peniston-Bird 2003）。

軍隊の男性性が基礎訓練を通じてつくられることに異論はないだろう。英軍歩兵中隊での参与観察を通じ、ジョン・ホッキーは、市民から歩兵、少年から男への「通過儀礼」である基礎訓練の様子を詳細に記す。ポジティブなパフォーマンスは男性性と等置され、失敗や挫折が女性化されることで、新兵は、身体的強さ、攻撃性、禁欲主義、性的活動性と結びついた男性性に駆り立てられていく。

だが、彼のフィールドワークの醍醐味は、現実の任務においてこの男性性が修正されていることを発見したことにある。訓練では殺人と敵の始末法を学んでも、現実の作戦での歩兵の関心はむしろ生き残ることだ。だから英雄戦士の男性性が「もうたくさん《ノーモア・ヒーローズ》」と拒否される。[*3] しかし、この修正は集合的に行われ、彼らの男性性の感覚が減じられることはない（Hockey 2003）。

レイチェル・ウッドワードは訓練場に加えて兵舎に注目した。通常、軍事的男性性が家内領域のケアのような価値観と定義されることはないだろう。だが、歴史を紐解けば、軍隊は、戦闘で生き残る術だけでなく、入浴、歯磨き、洗髪、性病予防の方法も教えてきたのだった（Bristow 1996; Belkin 2012: 16-7）。秩序、清潔さ、衛生が叩きこまれる兵舎はまごうことなき兵士のアイデンティティー形成のもう一つの基盤であり、兵士のジェンダー化されたアイデンティティーは、私的な家内領域、文化的に女性性と結びつけられてきた空間の活動からもひき出されているのである。屋外の訓練地では肉体的作業を通じた身体の変形、屋内の家内領域では身なりを整え、外見の正確な基準にしたがうようなパフォーマンス――これらを通じて、新兵は身体を使い、所有し、提示する新たなやり方を発見していく。それは、兵士を生産するためにデザインされた絶え間のないプロセスであり、非ジェンダー化されたものではありえない（Woodward 2003）。

このように、このアンソロジーは、「軍事的男性性」がその外側からの表層的観察に反していかに複雑な構築過程を有しているのかを描き出している。このプロセスでは彼らが自己規定する際に依拠する「他者」が重要になる。その筆頭はもちろん女性だ。前述のホッキー同様、カナダの戦闘部隊を対象にしたデボラ・ハリソンも、男性新兵が「女ではない」ことを証明することで「真の男」になれと促される基礎訓練の様子を描いている（Harrison 2003）。

軍事的男性性は、女性的でなく、弱くなく、クィアでなく、感情的でないこと、すなわち非男性的なものの拒否に基づく。軍隊が要求する男性性への変容は、「女性、有色人種、同性愛といった差異を刻印されたあらゆるものを侮辱すること」を通じてもっとも効果的になされる（Whitworth 2004: 162）。「他者」は必ずしも生身の女性ではないが、必ず女性化される。一八世紀のイギリスにおいて、それは大陸かぶれの女々しき「マカロニ」であったし（McGregor 2003）、第一次世界大戦時には良心的兵役拒否者であった（Bibbings 2003）。こうした「他者」は、軍事的男性性のスケープゴートとなることで、軍事的男性性を問題のないアイデンティティーとして保持する重要な役割をはたしてきた。米軍の歴史における女性やマイノリティの役割に着目したベルキンが示したように、「他者」の存在こそが軍事的男性性の理想を支えるうえで中心的な役割をはたしてきたのである*4（Belkin 2012）。

また、このアンソロジーでは、軍事的男性性が複数形で示されるべきものであることに複数の論者が注意を促している。軍事的男性性というと一般に、伝統的な戦士を想起しがちだが、制度化された暴力は一種類以上の男性性を必要とする*5（Connell 2002: 38）。コンネルの複数の男性性理論を軍隊に適応した論文はすでにフランク・バレットが書いており、米海軍士官へのインタビューにより職種の異なる彼らが互いに差異化しあいながら自らの男性的アイデンティティーを構築していく様子を鮮やかに描き出した（Barrett 2001）。

軍人を経て社会学者となったハイゲートもまた職種に注目し、軍隊の男性性のステレオタイプに挑む。英空軍事務官だった彼は、軍事的男性性が、身体的にタフで、自己を律し、プレッシャーのもとでも理性を発揮するとされる特殊空挺部隊から、上官の身のまわりの世話をすることで家内的ニーズに応じる将校宿舎担当係までの連続体をなしていることに注意を促す。すなわち、男性性がそうであるのと同様に、軍事的男性性は、単数形ではなく複数形として示されるべきものなのだ。

加えて、ハイゲートは、軍隊内外の男性性の連続性に着目することで、「軍事的男性性」の特殊化にも疑義を突きつけた。サイクリングクラブとの対比からは、極度の身体パフォーマンス、女性を性的対象と見做す文化、訓練での失敗で男性性が疑問視されるといった共通性、大学の飲み会との対比からは、飲酒能力を男性性の証とする共通性、工事現場、ラグビークラブ、警察や拘置所のような制度との対比からは、女性蔑視《ミソジニー》の共通性が示される。こうして、ハイゲートは、軍隊内外の男性性を「ハイパー」と「ソフト」に二分割する境界を揺るがせにしてみせたのである（Higate 2003a）。

退役した英海軍兵とそのパートナーの再定住に焦点をあてたサマンサ・レーガン・デ・ベレの論考もまた、軍民の境界をまたぎ浸透しあう関係への注意を喚起し、退役軍人およびその家族と海軍とのかかわりが単純なものでないことを示そうとする。*6 軍隊生活に適応するために男性的な海軍言説に過剰に依存する男性や家族もいれば、さほど依拠しない者たちもいる。軍隊の提供する特定の男性性は、彼らがそれを適合的と思う時にのみ受容されるのだ（Regan de Bere 2003）。

それなら、一体何が彼らにそれを選ばせるのか。複数の論者が、自らの不安定さを克服しようと「軍事的男性性」に投企していく男性の姿を描いている。ホッキーは、うっせきした不満、フラストレーション、緊張、恐怖を解き放ち、彼らに歩兵の役割を称賛させるのが「酒と女とバカ騒ぎ」の三点セットだと喝破した（Hockey 2003）。

兵卒ではなく士官を対象にしたバレットは、男性的な言説を、過酷な軍隊生活でのネガティブな経験を埋めあわせる戦略と捉えた。継続的な監視や試験にさらされ、降格や屈辱を経験しがちな士官たちは、自らの経験を男性的経験として再解釈することで不安定さを克服しようとする。彼らは、他者をしのぎ、否定することで自己をたしかなものにしようとする。だが、軍事的男性性はけっして安定的達成物ではありえず、だからこそくり返したしかめられ示されなければならない（Barrett 2001）。

フェミニスト国際関係論のサンドラ・ウィットワースはさらに、他者への暴力もＰＴＳＤも、軍事的男性性の脆弱性の証だと言う。軍事的男性性をつくり損ねることへの不安を埋めあわせるために、彼らは身のまわりの他者に暴力をふるったり、抹消したはずの女性性という「内なる他者」の再来として、ＰＴＳＤを否認したり拒絶したりするのだ、と（Whitworth 2004）。軍事的男性性は、それほどまでにもろく不安定な未完の構築物なのだ。

以上のように、これらの研究成果は、軍隊の男性を対象に、コンネル理論をいかしながら、「軍事的男性性」を複数性に開き、その複雑で能動的で動態的な構築過程をさまざまに描き出している。

4 「新しい軍隊」の男性性？

本書第1章でも述べたように、今日の軍隊は、冷戦終結以降の安全保障環境の変化に対処を迫られ、変化していると言われている。[*7] ならばその「新しい軍隊」の男性性も変化するのだろうか？

『軍事的男性性』の最終章でこの問いに悲観的な答えを出したのがハイゲートだった。性差別的な態度や既存の性別分業をよしとしない「ニューマン」的な若者が入隊すれば、軍隊に新たな価値観が浸透するかもしれない。だが、軍隊、特に戦闘部隊に志願する若者は、身体的暴力にさらされ、暴力の使用が入隊動機となるような環境に育ち、ハイパーマスキュリンな価値観を持ちこむ傾向にある。それゆえ、ハイゲートは、男性的サブカルチャーが存続し、男性的な戦闘戦士の倫理と軍隊が結びつけられるかぎり、こうした変化は起こらないだろうと予測したのだ（Higate 2003b）。

一方、自衛隊の事例が「新しい軍隊」の参照点を与えるかもしれない、と考えさせてくれるのがサビーネ・フリューシュトゥックの『不安な兵士たち』である。彼女は、自衛隊をまさにこの「新しい軍隊」の先駆と位置づけ、そこに生きる自衛官たちを「よる辺なき戦士たち《アンイージー・ウォリアーズ》」として記述した。憲法九条を抱えた国で軍事組織に働く彼らの「不安定さ」を、著者は日本の特殊性を超えたものとして捉え返すのだ（Frühstück 2007＝2008）。

冷戦終結後の安全保障環境の変化によって、軍隊の任務には戦争以外の軍事作戦が増大し、兵士たちは、人道主義的任務こそ真の男らしい仕事だとする評価と、国防こそ男らしい仕事であり人道支援は本来の軍隊の仕事ではないという考えのあいだでひき裂かれている。自衛官の「不安定さ」はそうした新たな軍隊の「不安定さ」を先取りしたものとして見ることもできるのだ。

ならば、平和任務を担う他国の「戦士たち」はどうだろう？『男性、軍事主義、国連平和維持』で、ウィットワースが対象にしたのは、平和維持が外交政策と安全保障政策の中心を占め、高い支持を集めてきたカナダである。

一九九三年、ソマリアの少年がカナダ兵に殴り殺される事件によって、利他的な平和維持者というカナダの誇り高きイメージはぐらついた。「少数の腐ったりんご」に問題を帰する公式の説明に満足せず、著者はこのソマリア事件を丹念に読み直していく。軍事的行動を期待してソマリアに送られた兵士たちを待っていたのは、退屈で不快な生活だった。兵士の証言、写真、日記、手紙などからは、彼らがソマリア人を、人種化・セックス化された「他者」として構築していく様子がありありと描かれる――「やつら」は信頼できない。黒人だし、女を尊敬せず、嘘つきで、泥棒だ。同性愛者の一味だ。自分たちに感謝もしない。この文化的差異の認識が暴力を導いたのだ、と彼女は結論づけた（Whitworth 2004）。

「軍事的男性性」が軍隊の外の他者に犠牲をもたらしてきたことは周知の事実である。フェミニスト平和研究者のシンシア・コウバーンらはボスニア（Cockburn and Hubic 2002: 110-2）、ハイゲートはコンゴとシエラレオネでのフィールドワークに基づき、地元女性に対する男性平和維持者の性的搾取を問題化した（Higate 2007）。ウィットワースの場合は、軍隊外の女性という他者にかぎらぬさまざまな犠牲に目を向けることで、「戦士は最良の平和維持者になるか」という問いに「ノー」を突きつけようとしたと言ってよい（Whitworth 2004）。以上のように、「新しい軍隊」の男性性の変わりにくさに光をあてた多くの研究が、楽観論を退けている。*8

5　おわりに――残された課題

本章では、ジェンダーから問う戦争・軍隊研究として、男性および男性性に焦点をあてた英語圏の研究を見てきた。日本の男性（性）研究は、二〇一〇年頃から博士論文や論集の刊行が相次いでいるものの*9（村田 2009；田中 2009；宮台他編 2009；天野他編 2009；多賀編 2011）、近代国家の男性性構築の場として欠かすことのできない軍事領域への関心が希薄であり、文化的社会的・政治的機能から国家領域に切りこむようなものには、ほとんどなりえていない。*10

男性（性）研究を取りまく日本の研究状況については、社会学ひいては戦後の日本社会における軍事的なものへの忌避的傾向が指摘できるだろう。一九七〇年代にミリタリー・ソシオロジーの動向を紹介した高橋三郎は、日本には戦争研究はあっても軍隊研究は不在だと述べたし（高橋 1974）、九〇年代末から自衛隊研究に着手したフリューシュトゥックも、日本人研究者のあいだに自衛隊への無関心と忌避的傾向を感じたという（Frühstück 2007＝2008）。

興味深いことに、社会学を中心に展開された男性学にやや遅れ、近年、歴史学の分野に台頭しつつある男性史においては、軍隊を取りあげた論考がけっして少なくなく、そのことに対して、軍隊という男性的制度を取りあげればそれで男性史なのかといった批判もなされている。[*11]

こうしてみると、日本の社会学的男性（性）研究における軍事領域への無関心には、明らかに戦後日本社会における軍事領域の位置づけそのものがかかわっていると言えるだろう。しかし、軍隊がそのホスト社会の縮図であるというテーゼを思えば（Chamallas 1998: 307）、軍事領域の重要性が相対的に低いように見える日本社会には固有の考察の意義があるのではないか。たとえば、「東アジアの男性性」の比較研究を提唱した多賀太があげた日韓の男性性構築におよぼす軍隊の影響力の差異の探究など（Taga 2005: 138）、この領域に目を向けることで解明すべき重要な課題は多く残されている。[*12]

本章では、軍事領域の男性研究の成果の一端を概観してきたが、最後に、こうした研究を志向するうえで留意すべきポイントを提示しよう。

第一に、『軍事的男性性』の編者であったハイゲートが懸念を示したように、軍事領域の男性研究を行う際に「軍事的男性性」という概念に過大な説明力を与えないことが肝要である（Higate 2007）。その弊害は、軍隊の男性のひき起こすさまざまな問題行動を一つにまとめあげ、すべての原因を「軍事的男性性」に帰すことで、軍事的男性性も軍隊の男性もふたたび一枚岩に本質化してしまうことにある。本書が、

military masculinities を「軍隊の男性性」ではなく「軍事的男性性」と訳してきたのも、この概念が制度としての軍隊内に囲いこまれ、その制度が埋めこまれている文脈とは無縁であるかのように特殊化されて受容されることを避けたかったためである。

第二に、軍隊の男性をひとたび「軍事的男性性」を内面化すれば自動的に動くロボットのように想定すべきでもない。そのような記述をしたのでは、生身の男性を社会的男性性と言いかえる意義はほとんどなくなってしまう。彼らは軍隊制度を取りまく社会のなかで、階級、エスニシティ、人種など他の社会的カテゴリーと絡みあう構造に規定されながら、軍隊の提供する資源をその都度選び取る能動的行為者である。彼らのエイジェンシーをなきものとすることなく、その主観的な意味世界に肉薄することが求められるだろう。

第三に、軍隊内外にまたがる男性性の共通性に目を向けつつ、分析をあれこれの男性性のヴァリエーションの列挙にとどめるべきでない。多様な男性性があるにもかかわらず、いずれかの男性性が特権化されることで、総体としての男性支配は継続し、そこに軍事的男性性がかかわることで軍事化が継続していく、その仕組みの解明につながるような分析が望まれるだろう。

さらに、軍事化、男性化、女性化といったキー概念の精査も求められよう。家族的類似による分析概念は研究のインスピレーションをおおいに刺激してくれるが、経験研究においては、あれも軍事化、これも男性化といった予定調和の分析を招きかねない。自戒をこめて課題としたい。

第3章　軍事主義・軍事化・家父長制

1　はじめに

「戦争・軍隊をジェンダーから問う」と聞いて、どんな事象が思い浮かぶだろう？　おそらく、戦争・軍隊によってひき起こされる被害と性別とのかかわりをイメージするのは容易《たやす》いはずだ。戦争が男女に同一の被害をもたらすのでないことは、たとえば、戦時性暴力のような現象が端的に示してくれる。[*1]

第Ⅰ部冒頭で「ジェンダーから問う」とは、人間という存在に多様性をもたらす要素として性別を注意深く見ること、性別や性別に関する知識がもたらす視点の偏りに注意深くあるということを意味すると述べた。戦時性暴力を例にとるならば、その加害／被害の性別非対称性を考えると同時に、戦時に兵士が女性を陵辱するという行為自体を「自然化」するような知がいかに長いあいだ支配的であったかを考察することは、もちろん重要な課題である。

ただし、これらはいずれも、戦争・軍隊がひき起こす結果としてのジェンダー化された現象（この場合は戦時性暴力）を捉えたものだ。「戦争・軍隊をジェンダーから問う」にあたっては、もう一つ、ジェンダー化された秩序やジェンダー化された知がどのように戦争・軍隊を支え、促進しているのか、原因としてジェンダーを捉える視角がある。女性や男性としてジェンダー化された人びとが戦争・軍隊をどう支えているのか、あるいは「女らしさ」や「男らしさ」に関する知が戦争・軍隊とどうかかわっているのかを明らかにしようとするものだ。

そして、「戦争・軍隊をジェンダーから問う」にあたっては、「軍事主義」「軍事化」「家父長制」など、いくつかの重要な分析概念が必要となる。本章ではこれらを概説していこう。

2　軍国主義か軍事主義か

英語圏の研究では、militarism という分析概念がよく用いられる。『新社会学辞典』において、militarism とは軍部が「文民統制の枠をこえて政治に干渉し、あるいは直接政治権力を握り、教育、経済、文化など国民生活の全領域を戦争準備のために統制する」ような支配体制を指すとされ、「軍国主義」として立項されている（河原 1993：345）。その典型例に両大戦時のドイツ、明治以降の日本があげられているように、この訳語はわたしたちの想像力をだいぶ限定的なものにしてしまう。

イギリスのジル・スティーンズによるフェミニスト国際関係論の教科書は、militarism を「戦争を高く価値づけ、そうすることで国家暴力を正当化するのに役立つイデオロギー」と定義する。それはまた「戦争と戦争準備をめぐって組織される一連の社会関係であり、戦時にも平時にも起こる」（Steans 2006: 55）。

ソ連崩壊後のロシアにおける徴兵政策およびチェチェン紛争と男性のアイデンティティーを分析したカ

ナダのフェミニスト国際関係論研究者マヤ・アイクラーは、militarism を「国家や社会に対する軍隊の優位を意味するというよりもむしろ、国家や社会における軍隊とその人員の中心的役割を高めるイデオロギー」として定義する。このイデオロギーが、軍事予算を増やしたり、軍事専門職のための社会政策を策定したり、徴兵制を敷くこともある（Eichler 2012: 4）。

彼女たちが大きな影響を受けてきたシンシア・エンローは、militarism をさらに広く、次のような想定、価値観、信念の束として捉える。

① 軍事力は緊張状態の究極的な解決策である。
② 人間は争うものである。
③ 敵がいることが自然状態である。
④ ヒエラルキー的関係が効果的な行動を生み出す。
⑤ 軍隊のない国家はナイーブで、十分近代的ではなく、正当性を欠く。
⑥ 危機の時に女性的な人びとは武力による保護を要する。
⑦ 危機の時に武力的暴力行為に従事することを拒む男性は、男らしい男性としての地位を危うくする（Enloe 2002: 23-4）。

こうしたフェミニスト研究者たちの定義では、militarism を有する主体は「国」に限定されない。人も制度も共同体も militarism を有し、ある特定の世界観や人間観をもとに、何がよいか、正しいか、適切か、何が悪で、間違っていて、不適切かを判断する。国家をこのイデオロギーの所有単位とし、戦前のドイツや日本といったいわば極限例にイメージを集中させてしまうことを避けるため、わたしは militarism に対して「軍国主義」ではなく「軍事主義」という訳語をあててきた。

3　軍事主義から軍事化へ

「軍事主義（militarism）」が静的で固定的な概念であるのに対し、「軍事化（militarization）」は勢いを強めたり弱めたりするプロセスに注目する動態的な用語である。ふたたび『新社会学辞典』を紐解けば、それは「人的、物的な軍事力の増強だけではなく、軍事的思考や行動様式が政治、経済、社会、文化等広い範囲に大きな影響を及ぼすに至る過程」だとされ、「支配の様式や形態が治安的発想や行動に基づいているかぎり、軍事化が進行しているといえる」ので、この概念は軍国主義や軍事体制や軍事政権とは異なる、とされる（鈴木 1993：346）。

たとえ戦争状態にない平時であっても社会は軍事化しうるし、逆に戦争が終結したとたんに社会から軍事主義が消滅するわけでもない。「軍事化」という用語を使うことで、戦時／平時という二分法を超えて、社会の微細な変化を把握することができるのである。

試みに、軍事化を、政治的軍事化、経済的軍事化、社会・文化的軍事化という三つの側面にわけて考えてみよう。

政治的軍事化とは、軍部が次第に発言権を増し、文民に対する優位を確立していく過程を指す。このプロセスには、組織としての軍隊とそこに属する軍人、文民として位置づけられる国会議員や背広の文官などが関与するだろう。

経済的軍事化とは、兵器の技術革新や軍備拡張が進み、軍部と軍需産業の共生関係である軍産複合体が巨大化していく過程である。このプロセスには、技術革新の担い手である科学者、兵器産業の重役やこれを支える末端の工場労働者、そして国防予算の規模を決定する国家官僚などが関与するだろう。

社会・文化的軍事化とは、軍隊領域が市民領域との関係を強め、軍事主義的な理念や価値規範が市民社会を支配していく過程だ。この三つ目のプロセスに関与する人びとについて考えはじめると、その範囲をかぎりなく広げられることに気づく。

たとえば、ここには、軍隊出入りの業者を含めることができる。今日、多くの軍隊が糧食やクリーニングなどの非軍事的業務をアウトソーシングすることによって、軍隊領域と市民領域を分かつ線はますます曖昧になっている。この境界の相互浸透を、社会・文化的軍事化と呼ぶことができるだろう。また、新人研修の一環として自衛隊への体験入隊を社員に課すことを思いたった中小企業の社長、「民間の優れた専門技能の有効活用」を謳った予備自衛官補に名乗りをあげたOL、自衛隊の協力のもとに製作された映画のスタッフや俳優たち——彼ら／彼女らを社会・文化的軍事化の担い手として数えあげることもできる。

軍事化をこうした三つの過程の複合状態として見るならば、「人的、物的な軍事力」としての兵士の人数や兵器の整備状況、あるいは国家予算に占める国防費の割合にのみ注目して軍事化を論ずることがどれほど分析の幅を狭めてしまうことになるかわかる。軍部のプレゼンスに示される「政治的軍事化」にのみ目を奪われていたのでは、上述したような「社会・文化的軍事化」が戦後の日本において進行してきたことを意識するのは難しい。また、冷戦後のグローバルな軍縮を「経済的軍事化」の側面のみから論じれば、世界中で削減された七〇〇万人もの国軍兵士が、民間軍事安全保障会社（ＰＭＳＣ）への労働供給源になったという「社会・文化的軍事化」は見落とされてしまうだろう（Singer 2003＝2004）。

エンローは、研究をはじめた当初、自分の分析には「軍事主義」と「軍隊」という二つの概念を使えばそれで事足りると考えていたと言う。だが「軍事主義」はあまりにも静的な概念で、大衆やエリートの考えを測定することはできても、彼らの想定に変化が起こる理由や過程を説明できなかった（Enloe 2007: 54）。こうして用いられたのが「軍事化」だ。彼女にとって、軍事化は、軍事主義を社会のなかに浸透させる多次元的な過程である。それは「何かが徐々に、制度としての軍隊や軍事主義的基準に統制されたり、依拠したり、そこからその価値をひきだしたりするようになっていくプロセス」だ（Enloe 2000＝2006: 218）。この「何か」には、人はもちろんのこと、モノもアイディアも、ありとあらゆるものが入ることになる。

軍事化はたいてい「平時」と呼ばれる時に起こるものだし、軍事化される人びとの大半は軍服を着ていない。軍事化は、爆弾や迷彩服から遠く離れたところにいる人びと、モノ、概念の、意味や用法を変えていくのである（Enloe 2002, 2000＝2006）。

4　軍事化とジェンダー

それでは、軍事化はジェンダーとどのようにかかわっているのだろうか？　まず、男性とは本来的に女性よりも暴力的なものだといった本質主義的な見方で、軍事化の担い手を考えることを退ける必要があるだろう。

もしも男性が本来的に暴力的であるならば、世界中の新兵募集係は悠然と机の前で若い男たちが志願してくるのを待てばよいのだし、なにも時間をかけてまどろっこしい基礎訓練などやらずとも彼らは「生来の戦士」として立派に機能するはずなのだ。

だが、歴史はそうではなかったことを伝えている。近代国民国家の多くがその初期に徴兵制を敷いたのも、選択に任せれば大半の男たちが国軍に参加することはないだろうと見こんだからである。実際、日本でも、明治政府が徴兵制を開始した時には各地で徴兵反対暴動が起こったし、徴兵忌避のさまざまな試みは昭和にいたるまでつづけられた（細谷 2009：212－3）。そして、軍隊が「少年を『男』にする」ための徹底した訓練を要したことは、「少年」が「生来の戦士」などではなかったことを示す。すべての男性が軍隊や戦争から利益を得ているわけではないし、男性が生来暴力的であるというのは、女性が生得的に平和志向を有するというのと同じ神話なのである。

したがって、次のように問いを立てる必要がある。軍事化は、男性の軍事任務を調達し、戦争を首尾よく遂行するために、男性や女性、「男らしさ」や「女らしさ」をどのように操作することで、スムーズに進んできたのだろうか、と（Enloe 2000＝2006）。

「軍事化とジェンダー」というテーマに取り組んできた研究者たちの仕事は、軍隊内の性差別的慣行や女性の戦争参加の史実の掘り起こし、戦争がもたらす加害と被害のジェンダー非対称性を明らかにすることにはとどまらない。その仕事は、生身の男女のみならず、男らしさと女らしさの観念が軍事化をどのように駆動させてきたのかを一貫して暴いてきた。

若い男性に女性や子どもを保護するために戦うよう呼びかけ軍隊に召集すること、その際、外国に侵される女性身体として祖国をイメージさせること、「他者」の侮辱を通じてつくられる軍隊の男たちのホモソーシャルな絆、それと表裏一体の女性嫌悪《ミソジニー》と同性愛嫌悪《ホモフォビア》に由来するハラスメントや暴力。こうした事象の根幹には男らしさと女らしさの観念がある。

戦時のレイプや性奴隷、武力紛争における敵と味方の描写にも、ジェンダー化されセックス化された表象が満ち満ちている。名誉ある雄々しきわれわれの男たちに対し、倒錯的で不能な彼らの男たち。貞淑でか弱きわれわれの女たちに対し、淫乱で油断のならない彼らの女たち。戦闘地帯や難民キャンプでの生存のためのセックス、基地周辺の兵士が「休息と娯楽」のために買う性的サービス。武器の名前から軍事作戦にいたるまで、物語はジェンダー化されセックス化された言説であふれかえっている。

男らしさが国家暴力への支持を調達するように、国家は男らしさと軍事主義の結びつきを維持しようと心を配る。男子徴兵がある場合には、任務に就くことに不安をおぼえる男性や、徴兵を時間の無駄だと感じたり国家権力の濫用と見做したりする男性には、非合理的、男らしくない、転覆的とレッテルを貼らねばならぬ。勇敢、タフ、大胆、名誉、強さ、勇気を強調する戦士の男らしさを参照しつつ、武力行使に従事しない（できない）者を、弱き者、（男性の）保護を必要とする者として女性化する。軍事化された国家であればあるほど、男らしさを軍事化しつづけるために、かなりの文化的・法的・言説的資源を費やすのである。

だが、軍事主義に文化的インフラを与えるのは男らしさだけではない。女性も物質的、イデオロギー的に、社会の軍事化に貢献している。女性は男性に男らしく行動するよう促すうえで決定的な役割をはたすのだ。

母として多くの女性たちは少年を男に変えるうえで重要な役割をはたしている。恋人や妻として、あるいは性的サービスを提供する売春婦として、異性愛の女性たちは男らしさを支える。軍事任務に経済的機会を見出しその仕事にプライドを感じる女性兵士は「男性資源《マンパワー》」の不足を補ってくれる。なかには軍事化された男らしさを模倣し、その正当性の強化に貢献する者もいるだろう。

国家と軍隊は男性が進んで軍事任務に就くよう策略をめぐらすが、その努力のなかにはつねに、そのような男性を女性たちが進んで支えるようにする策略も含まれてきた（Enloe 1993＝1999, 2000＝2006）。国家は軍事主義と男らしさを結びつけることに利益を有し、そうするためにさまざまな女らしさを構築するのだ。国家が戦争を遂行しその正当性を得られるかどうかは、経済的資源や軍事的技術や世論といった要素のみならず、男女を特定の軍事化されたジェンダー役割に配置できるか否かにかかっているのである（Eichler 2012: 7）。

5　おわりに——家父長制という亡霊、あるいは闘争の賭金

なかには、軍事化の原因を「家父長制」と名指すフェミニストたちもいる。ベティ・リアドンは、性差別と戦争システムはいずれも社会的暴力として因果関係にあるとして、ジェンダー秩序と軍事主義の相互依存性を論じた（Reardon 1985＝1988）。フェミニスト平和研究者として、彼女は、女性に対する暴力を生み出す根本の問題、原因について掘り下げる必要があると言い、制度としての家父長制に対峙していく必要性を訴える（リアドン 2008）。

シンシア・コウバーンも、ジェンダー関係を軍事化と戦争の根源的要因として考える論者の一人である。戦争が、石油資源のために戦われたり、国の独立のために戦われたりするように、ジェンダー問題のために戦われるわけではない。そうではなく、家父長制的なジェンダー関係が暴力の導火線のように機能する

ことで、戦争に適した状況をつくりあげ、平和を持続することを困難にするのだ（コウバーン 2010: 126; Cockburn 2004: 44, 2012: 29, 2014: 29）。

コウバーンはフェミニストのなすべき作業は戦争を、寝室から戦場まで、わたしたちの身体と自我を否認するひとつづきの暴力として描き出すことだと言う。彼女は暴力を、家庭内暴力から軍隊の暴力、国家の暴力にいたる連続体として捉えるのだ*[2]（Cockburn 1998 = 2004: 84; コウバーン 2010: 124）。多くの女性にとって、安全とは他国から国境を守ったり他民族の人びとを町から追い出したりすることより、自分の家で男たちにふるわれる暴力から逃れる道を探すことで得られること、戦時レイプは戦時の突発的な異常事態ではなく、平時の性暴力の連続戦上に起こるものであることはたしかである。

リアドンもコウバーンも、ジェンダーの権力システムについて話す時、フェミニストが「家父長制」という用語を使うことを躊躇するようになったことに苛立ちを持っているようだ。かつて、チャンドラー・タルパデー・モーハンティーは、異文化を横断し、単一の家父長制という概念を用いて「性的差異」を分析する西洋フェミニズムを批判するなかで、彼女たちが抵抗しようとする「普遍的な家父長制」は、均一で非歴史的な権力構造などを仮定しないかぎり、存在しないと述べた（Mohanty [1984] 2003 = 2012: 29）。今日のフェミニスト平和研究は、ジェンダーを分析する際に、文化・イデオロギー・社会経済的条件についての分析を欠かすことはできないという認識を共有している。そこでは「家父長制」はかってのように理論先行としてあるというより、歴史化され文脈化された経験的研究の結果としてふたたび選び取られたものとしてある。エンローも同様に「家父長制」概念を手放さずに用いている一人である。彼女はある特定の男らしさを、それ以外の男らしさとすべての女らしさに対して特権化することを「家父長制」とし、それがどのように軍事主義の原因となり、軍事化を推進してきたのかを精力的に分析しつづけた（Enloe

2017＝2020）。

だが、「家父長制」概念の醸し出す普遍主義への疑念が容易に払拭されることはない。たとえば、韓国のセックスワーカーの問題に取り組む鄭《チョン》 喜鎮《ヒジン》は、家父長制下での異性愛・性暴力・性売買は質的に区分できないとする「性暴力連続線」は中産階級の女性の抑圧を説明するための概念にすぎなかったと言う。彼女が、「ことの後先や、〝根本〟問題をつきとめる類の思惟は、他の時間と空間の中の政治を、認識する者の状況に還元することであり、それがまさに複雑な現実を単純化する〝実在〟に対する欲望、西欧近代的思惟の暴力なのである」（鄭《チョン》 2007：55）と述べるのを聞く時、わたしは思わずひるむ。当事者たちが紡いできた語りを「家父長制」に対する闘争へと投企する試みが孕む普遍主義の暴力を自覚しつつ、自らの免責への「欲望」を注意深く退けながら、それでもなお、異なるかたちでの「つなげ方」を模索する方途が問われているのである。*3

第Ⅱ部　女性兵士という難問

第Ⅱ部「女性兵士という難問」では、女性兵士に光をあて、彼女たちの存在がフェミニズムにとっていかなる意味で難問であるのかを検討していきたい。

戦争や軍隊の暴力によって被害をもたらされる人びとにとって、あるいは、そのような被害者たちによりそい戦争・軍隊を批判する人びとにとって、兵士は「加害者」として存在するだろう。フェミニズムにとって、その兵士が女性である時、難問が訪れる。

女性兵士の抱える困難――性差別のみならずセクシュアル・ハラスメントや性暴力に光をあててみた時に、彼女たちの姿は「被害者」としての様相を呈する。女性に対する差別と暴力の撤廃を目指すフェミニズムは、女性兵士の活躍のためにもまた、尽力すべきだろうか？

はたして、女性兵士を、暴力装置の片棒をかつぐ「加害者」と見做すべきなのか？　それとも彼女たちは「男の最後の聖域」に男女平等をもたらす改革の旗手なのか？　フェミニズムと女性兵士との関係は一般に思われているよりもずっと複雑だ。何を重視するフェミニズムなのかによって彼女たちとの関係の持ち方が変わってくるのはもちろんのこと、視点の取り方によって女性兵士の見え方はいくらでも変化するからである。

フェミニズムの一角には、女性兵士を社会の軍事化をより根深いものにする存在と見做す立場があり、歴史的背景も手伝って、日本ではこの立場が主流である。とはいえ、「女性兵士は是か非か」といった議論に拘泥することがさほど生産的とも言えないだろう。本書第3章でも見たとおり、軍事化は、それを自らの利得やチャンスと見做す多くの女性たちによって支えられる多義的な過程である。入隊によって非伝統的分野で働く機会を得る女性兵士はもっともわかりやすい軍事化の受益者ではあるが、その範囲はけっして彼女たち女性兵士に限定されない。どの女性にどのような「女らしさ」を配当することで、どの男性のどのような「男らしさ」が支えられ、軍事化が進行しているのか。社会のそこかしこに張りめぐらされているさまざまな「策略」を見据え、これを明らかにしていくことこそが求められているのである。

以上のことを念頭に、第4章では女性兵士を取りまく困難に光をあて、第5章で「女性兵士は男女平等の象徴か」という問いに対する答えによってフェミニズムを整理する。そのうえで、第6章では、戦争・軍隊とフェミニズムとの複雑な関係について論じていくことにしよう。

第4章　女性兵士を取りまく困難

1　はじめに

二〇〇一年九月一一日の「同時多発テロ」は、米英軍をアフガニスタン空爆へと駆り立てた。その際、両国の「ファーストレディ」たちは、この「対テロ戦争」をタリバン政権から女性を救済する戦争と位置づけることで、この戦争の正当性をアピールする役割をはたした。[*1] 当初、「無限の正義」と名づけられ、「不朽の自由」へと変更されたこの「対テロ戦争」では、アメリカでベトナム戦争や湾岸戦争中、つねに存在してきた武力行使の支持率の男女差が消滅したとも言われた。[*2]

　この「不朽の自由」作戦では、女性戦闘機パイロットの活躍も見られた。タリバン政権からの女性救済という観点から空爆を支持した「フェミニスト・マジョリティ」のメンバーの一人、エレノア・スミールは、戦闘機を女性が操縦するというアイディアに勇気づけられたと語ったが、この種の発言は突如としてあらわれたわけではなかった。リベラル・フェミニズムのなかには、既存制度への女性参入に賛意を示す傾向が強くあり、軍事組織への参与についても、躊躇されつつも、いくらかマシな結果として位置づけられてきた歴史がある。[*3] たとえば、一九八〇年代にウエストポイント陸軍士官学校で三日にわたる講演・講義・セミナーを行ったベティ・フリーダンの下記のような回顧には、スミールと同じ志向性を見てとることができるだろう。

私は女子士官候補生に満足しながらウエストポイントから帰ってきた。……彼女たちが自分のことをフェミニストと思っているかどうかは別にして、おそらく女性運動がもたらした新しい意識のゆえに、自分の中に強さの核心、すなわち自主を発見し、女性としての独自性を失うことなく、また自分を男性に変えようとしたりすることなく、男性の技術と男性のゲームを習得したことはなんと健康的なことか。……ERAが批准されようがされまいが、最高裁判所がなんと言おうが、もし戦争が起こりそうになれば、もちろん女性も徴兵されることだろう。そして、もし女性が戦闘やその指揮の必要に迫られたとしても、彼女たちは、決して男らしさの栄光のために殺すのではなく、人類のために役に立ち、価値あるものだという「モラルの問題」を十分考えた上でのことだろうと思うと、安心させられる。(Friedan 1981 = 1984: 228-9)

一方で、すでに志願制となった軍隊が、アメリカでは雇用創出の場となっており、民間の領域で不利益を被っている層をより強く惹きつける組織であることにも留意する必要がある。図1は、一九九六から九七年にかけて行われた米軍兵士調査によるデータであるが、軍隊と民間を比較考量した場合、給与と待遇、教育・訓練機会などの評価として、黒人やヒスパニックには白人よりも「軍隊のほうがよい」とする傾向があり、[*4] 図2が示すとおり、こうした判断と軍隊の人種/民族構成が密接な関係にあることがわかるだろ

図1　給与と待遇

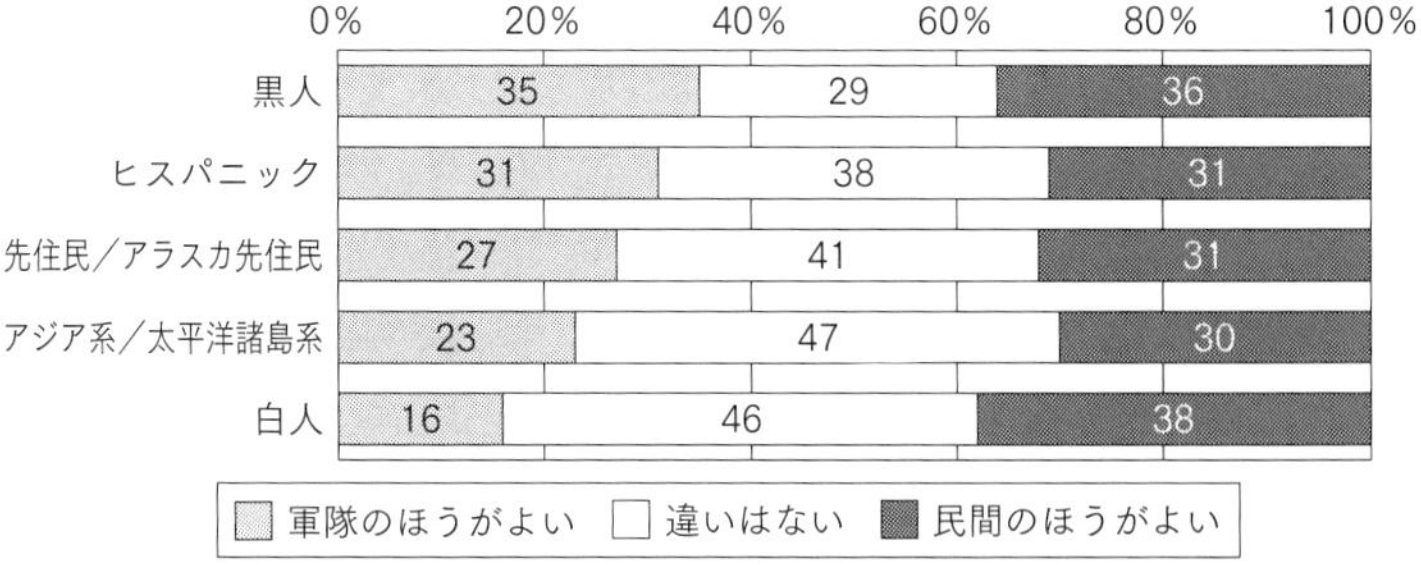

出典：国防総省データセンターの「自らの人種／民族にとっての機会／条件の認識」より筆者作成（DMDC 1999: xvii）

図2　軍民の人種／民族構成

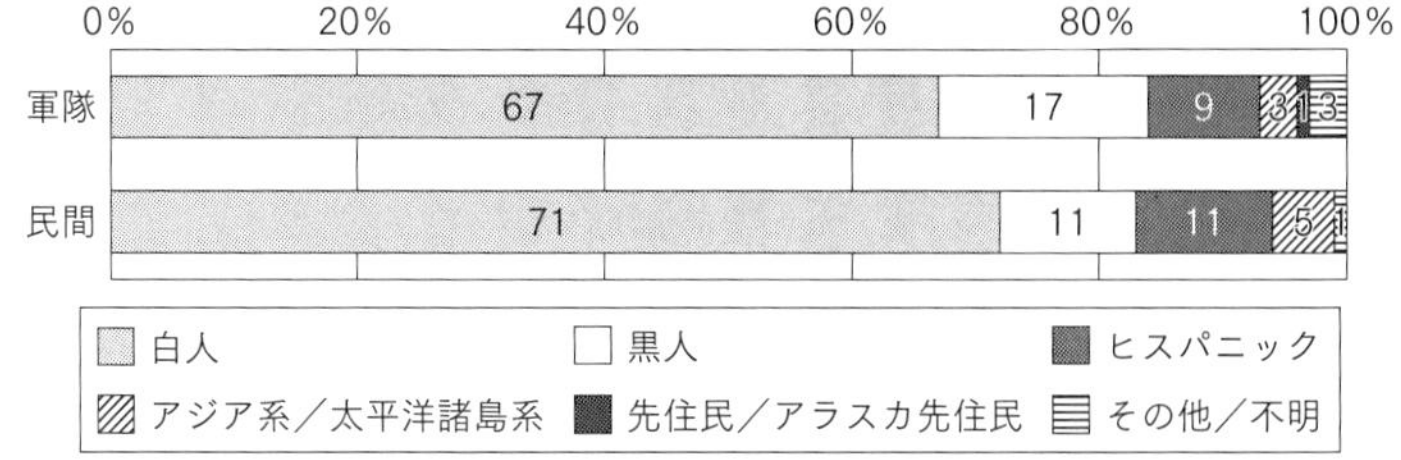

出典：米国会計検査院の「軍民の人種／民族の分布」（USGAO 2005: 22）より筆者作成

図3　軍民の人種／民族構成（女性）

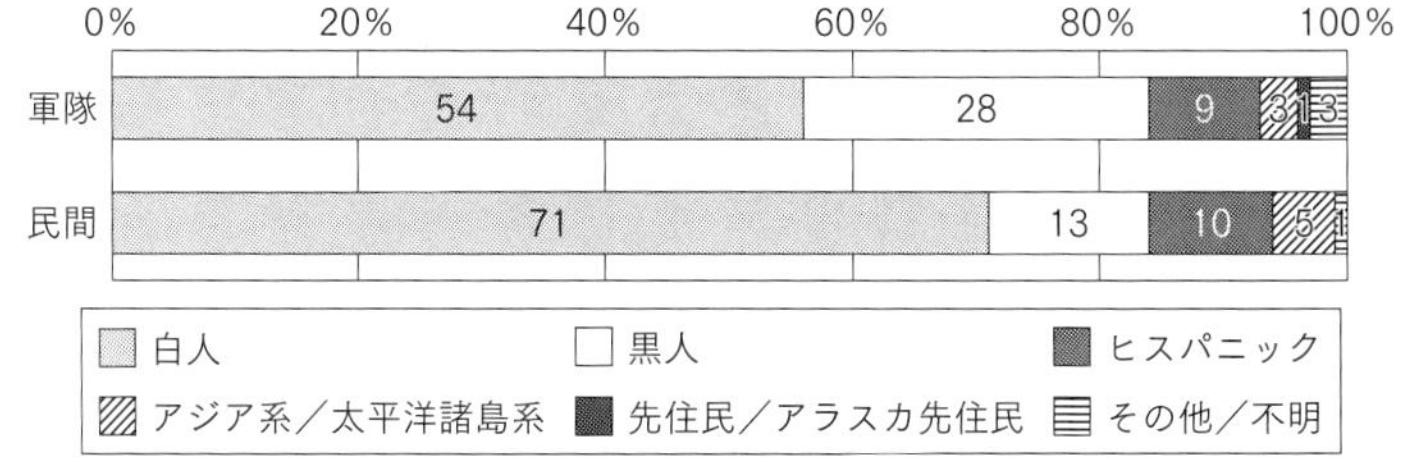

出典：米国会計検査院の「女性軍民の人種／民族の分布」（USGAO 2005: 42）より筆者作成

う。*5

図3は図2を女性のみのデータで作成し直したものであるが、女性の場合にはよりいっそう、民間の領域において不利なマイノリティが軍隊に惹きつけられている様子がうかがえる。アメリカのリベラル・フェミニストが女性の軍隊参加に賛意を示す背後には、こうした社会と軍隊の関係があることを押さえておかなければならない。*6

一方、日本では女性の自衛隊参加を促すようなフェミニズムの伝統はなかったし、こうしたデータも表には出てこない。だが、防衛大学校の開校時に門戸を叩いた多くは学費免除で勉学をつづけたいと願う若者だったし、かつてわたしが行った調査でも、志望動機のトップにあがったのは「経済的理由」であった。*7 ジャーナリストの布施祐仁によると、自衛隊入隊者の出身は平均所得の低い地域に偏りを見せるともいう(布施 2021：139)。組織を担う人びとの選択がどのように合理的なものとなっているのかを、見落とすわけにはいかないだろう。

2　性暴力／セクシュアル・ハラスメント

一九九〇年代は米軍で次々と起こった三つの事件が、軍隊内で女性兵士の抱えている困難を相次いで露呈させることとなった。

その第一は「テイルフック事件」である。テイルフックとは、海軍・海兵隊パイロット協会の名称であるが、一九九一年にラスベガスのホテルで開催されたこの協会の大会で、女性パイロットたちが、同僚の男性らに集団で襲いかかられ、服を剥ぎ取られたり、体を触られたりする被害にあった。一人の女性の告発によって発覚したのだが、実際には、こうした行為は「訓練」と称されて、一九八六年以来「名誉ある伝統」として毎大会行われていたという。被害者にパイロットの母、妻、姉妹、恋人らも含まれていたことから、告発がためらわれていたのであった。

第二はメリーランド州にある陸軍の訓練場アバディーンで起こった「アバディーン事件」。多数の男性教練軍曹が、若い女性訓練生たちに組織的なセクシュアル・ハラスメントを行っていたとして、一九九七年に告訴されたものである。*8

そして、最後が「ケリー・フリン事件」。ケリー・フリンは、B－52戦闘機の操縦をはじめて許された空軍女性士官である。米軍は既婚者との「不適切な行為」を禁じているが、実際には不倫や買春など男性の「不適切な性行動」は日常的に黙殺されていた。にもかかわらず、一九九七年、フリンの上司が、彼女と既婚男性との情事を軍事法廷にかけるとフリンを脅迫。これには「二重基準」だと抗議の声がまき起こり、軍事法廷は免れたものの、彼女は結局辞任を余儀なくされた。

アメリカの軍隊の内外にいたフェミニストたちは、こうした事件を軍隊の性差別的な文化を改革する好機だと考えた。加えて、改革を先に進めることで他の軍に一歩先んじようとするような軍隊間のライバル関係が功を奏し、この流れのなかで、一九九七年春、国防総省では「二〇世紀末の米軍における女性の役割」について話しあうフォーラムが開かれた。ペンタゴンの背広職員に軍人男女、学者や活動家など民間人男女数十人が一堂に会したこのフォーラムを、アメリカのフェミニストたちは国軍の政策過程に効果的に介入するチャンスと見做した（Enloe 2000＝2006: 192-5）。

しかしながら、その後も頻発しつづける性暴力事件を見てみれば、この介入が成功したとは言いがたいようである。

イラクやアフガニスタンに赴いた女性兵士に対する暴行を懸念したフェミニストの要求に応えて陸軍が調査を実施したところ、性的暴行事件の報告数は一九九九年から二〇〇三年のあいだに六五八件から八二二件に、レイプ事件の報告数は三五六件から四六九件に上昇していた。報告によれば、被害者たちは医療的措置を欠いていたばかりでなく、同僚や上司に報告することでかえって被害者の側がスティグマを負うような状況にあった[*10]。

また、空軍士官学校では、二〇〇三年に民間委員会が、女性士官候補生の一八・八％が性暴力（未遂を含む）を、七・四％がレイプ（未遂を含む）を一度以上経験していたと報告した（DoDIG 2003）。その後、国防総省が調査に乗り出し、一〇年のあいだに一四二件もの性暴力事件が報告されていたのにほとんど何の対応もなされていなかったことが発覚した。ここでも、多くの女性候補生たちは報告すれば自分が追放されたり処分を受けたりするのではないかと恐れていた[*11]。報告書は、性暴力の根本原因を、この問題の重大さを認識し、文化を変える適切な矯正手段をとれなかったことにある、としている[*12]。

一方、日本にはセクシュアル・ハラスメントの認識と経験を調査した一九九八年「防衛庁職員セクシュアル・ハラスメント調査」があり、一般職の女性との比較を行うことができる。ここでは、その経験率よりもむしろ、一般職の女性に比して防衛庁の女性がセクシュアル・ハラスメントであると「思わない」項目が多く見られることが注目された[*13]。

たとえば、防衛庁（当時）の女性が「裸・水着のポスターの掲示」をセクハラと思う割合（三三・八％）は、その他の女性公務員（五〇・二％）はもちろん、男性公務員（三六・一％）より低かった。ここには、「セクハラ環境の常態化[*14]」による感覚の麻痺、あるいは戦略的無視といった態度がうかがえる[*15]。セクハラを些末な事柄であると無害化する「セクハラの矮小化」は、女性たちが自らを「性的対象物」とされてしまうことそのものを拒否しようとする実践でもある。「弱者を守る」ことを任とする兵士にとって、「セクハラ犠牲者」といった位置づけを甘受することは自らの二流性を認めることだ。「犠牲者とは無防備で脆弱で、それゆえ、その任務が弱者を保護することである軍隊に居場所を持たない」(Sasson-Levy 2003: 455)ために、多くの女性兵士がこれを矮小化するのである。*16

その後、ほぼ一〇年を経て実施された二〇〇七年の追跡調査では、図4のように、セクハラ認識が高まるとともに男女間ギャップは縮まり、実際のセクハラの経験率も下がっていた。一方、図5のように、被害にあった女性のうち上司に報告するなどの「積極的な行動」をとった者は二〇%にとどまり、受け流したり、無視したりといった「消極的な行動」をとった者が七四%という数値は一〇年前とほとんど変わらない。また、配置上の措置や行為者への注意等、上司らの対応が講じられたとする回答はぐっと減り、何を意味するのかが不明な「その他」が半数を占めるという首をかしげたくなる結果も見える。

軍事組織における性暴力/セクハラは、男性が女性を「性的対象物」とする加害行為であるだけでなく、被害にあった女性がそれを訴えた場合には、彼女が軍事組織に存在しつづける正当性をも剥奪することのできる加害行為なのであり、だからこそ、軍事組織の女性たちはこれを黙殺したり矮小化したりしようとするのである。そして、そのことによって、組織内文化の温存に、女性兵士もまた寄与してしまうのだ。

図4　セクシュアル・ハラスメント経験率

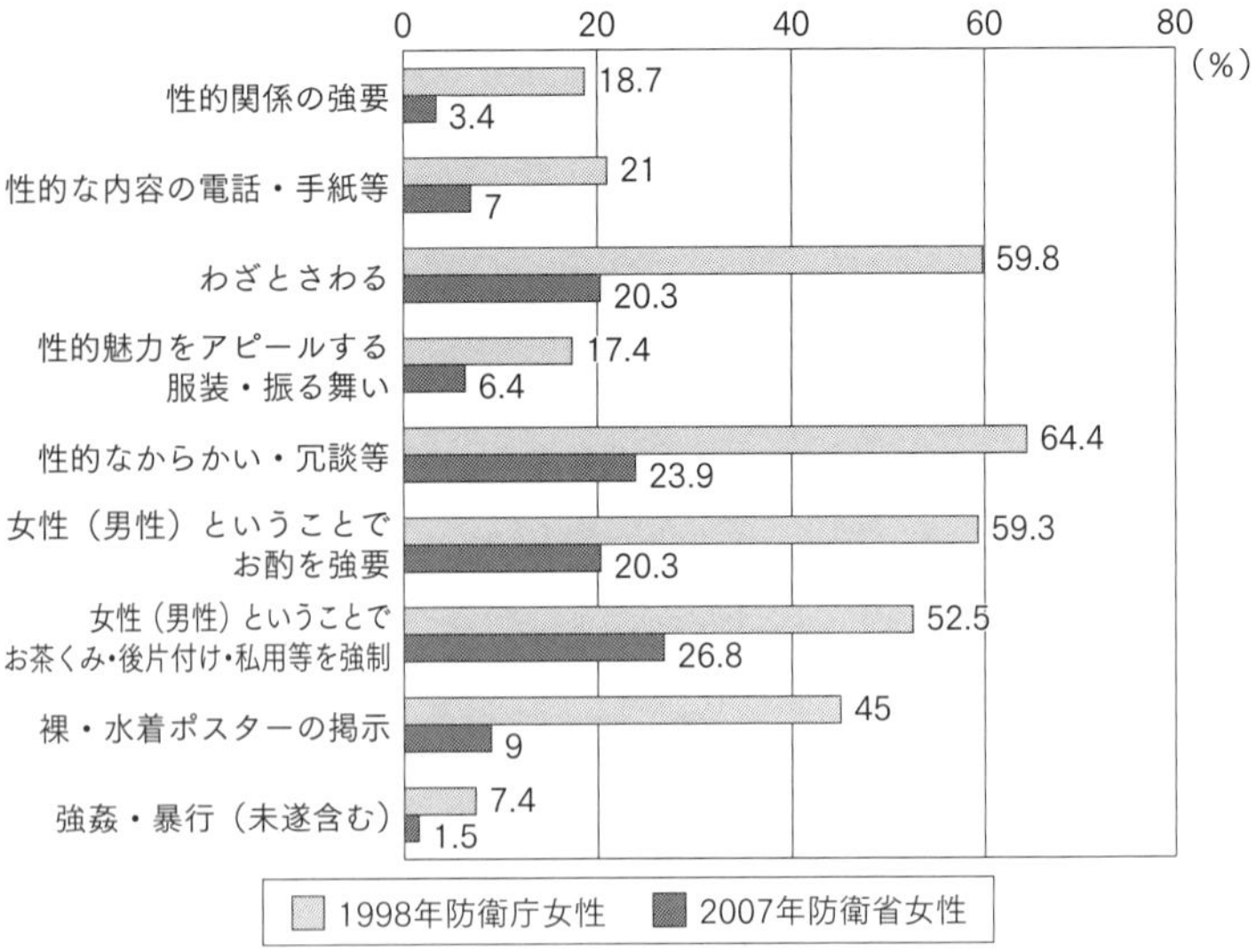

出典：「防衛省におけるセクシュアル・ハラスメント防止に係る意識等調査」より筆者作成

図5　被害にあった場合の対応

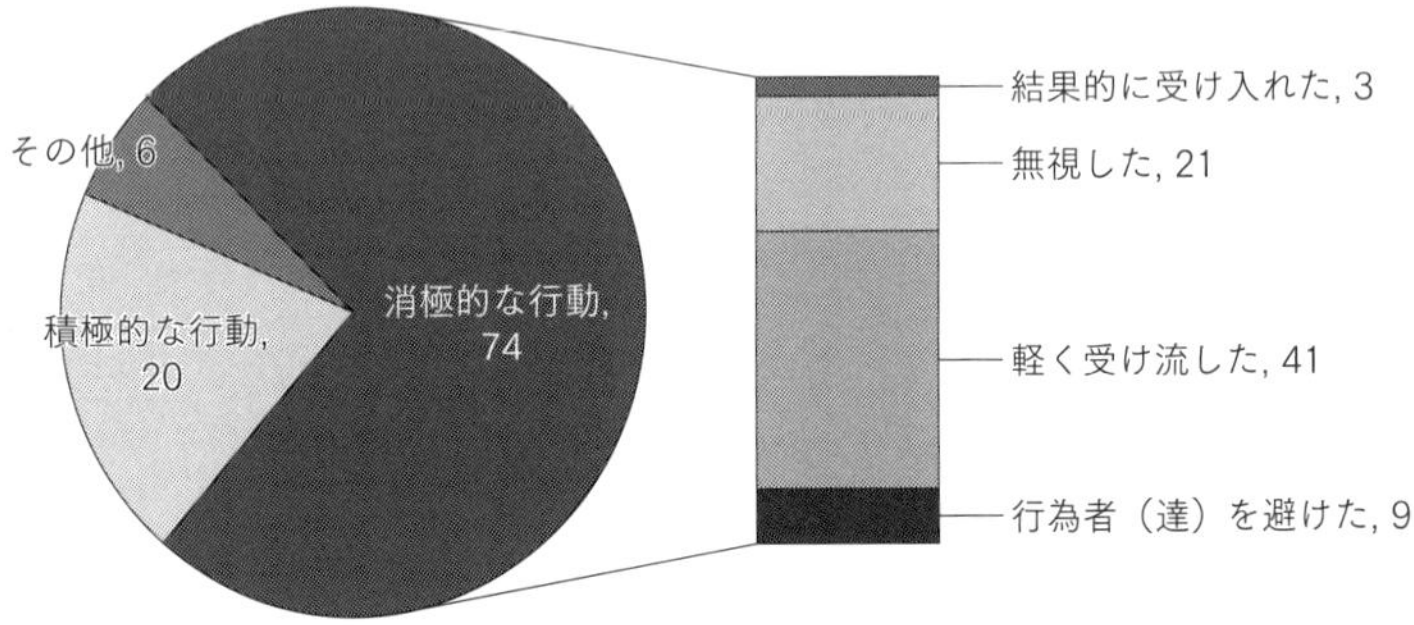

出典：「防衛省におけるセクシュアル・ハラスメント防止に係る意識等調査」より筆者作成

3　ジェンダー化された職務の割りあて

二〇〇四年、イラクのサマーワに派遣されることになった一人の女性自衛官が、テレビのインタビューに答えて「疲れた男性隊員の心のオアシス」になりたいと発言した。緊張度の高い派遣先へと赴く隊員の口から出たこの古典的な「女らしさ」は視聴者を戸惑わせたが、自衛隊に適応してきた女性の発言としては典型的なものである。

航空自衛官調査を行った藤田愛子は、「女性に（特定の）仕事をさせない」優遇が、「女性に（特定の）仕事をさせる」ことにつながっていることを明らかにし[*17]、わたしもまた、女性自衛官へのヒアリングを通じて、彼女たちに日々与えられるプレッシャー（「男と同じ給料をもらっていて同じことができるのか」など）が、体力的劣位を「男性が持たない女性にしかないもので」補おうと、「女の気配り」を自生させていくことを見出した（佐藤 2004）。組織はこの「女の気配り」をうまく利用して、お茶くみ・コピー取り・掃除・洗い物といった雑用一般を女性指定職に囲いこんでいく。これらはけっしてフォーマルな制度として存在するわけではなく、制度上、自衛隊はすでに全職域が女性に開放された先進的な職場となっている。

米軍[*18]においても、一九九四年以来の地上戦闘制限というフォーマルな制約に加え、インフォーマルな配置制限は長きにわたって存在してきた。すなわち、上司が自分の部隊にはすでに十分な女性がいると考えて余分な女性をよそへまわしたり、配置制限を独自に解釈して女性を排除したり、部隊の事務的な仕事に女性をまわしたり、事務や補給等の伝統的部隊へ女性を追い出したりすることで、実際には開放された職務を、女性兵士が遂行できていないことが頻発していたのだ（Harrell and Miller 1997: 31）。

こうした事態の打開が、なぜ困難であったのか。その一つの原因として、男性中心的な組織の構造がもたらす女性内の分断がある。

組織内のエリート女性たちは、自分は男性のようにできる「例外としての一流の女性兵士」だが、女性は男性に比べて「二流の兵士」なのだと考えがちである。イスラエルの女性兵士調査を行ったオーナ・サッソン＝レヴィは、エリート女性兵士が女性を見下し、蔑みをもって語り、大半の女性は男性に劣ると思っていること、一方でそうした女性の反対物として自分自身を構築していることを発見したが（Sasson-Levy 2003: 452）、わたしもまた調査の過程で同種の傾向を持ったエリート女性自衛官たちに出会ってきた。「女嫌い《ミソジニー》」と呼んでもいいようなこの態度は、しかし、彼女たちが、伝統的「女らしさ」から距離を取ろうとしてつくりあげられたものである。彼女たちは、組織が集団としての女性に貼りつける「二流」ラベルから自らをひき離し、自らを「例外」として位置づける。結果、女性一般に対する「二流」のラベリングは無傷のままに残りつづける。

一方、「兵士であれ」、しかしなお「女性であれ」という二つの要請にひき裂かれつつ「二流」ラベルを付与される女性たちがいる。彼女たちは、男性との関係をできるだけ敵対的にしないようなやり方で、組織のなかに自らの居場所をつくり出してきた「女らしい女性兵士」であり、彼女たちのふるまいこそが、彼女たちの「二流」性を証明してしまう。米軍を退役した女性を対象に調査を行ったメリッサ・S・ハーバートはこの仕組みについて次のように述べる。

> 女性たちのマジョリティが「女らしい」とラベリングされ、女らしいことが何であれ軍事任務と相反するものであると見做される時、女性は、集団として、軍事任務と「矛盾」するもの、あるいは、それを遂行する能力に劣るものと見做されるようになる。したがって、相互作用レベルでジェンダーを

生産すること（すなわち、女らしさを演じること）は二流の兵士であると知覚されるような、より広い制度的配置をつくりあげ、維持することになる。（Herbert 1998 : 120）

「女らしさ」を演じる彼女たちのふるまいは、女性が軍事任務には向かないのだという認識を強化し、男性だけが「一流の兵士」足りうるという信念を補強する。ゆえに「女らしい二流の女性兵士」たちもまた、軍事組織において女性を周縁化するようなジェンダー・イデオロギーに何ら変更を加えることなく再生産していく。軍隊の女性兵士たちは、かような困難のただなかに放りこまれており、かつ、自らもそれを支えてしまっているのである。

4　おわりに

本章では、兵士でありかつ女性である女性兵士を取りまく状況として性暴力／セクシュアル・ハラスメントと職域配置のジェンダー分離に焦点化して、女性兵士の抱える困難を示してきた。

こうした試みは、被害の程度を斟酌せず、誰もが「被害者」であるかのように偽装することで軍事組織の担い手を「免罪」し、本当の被害から目を逸らすことになると、非難されるかもしれない。わたしはそうした非難の声に動揺しつつも、そうした物言いは、たとえば、「あなたは一体なぜそのような場所へ自ら近づいたのか？」と性暴力被害者の女性を詰問する論理とどれほど異なっているのだろう、と思わずにいられない。軍事組織が女性にとって困難な場所であることはわかりきったことだと遠ざかることができるのは誰なのか、あるいは、ある女性たちにとって軍事組織が魅力的な職場として映っているその背後には一体何があるのか、考えてみる必要があるだろう。そして、軍事組織のなかにいる女性たちの困難を、自身の選択が招いたことだと切り捨てることは、女性労働者に「搾取されることがわかりきっているような職場からなぜ早く撤退しないのか？」という問いかけとどれほどの距離があるだろう。現在の労働市場が性差別に依拠していることなど明白だと女性労働者に「総撤退」を呼びかけることが、今なお突飛なことに感じられるとするならば、わたしたちは、それと同じ繊細さをもって、不利益を感じることがあってもなおそこにとどまっている女性兵士たちを見つめる必要があるのではないだろうか[*19]。

　女性兵士の困難を明らかにすることを、軍事組織の問題性の免罪につなげるのではなく、むしろ組織の内部に幾重にも走っている亀裂を明らかにするような試みへとつなげていくこと。彼女たちをわたしたちから遠い「他者」とするのではなく、わたしたちに似たものとしてその経験を問いのなかに開いていくこと。軍事化に取りこまれる自らのリスクを警戒しつつ、女性兵士とのあいだにもゆるやかなつながりを模索していく以外の道は、ないのではないだろうか。

第5章　女性兵士は男女平等の象徴か？

1　はじめに

二〇一八年、スマホ向けの人気ゲーム『モンスターストライク』と『美少女戦士セーラームーン』のコラボCMが話題となった。「セーラームーンは女のもの？　モンストは男のもの？　そんなのもう古いでしょ」「変身願望に男も女もない」「壁なんて壊して、みんなで熱くなろうよ」という呼びかけは、多様性の時代を象徴するものだった。また、「女の子だって暴れたい」をコンセプトに少女たちが戦士に変身する人気アニメシリーズ『プリキュア』には、放送開始以来はじめて男の子のプリキュアが登場。これらはいずれも、社会が性の多様性に開かれていくなかで、ジェンダーの壁を越えることをエンパワーするようなメッセージ性で人びとの話題をさらった。

だが、現実社会における「ジェンダーの壁を越える」現象として最たるものの一つである「女性兵士」の存在に、日本ではあまり光があたることはない。自衛隊には今や二万人弱の女性自衛官が働いている。創隊当初、看護職からはじまった採用は、一九六七年に一般職に開かれ、九三年には全職域開放の決定にいたる。「母性の保護」等を理由に一部の配置には制限がかかったが、数度の見直しを重ね、二〇一五年には航空自衛隊が戦闘機を、一七年には陸上自衛隊が歩兵と戦車の部隊を、一八年には海上自衛隊が潜水艦の配置を女性に開放する決定をした（本書第Ⅲ部を参照）。今や女性自衛官は、一部の例外を除き、ほぼすべての配置に就くことができるのである。

戦争・軍隊の社会学としてジェンダー研究を行っているわたしのもとには、たびたびメディアの取材が入り、その都度「このような流れを歓迎するか？」と問われてきた。そこで期待されている答えは、「ええ、もちろん歓迎します。軍事組織は女性差別の残る最後の聖域。女性自衛官の進出は男女平等の証です」といったところだろう。だが、わたしの返答は、「別に歓迎は……。必然とは思っていますけれども……」と、誠に歯切れの悪いものでありつづけた。たとえば、女性に戦闘機パイロットの職を開放するというニュース自体は、世界的に見ても、自衛隊史の観点からしても、特段驚くほどのことではない。欧米諸国のみならず、アラブ首長国連邦やパキスタンにも女性戦闘機パイロットはいるし、お隣の韓国は日本に先んじてすでにこの職を女性に開放している。女性兵士に対する職域解放を男女平等の象徴として語ることは、はたして本当に妥当なのだろうか？

2　軍隊が女性を入れる時

軍事組織は女性差別の残る最後の聖域——たしかに正しい。世界的に見て、軍隊は圧倒的に男性優位の組織であり、かつ、戦闘力の保持を理由にこれを正当化してきた。徴兵制を敷く国々の場合は、イスラエルのような例外を除き、徴兵されるのは男性だけとするのがつねであった。だが、近年、徴兵対象に女性を含める決定をする国が出はじめている。たとえば、ノルウェーは男女平等と軍隊内部の多様化を目的として、二〇一五年から男女の徴兵にふみきった。[*1] 一方、北朝鮮の決定は、一九九〇年代の食糧難で兵役年齢の男性の出生数が極めて少なく、栄養失調者も続出して兵力が維持できなくなったことが理由であるとされる。[*2] 同様に、韓国でも女子徴兵についての議論がはじまっているが、男女平等を論拠にしつつ、これも、少子高齢化により兵役に就く層が収縮し、軍が人材不足になっていることを背景とする。女子徴兵を男女平等の象徴と考えるのは短絡的だが、ノルウェーにつづき、二〇一八年にはスウェーデンが徴兵復活にともない女子徴兵にふみきっている（『日経新聞』2021.8.10夕刊）。ジェンダーギャップ指数でつねに上位にランク入りする両国は、二〇〇〇年代以降、女性の国防大臣を多数輩出しており、この動向の行方は注目されるところだろう。

では日本の場合はどうか？　詳細は第Ⅲ部で述べていくが、自衛隊は創隊以来、女性たちを組織に含めてきた。看護職に限定してきた女性の職域を一般職に拡大することにふみきった背景には男性の人材不足があった。当時、日本は高度経済成長期。若い男性の雇用情勢は良好で、最多人数を要する士クラスの隊員の募集は難航を極めていた。広報官が街頭にくり出し、若者に声をかけることでようやく入隊者をかき集めても、問題行動を起こして離職する者が多く、「望ましい人材」にはほど遠かった。自衛隊が女性という新たな人材の宝庫に頼りはじめた背景には北朝鮮や韓国と似たような事情があったのである。

限定的な数で募集された女性隊員の質は必然的に男性よりも高くなった。はじめは、人事や総務、会計や通信といった「女らしい」職域からはじまった採用は、徐々に拡大されていくことになる。一九八〇年代後半からのバブル経済は、好況の恩恵を男性よりも受けることのない女性への追い風となり、全職域開放への道筋をつくり出していった。
二〇二一年三月現在、自衛隊には一万八二五九人の女性が働いており、これは全自衛官の七・九%にあたる。この比率はNATO諸国の軍隊における女性比率の平均（二〇一七年で一一・一%）と比べればいまだ相対的には低い。[*3] だが、防衛省は二〇一七年に「女性自衛官活躍推進イニシアティブ」を発表し、三〇年までに女性比率一二%以上とする目標も公表した（『防衛白書』2021年版：392）。こうした動向は、安倍政権が打ち出した女性活躍推進政策の影響を受けている一方、二〇一八年一〇月より募集隊員の年齢上限を二六歳から三二歳にひきあげた決定とセットで見る必要がある。自衛隊で人材不足への対処法と言われているのが「四人《よんじん》の活用」だ。「四人」とは「婦人」「老人」「省人」「無人」のこと。自衛隊の「女性活躍」は、採用年齢や定年のひきあげ、AIやドローンの活用による業務や装備の省力化・無人化と並び立つ施策なのである。[*4]
それでは、日本では、ノルウェーやスウェーデンのような男女平等という価値観はまったく無関係なのだろうか？　そうではない。
男女平等の価値観は、国連のようなグローバルな制度を通じて外的な推進力として働いてきた。もっとも重要なのは、一九七九年に国連総会で採択された女性差別撤廃条約である。この条約の批准にあたり、日本は男女雇用機会均等法を一九八五年に制定した。自衛官は国家公務員なので均等法の影響を直接受けたわけではないが、官は民の手本になるべきというプレッシャーを避けることはできなかった。国家公務員の受験制限解消の流れで防衛医科大学校が一九八五年から、防衛大学校が九二年から女性に門戸を開くことを余儀なくされた。また均等法は、女性自衛官の数はもちろん、就くことのできる職を拡大する追い風にもなったのである（佐藤 2004）。

性別にかかわりなく個性と能力を発揮できる社会の実現を、「二一世紀の我が国社会を決定する最重要課題」と位置づけた一九九九年の男女共同参画社会基本法制定も大きな意味を持った。これ以後、防衛庁／省内部には男女共同参画のセクションが設けられ、さまざまな施策を打ち出すことになるからである。

さらに、二〇〇〇年に国連で採択された安全保障理事会決議一三二五号の存在は決定的だった。この決議は安保理史上はじめて平和と安全保障をめぐるあらゆる活動に女性の参加とジェンダー視点の導入を要求したものである。日本もこの決議に基づき、二〇一五年に国別行動計画を策定した。先に述べた「女性自衛官活躍推進イニシアティブ」の背景にはもう一つこうした国際的な潮流が存在したのである（本書第Ⅲ部）。

3　おわりに

冒頭の問いに戻ろう。「このような流れを歓迎するか？」――結局のところ、女性兵士という存在をどう捉えるべきなのか？

わたしが戦争・軍隊の社会学の主題として女性兵士問題に取り組みはじめた頃から、大きな影響を受けてきたのが、本書「はじめに」で紹介したシンシア・エンローである。魅せられた理由の一つに、彼女の女性兵士の捉え方があった。*5

「女性兵士は男女平等の象徴か？」――この問いにイエスと答えるのが「楽観主義者」である。アメリカで女性の徴兵登録を求めたり女性兵士の戦闘参加を要求したりしたようなフェミニストたち。彼女たちは女性が増えれば軍隊は今よりよいものになると考えた。軍隊は家父長制的ではなくなり、男性化された暴力の文化が薄れるだろう。軍隊は「敵」と闘うよりも、災害から人びとを救うような、脱軍事化されたものになっていくだろう、と。

一方、「悲観主義者」はノーと答える。軍隊に女性が増えることは女性の軍事化を招くだけだと彼らは考える。女性の存在は、軍事化された文化を社会によりいっそう深く根づかせる役に立っても、軍隊の性質をけっして変化させはしないだろう、と。軍事化を警戒しつづけてきた日本のフェミニストたちはこの立場が圧倒的に優勢だった。

けれども、エンローは第三の可能性を示す。軍事化と脱軍事化は時に同時進行し、家父長制は混乱をきたすかもしれない、それをつぶさに観察することは研究者の役割だ、と。女性兵士を研究する者にはたしかに軍事化のリスクがあるが、それはひき受ける価値のあるリスクである。女性兵士を研究しないままにしておくならば、軍事化というプロセスや家父長制の適応能力についていけっして十分に理解することはできないのだから。

自衛隊を軍隊として扱うことそれ自体を強く警戒する人びとから、女性自衛官の研究をするよりもっと重要なことがあるだろう、そんな研究は軍事化に加担することでしかない、と非難をあびてきたわたしにとって、尊敬するフェミニストのこうしたスタンスは大きく背中を押してくれるものとなった。

軍隊が女性を入れる時、そこには軍隊固有の論理がたしかに存在する。そして、時にはフェミニスト的な男女平等という価値観が追い風となって、まったく別の方向を向きながら政策を変化させてきた。

軍隊固有の論理とはなにも人材不足の解消だけではない。本書第7章で詳述するように、女性自衛官の存在は、自衛隊が旧軍とは異なる組織であると差異化することに役立ち、一般社会と変わらず男女が仲よく働く「普通」の職場であるとアピールすることに役立ち、西欧諸国と同じく「近代的」で「民主的」な組織であることを示すシンボルとして役立ち、拡大した自衛隊の軍事任務をソフト化することにも役立ってきた。

「女性兵士是か非か」の二者択一を超えて。軍隊における女性兵士の存在が男女平等で説明され尽くせぬように、政府や企業の謳いあげる「女性活躍」には、日本経済の活性化や企業の業績向上という別種の論理が透けて見える。だからといってそこからの「総撤退」を主張しても、あいた穴は別の誰かが埋めるだけで、現実的な解たりえない。必要なのは、女性の参入により何が起こっているのか、現場を注視することであり、女性の手段的活用にまつわる問題群への適切な介入は、それなくして不可能なのである。

第6章　戦争・軍隊とフェミニズム

1　はじめに

「兵士」と聞いてどんなイメージが思い浮かぶだろうか？　銃を持って匍匐前進する姿？　戦車や艦船の隊列？　凜々しい戦闘機パイロット？　いずれにしてもそれらは男性的なイメージで、戦争・軍隊は昔から男の領分だと思われるかもしれない。だが、『平家物語』の巴御前《ともえごぜん》のような女武将が描かれた背景として、中世には女性騎馬武者の存在が知られているし、NHKの大河ドラマの主人公にもなった新島八重のように、幕末期の戊辰戦争には断髪・男装し銃を手に闘う女性たちがいた。同様に、近世ヨーロッパでも男装して闘った女性兵士たちの記録が残されており（Dekker and van de Pol 1989＝2007）、南北戦争後のアメリカにも、インディアン掃討部隊のバッファロー・ソルジャーとして男性を装って勤務した女性がいた（本書第11章）。歴史をグローバルにたどってみれば、男の領分へと越境して兵士になろうとする女性たちは、けっして近年急にあらわれたのではないことがわかる。

女性は受動的で平和を愛するといったステレオタイプと異なり、女性たちはあらゆる時代、あらゆる場所で、軍隊を支え、戦争に参加してきた。マディ・W・シーガルは、女性が戦争に必要とされる時にはその活躍が思い起こされるのに、彼女たちの貢献を文化的に忘却するプロセスがあることを指摘する（Segal 1995: 761）。戦争が終わると、女性の軍事活動はマイナーなもの、あるいは存在さえしないものとして再構築され、「軍隊の男性、家庭の女性」という神話が維持されるのである。

一七八九年七月一四日のバスティーユ襲撃にはじまるフランス革命に多くの女性たちが加わったにもかかわらず、家庭回帰が叫ばれたのも同じ構図だ。「人権宣言」が男性の権利宣言にすぎないことを示そうとして、オランプ・ドゥ・グージュが一七九一年に起草した「女性の権利宣言」の後文には次のような呪詛の言葉が含まれている。「奴隷であった男性は力を増し、鉄鎖を砕くためにあなたの力を借りなければならなかった。自由の身となると、彼は同伴者にたいし公平を欠く。ああ、女たちよ、女たちよ、いつの日に目を開くのですか？　あなたたちは、革命から、どんな利益をうけたか？」[*1]。

2　ジェンダー化された「国民」

近代国民国家は市民権と兵役をセットにしたが、フランスがそうであったように、国民軍は一般に女性を排除してスタートした。この国民軍に参与できる男性を頂点とすることで、「国民」はジェンダー化されたのだ。

国民国家は総力戦に向けて国民皆兵主義を徹底化していったが、女性をどのように国民化するのかは、ナショナリズムとジェンダーという二つの力学の作用によりヴァリエーションを見せた。国家への帰属と貢献をひき出すナショナリズムの力学が、国民を平準化することで既存のジェンダー秩序を変革し、闘う女性兵士を創出するのに対し、性別分業の維持と安定を図るジェンダーの力学は、ジェンダー規範の越境を試みる女性兵士の創出を抑止する方向へと働く（佐々木 2001）。ただし、「女は銃後、男は前線」を越えて女性兵士を生み出したとしても、彼女たちに「女性向き」の仕事をあてがうというかたちで性別分業を維持することは多く見られた。たとえばアメリカでは、第一次世界大戦で軍務に就いた女性の大多数は看護婦であり、第二次世界大戦で欧州戦域にも派遣された陸軍女性部隊の兵士たちを戦闘部署に就けることはしなかった。第一次世界大戦時から陸軍女性補助部隊を発足させていたイギリスでも、女性たちには、掃除、洗濯、調理、事務などの「女の仕事」があてがわれ、性別分業を維持した。一方、ソ連や中国では、女性兵士を特殊技能者として軍隊に入れており、第二次世界大戦時には戦闘にも参加させたことで知られている。

一方、近代国民国家は国家が正当な力の行使を独占することによって成り立つ。日本の場合、廃刀令によってそれを可能にしたのが明治政府だった。早くも一八七二年には徴兵告諭が出され、四民平等の原則のもと、国民皆兵が謳われた。一八八九年に公布された大日本帝国憲法第二〇条は「日本臣民は法律の定むる所に従ひ兵役の義務を有す」と規定しており、憲法上は女性にも兵役の義務があった。しかし、一八八九年の改正徴兵令はこの義務を「日本帝国臣民にして満一七歳より満四〇歳迄の男子」に限定し、一九二七年の兵役法においても兵役義務は男子に限定された。これについて議会では憲法違反ではないかと質問が出されているが、政府の答弁は、国民皆兵に「若干の除外例」を認めることは違憲ではないというものだった（大江 1982：76－8）。

ただし、徴兵制には戸主や相続人をはじめとするさまざまな免役条項があったので、男性といえども実際に徴兵された割合は、一八七七年三・五％、八八年四・六％とごくわずかであった。一八八九年に免役条項がほぼ廃止されることでその率は漸増していくが、それでも二割弱である（吉田 2002：17－9）。日本の動員兵力は列強諸国のなかではかなり低い水準にあったと言われており、一九四五年初頭の段階でも、内地の生産年齢人口（一四歳－六〇歳）に占める割合は一一％にすぎなかった（吉田 2005：112）。

総力戦の遂行には女性も動員された。第一次世界大戦では各国で女性労働力の大量動員が行われ、イギリスのように補助的な軍務に就く女性部隊も出現し、第二次世界大戦では各国に女性部隊が創設されていった。しかし、日本では「家」制度が重んじられ、労働動員であってもその対象を未婚女性に限定した。また、戦局の悪化にともない軍務への女性活用を検討するも、ジェンダー秩序の変革につながる女性兵士の創出にふみきろうとはしなかった。

当時の女性運動家たちはこうした当局のおよび腰を、時に叱咤した。一九四三年七月、大政翼賛会中央協力会議において、大日本婦人会理事の山高しげりは、「政府は躊躇するところなく未婚女子徴用を断行されたし」と要望している（加納 1995：78）。だが、東条英機首相がラジオで女性たちに家庭を通じた国家への奉仕を呼びかけたように、当時の日本社会には女子の徴用が家族制度の破壊につながるという強い懸念があった。

市川房枝ら当時の婦人参政権運動家は「女子徴用は家族制度となんら抵触するものにあらず、否、むしろ家族制度を護持するためにこそ、女性はハンマーを振るい、銃を取って立ちあがらねばならない」とこれに反発した（市川 1974：587－8；加納 1995：79）。彼女たちには、女性が総力戦のもとで力を示せば参政権獲得をはじめとした地位向上のチャンスになるとの認識があり、これが戦争協力へと突き進んでいく姿勢をつくり出していたのである（加納 1995；上野 1998）。

戦局も終盤となると、ナショナリズムの力学がジェンダーの力学を凌駕しはじめる。一九四四年八月に公布された女子挺身勤労令は、一二歳から四〇歳までの女性に一年の就労を義務づけた。「家庭の根軸たる者」を除くという例外規定はあったが、女性運動家たちは女子徴用の実現だとこれを歓迎した。そして、本土決戦が予想されるようになった四五年六月、ついに一七歳から四〇歳までの女性を国民義勇戦闘隊へ編入させる義勇兵役法が成立する。結局、まもなく敗戦を迎えたため、本土では国民義勇戦闘隊が編成されることはなかったが、日本にも女性兵士創出の機運はあったのである。[*2] 民主化に関する五大改革のなかで女性が参政権を獲得したのは一九四五年。一九四七年には家制度の廃止がつづいた。戦後、日本人女性の国民化がとげられたのと入れ違いに、「内地」在住の朝鮮人男性たちは一九二五年普通選挙法以来の参政権を失い、国民の外側へと放逐された。

3　フェミニズムと軍隊

軍隊で女性は今なお少数派である。第5章で見たように、ノルウェーが男女平等の観点から徴兵を女性に拡大するとした二〇一五年以前には、徴兵制を有しても韓国のように男子のみを徴兵するところがほとんどで、女性を含めているのはイスラエルのように例外的な存在だった。志願制をとる国の軍隊では、相対的に女性比率が高くなっているが、それでもほとんどが一割にも満たず、圧倒的な非対称性を持っている（日本の自衛隊は二〇二一年度七・九％）。

軍事任務をはたすことと「一流」市民であることとのあいだに深いつながりを持つ諸国においては、その任に就くことのできない女性が政治的な意思決定をなす立場に立つことが困難になる。ここに、軍隊・戦闘が男性に独占されてきたことを女性の不平等の根源と見做し、女性の参入によりこれを打破しようとする一部のフェミニストたちの主張の根拠があったのだ。*3

アメリカの議会が男子のみを徴兵登録する法律を通過させた時、女性の権利獲得と地位向上を目指す全米女性機構（NOW）がこれを性差別だとした裁判を支援し、湾岸戦争の最中に女性兵士の戦闘参加を認めさせようと決議を出したのもそのためだった（Elshtain 1987＝1994；中川 1982；Hooker 1993）。二〇〇五年にNOWがイラク戦争への反対と米軍の早期撤退を主張しつつも、直接地上戦闘支援部隊からの女性排除に反対の意を表したのも同様である。米国防総省が二〇一三年に女性兵士の戦闘参加拡大を決めるまでには、彼女たちの長年の運動があったのである。

だが、軍事的貢献を男女で等しくはたさぬかぎり、男女平等の真の実現はありえないと考えるこの主張は、軍事的な貢献度が男女で異なるのだから女性差別は正当なものだと考える保守派の主張とコインの裏表の関係にある（佐藤 2004）。すなわち、両者はともに戦闘への軍事的な貢献の程度でもって国民をランクづけする価値観を共有し、支えていることになる。

「闘う権利」の獲得が女性の「二流」の地位解決につながると考えるこのNOWのような立場は、軍事主義的で男性中心的なものだとしてフェミニズム内部から厳しく批判されてきた。しかし、反軍事主義・平和主義を掲げれば、フェミニズムが軍隊の女性差別や性暴力の問題を論じることは難しくなる。軍隊が歴史的・政治的に持ってきた重要性を無視し、自らを部外者と位置づけるのは無責任な態度ではないかとの反批判も行なわれた。経済領域での女性の依存同様に、軍事領域での依存も拒絶すべきではないか、と問う者もいた（Stiehm 1982）。

一方、フェミニズムには、平和と「女性性」のあいだに密接な関係を想定する考え方も一大勢力としてあり、彼女たちは、女性の大半が有する母という経験やケア役割、あるいは公的権力からの歴史的な排除によって、女性は平和に対して男性とは異なる関係を持つのだと主張した。しかし、差異がつねに利用されてきたことを思えば、このような本質主義的議論は危うさを孕んでいる。女性的特質によって、男性中心的な軍隊や戦争を変えることができるといった主張には、軍事主義の対抗の基盤として限界があり、楽観的すぎる、との批判もなされた（Chapkis ed. 1981）。

こうして、フェミニズムはさまざまな議論を闘わせながら、「女性＝平和」の特別な関係を擁護せず、「闘う権利」の要求が国家公認の暴力を正当化しないような道を探ろうと格闘してきたのである（Enloe 2000＝2006）。

しかし、現実政治は、フェミニズムのなかにある男女平等と平和的女性性の主張とをうまく組みあわせながら進んできている。国連では二〇〇〇年に安全保障理事会決議一三二五号が採択された。平和と安全保障をめぐるあらゆる活動に女性の参加とジェンダー視点の導入を要求するこの決議を歓迎する人びとのなかには、今や「男女は同じなのだから女性も軍隊に適している」ではなく、「男女は異なるのであり女性は軍隊に適さない」でもなく、「男女は異なるのであり女性のほうが軍隊に適している」と主張する者もいる（本書第8章）。そこでは、女性が軍隊には適さない理由とされてきた性質――穏やかさや他者への共感、争いを調停する融和的なふるまい――が、今日の軍隊の多様な任務に合致したものとして評価され、もっと「女性化」を、もっと「女性的な兵士を」が解として導き出されるのである。だが、フェミニズムは自由や平等といった近代的理念に依拠しながらも、つねにそれらを批判的に吟味する視点を有してきたはずである（上野 2006）。ならば、軍隊の「女性化」とは何を意味するのか、「女性的な兵士」は実際に戦争でどのような役割をはたしているのかについても慎重に問うていく必要があるだろう。

4　おわりに

安保理決議一三二五号の採択後、各国は行動計画の策定に取りかかった。二〇一五年八月に女性活躍推進法を成立させた日本もまた、一三二五号行動計画の五二番目の策定国の仲間入りをはたしたところである。今やUNウィメンから「女性活躍をトップダウンで推進する一〇人の男性首脳の一人」と評される安倍晋三は、同年九月の国連総会でこの成果を誇らしげに語った。

自衛隊における「女性活躍」は、タカ派で歴史修正主義者という日本の首相のイメージを払拭するのに突如として役立ったわけではない。本書第7章で確認していくが、自衛隊は創設以来国民に「愛され」ようと、その軍事的な性質を和らげ市民社会のなかに溶けこむ努力をつづけ、女性たちはそのなかでつねに重要な役割をはたしてきた（佐藤 2004）。

そのような役割は、女性という存在が軍事化されたイメージとはほど遠いと思われていることで力を発揮する。そして、ジェンダー化されたイメージの利用は、けっして自衛隊のなかでのみ起こっているわけではない。九・一一以降のアメリカでは、勇敢な女性兵士のイメージが、抑圧されたアラブ女性の「救済」として対テロ戦争を正当化する重要な役割をはたした（Stachowitsch 2011）。イラクとアフガニスタンでは女性兵士のみで構成されたＦＥＴ（Female Engagement Teams）が活躍し、地元女性たちからの情報収集のみならず、彼女たちのニーズの把握や教育、啓発活動に力を発揮した。こうした慈悲深い活動がどのようにジェンダー化されているのか、そのことが、わたしたちの目を何から逸らさせることにつながっているのかに注意を向ける必要があるだろう。

女性たちは世界中で、つねにすでに、さまざまなかたちで軍事化に組みこまれながら、ジェンダー化された役割をはたしつづけてきた。新たな戦争が、救い、ケアし、建設するために闘われる時代において、フェミニズムは女性兵士という難問にどう向きあうべきなのか――その複雑な闘いのあり方があらためて問われているのである。

第Ⅲ部　自衛隊におけるジェンダー

第Ⅲ部「自衛隊におけるジェンダー」では、日本の軍事組織・自衛隊のジェンダー化された歴史を紐解いていく。戦争遂行をはじめ、軍事任務は市民権と「男らしさ」に緊密に結びつけられ、もっぱら男性にその任を割りあててきた。軍事任務をはたすことのできる者こそ市民権を獲得するにふさわしい者であり、それは「男らしさ」を兼ねそなえた市民＝兵士なのだ、というこの考え方は、ジェンダー秩序の根幹をなしている。だが、この三つの結びつきは、普遍でもなければ自然なものでもない。

実は、自衛隊は、軍事任務と市民権の結びつきを脱構築する格好の事例である。第二次世界大戦後の日本の自衛隊は志願制をとってきたため、軍事任務と市民権の結びつきは当初から断たれていた。このため、戦後の日本の人びとのあいだに、「一流の市民」となるために自衛隊員として軍事任務をはたすという思考回路は形成されてこなかった。そして本来、徴兵制度を廃止した多くの諸国においても、軍事任務と市民権の結びつきはすでに断ち切られているはずのものである。そのように考えると、女性の軍隊参入を全女性が「一流の市民」たる方途であるかのような論理展開をしてしまうフェミニズムの問題性が見えてくる。

一方、軍事任務と「男らしさ」のあいだには、今もなお強固な関係が存在している。この結びつきは、女性の軍隊参入をめぐる議論にもしばしばあらわれる。すなわち、軍事任務には、身体の強さ、暴力、問題解決能力、技術的知識、論理的・戦略的思考が必要であり、それらは「男らしい」特徴であるがゆえに、女性は軍事任務には適さない、といった主張だ。

だが、冷戦終結以降、この結びつきにも変化がもたらされている。安全保障環境の変化に対処を迫られている「ポストモダンの軍隊」あるいは「ポストナショナルな軍隊」において、軍事任務と「男らしさ」の結びつきは自明のものではなくなってきているのだ。そして、これまでもっぱら日本特殊性論の文脈で語られてきた自衛隊は、こうした新たな事象を先駆けて示してきた例として把握することができるのである。

以上のことを念頭に、第7章では戦後の自衛隊の歩みをカモフラージュという枠組みで分析し、第8章では「ポストモダンの軍隊」が女性性／男性性にどのような意味を充填しつつあるのかを論じる。そのうえで、第9章では、軍隊の「利他的」なイメージづくりに女性と女性性の活用を進める自衛隊の戦略に光をあてることにしよう。

第7章　カモフラージュされた軍隊――自衛隊とグローバルなジェンダー主流化

1　はじめに

二〇世紀後半から、世界中でますます多くの女性たちが「男の聖域」とされてきた軍事組織に参入するようになった。一九七〇年代以降、多くの西洋の軍隊では女性を軍隊の中心部に組みこもうとする「第二世代のジェンダー統合」を開始した（Carreiras 2006: 117）。この統合が第二波フェミニズムの興隆期と重なったアメリカでは、しばしばこれはフェミニズムの「成果」だと言われる。一方、この動向に反対する人びとは、フェミニズムの「陰謀」により軍隊の女性化が起こっていると警告を発してきた。[*1]

だが、この二つの言説は過度に単純化されたものである。前者について言えば、すべてのフェミニストが軍隊への女性統合を支持していたわけではない。たいていのフェミニストは軍隊の女性問題に無関心であったし、時には軍隊への女性の参入を反フェミニズム的であるとして非難してきた（Chapman 2008: 169）。後者については、女性の参入を推し進める政策が軍隊内在的に生まれてきたという事実が反証となる。軍隊が人員確保に苦労し、その基準を下げねばならないような事態に直面している時、女性排除を画策するような保守的な議論は不適切なものとして却下される（Stachowitsch 2011: 130）。すなわち、「成果」であれ「陰謀」であれ、軍隊のジェンダー統合をフェミニズムにもっぱら結びつけて理解することは、適切ではない。軍隊のジェンダー統合には、もっと多面的な現実があるのである。

オーナ・サッソン＝レヴィによれば、軍隊は「極度にジェンダー化された制度」である（Sasson-Levy 2011a: 392）。しかし、軍隊のジェンダー化された編成はけっして静的なものではない。内外からの抵抗に見舞われながらも、その構造はつねに変化をとげてきた。さらに、軍隊のジェンダー統合は、時にはフェミニストのジェンダー平等とはまったく異なる戦略的・政治的状況下においても進められてきた（Stachowitsch 2011: 127）。

しばしば、軍隊は市民社会の縮図だと言われる（Chapman 2008: 169）。しかし、シンシア・エンローが鋭く指摘しているように、軍隊は「たんなるもう一つの家父長制的制度」以上のものである（Enloe 1983: 10）。軍隊は国家とのもっとも緊密な同一化と、その独自の財政的・人的・物質的資源によって、特異な社会的地位を占めている（Enloe 1983: 11-2）。このことが軍隊を、たんに市民社会のジェンダー関係を反映しているという以上のものにする（D'Amico and Weinstein eds. 1999: 5）。軍隊は、社会において男性・女性になるために適切なふるまいや許容可能な役割を定義する根源的な場なのである（D'Amico and Weinstein eds. 1999: 4）。ジェンダー構築の決定的な場であるからこそ、軍隊はジェンダー研究者にとって重要なフィールドとなる。

自衛隊を「軍隊」として扱うことに対しては異論もあるだろうが、次の諸点を明確にしておきたい。第一に、ストックホルム国際平和研究所が毎年公表している国際比較データによると、日本の軍事費は二〇二〇年で四九一億ドル（五兆三〇〇〇億円）、世界第九位である。*2 第二に、自衛隊はその創隊以来、規模を拡大し、二〇二一年三月現在、二三万二五〇九名の制服を着た自衛官（うち、女性は七・九%、一万八二五九人）を有すること（『防衛白書』2021年版：112）。第三に、自衛隊は核兵器の使用や研究を控えてきたが、F－15[*3]、イージス艦、ペトリオットミサイルのような、最新兵器を備えていること。第四に、一九九〇年代以降、自衛隊は海外派遣を行い、他国、特にアメリカとともに、作戦を実施するようになったこと[*4]。これらは、今日の自衛隊が軍事力行使の能力をたしかに有していること、そして、時が経つにつれてその能力への制約が弱められてきたことを示している。

一方で、日本には憲法九条がある[*5]。自衛隊が公式に「軍隊」と呼ばれることはなく、自衛隊の海外派遣がたびたび議論をひき起こしてきたのもこのためだ。本章では、むしろ、こうした特殊な歴史的文脈のなかで、自衛隊がどのように「カモフラージュされた軍隊」として存在してきたのか、という点に注目しよう。「カモフラージュ」とは、さもなければ可視的な存在を、周囲に溶けこませることによって認識不能にする隠蔽の手段である。自衛隊は自らを取りまく市民社会にあわせることでその軍事的な性質と軍事化の過程とをカモフラージュしつづけてきた。その際、女性たちは、このカモフラージュに固有の重要な役割をはたしてきた、というのが本章の主張である。

表1の年表が示すように、自衛隊では、女性たちの数と彼女たちが担当する仕事の種類は拡大してきた。この時、自衛隊のジェンダー統合を求めるようなフェミニズム運動が存在しなかったということは押さえておきたい。

以下では、四つの時期区分を用いて、グローバルなジェンダー主流化の潮流のなかで、自衛隊のジェンダー統合がどのように進められてきたのかを検証する。国連によれば、ジェンダー主流化とは、ジェンダー平等に到達するために、計画された行動が男女に与える影響を評価するプロセスであり、男女の関心と経験を政策やプログラムの不可欠な次元とする戦略のことを指す（UN 1997）。日本の政策決定者はジェン

表1　自衛隊の主要なジェンダー政策

	年	主要な出来事	ジェンダー政策	女性への任務開放
再出発の時代	1950	警察予備隊創設	一般職員として看護職域に女性を採用	看護職のみ
	1952	保安庁設置、保安隊発足	保安官として看護職域に女性を採用	
	1954	防衛庁設置、自衛隊発足		
絆固めの時代	1967		陸自の一般職域に女性の採用開始	支援職域を開放（人事、総務、補給、会計、通信等）
	1968		陸自に婦人自衛官（WAC）制度発足	
	1974		海自・空自に婦人自衛官（WAVE・WAF）制度発足	
	1979	国連で女性差別撤廃条約採択		
拡張の時代	1985	日本が女性差別撤廃条約批准	防衛医科大学校に女性の入学開始	
	1986	雇用機会均等法施行	防衛改革委員会「婦人自衛官（一般）5,000体制、職域拡大」を決定	職域開放（高射運用、航空管制、航海、航空機整備等）
	1991		婦人自衛官の職域配置に関する三原則	戦闘、戦闘支援、肉体的負荷の高い職域だけを制限
	1992	国際平和協力法施行	防衛大学校に女性の入学開始	
	1993		全職域開放を発表 海・空自の航空学生に女性の採用開始	全職域開放、ただし、母性とプライバシーの保護のため、普通科中隊や潜水艦、戦闘機等の配置は制限
	1999	男女共同参画社会基本法施行		
「国際貢献」の時代	2000	国連安全保障理事会決議1325号採択		
	2001		海自で初の女性将補	
	2002		PKO要員として女性がはじめて東ティモールへ派遣 防衛庁男女共同参画推進本部「婦人自衛官（一般）10,000体制」と職域の拡大を決定	
	2004		女性がイラクに派遣	
	2007	防衛庁から防衛省へと昇格	小池百合子が防衛大臣に就任 女性の配置制限の見直しを決定 空自で退官する女性自衛官が将補に	
	2009			職域開放（護衛艦、回転翼哨戒機等）
	2011		空自で初の女性将補	
	2015	女性活躍推進法施行	1325号国別行動計画発表	職域開放（戦闘機、偵察機等）
	2016	平和安全法制施行	稲田朋美が防衛大臣に就任	職域開放（対戦車ヘリコプター隊飛行班、特殊武器（化学）防護隊の一部、ミサイル艇、掃海艦（艇）、特別警備隊等）
	2017		「女性自衛官活躍推進イニシアティブ」で女性比率の倍増と配置制限の全面解除を発表	職域開放（普通科中隊、戦車中隊、偵察隊等）

出典：筆者作成

ダー平等のために自衛隊に女性を組みこんできたわけではないが、グローバルなジェンダー主流化を背景としながら進められてきた。以下では、女性の参入が、いかにして自衛隊およびその任務をカモフラージュすることに役立ってきたのかを論じていこう。

2　旧軍とは違います——再出発の時代（一九五〇―六〇年代前半）

第二次世界大戦後、アメリカ主導の占領下で、日本は完全に非武装化され、軍需産業は解体された。一九四六年に公布された憲法九条は、日本が国際紛争を解決する手段としての戦争を放棄すること、そのための戦力を保持しないことを謳っている。

しかしながら、アメリカとソ連の対立、一九四〇年代後半の中国共産党の台頭、そして五〇年六月に勃発した朝鮮戦争に対する懸念から、ワシントンの外交政策担当者は、グローバルな対共産主義戦争における、従属的な同盟国として日本を位置づけるようになった。ダグラス・マッカーサー司令官は、七月八日、吉田茂首相に日本の警察力の増強に関する覚書を送り（防衛庁 1961：19）、新たな戦後日本の軍事組織は警察予備隊としてはじまった。一九五一年、四八カ国とのあいだにサンフランシスコ平和条約が締結された日に、日米安保条約が結ばれた。翌五二年、日本政府はふたたび、駆け出しの警察予備隊を保安隊と改名し、この段階で、国内治安維持という当初の目的は削除された。一九五四年、日本政府は米国と相互防衛援助協定を締結し、その後、保安隊は自衛隊にふたたび改編された。

この再出発の時代（一九五〇年代から六〇年代前半）において、当初、警察予備隊は制服を着た男性だけで構成されていた。戦闘を禁じられたこの小さな駆け出しの組織のなかで、女性は一般職員として看護職域でごく少数働いていたが、彼女たちが警察予備隊の制服を着ることはなかった。一九五二年、保安隊のもとで看護職の女性たちはより組織に統合され、制服を着用するようになった。

マディ・W・シーガルは、ジェンダー分離の程度が甚だしい場合、軍事組織は民間の職場で女性に割りあてられている機能を女性に依拠する必要があると述べている。看護職とはそのような女性職であり、しばしば女性に真っ先に開かれる軍隊の仕事であった（Segal 1995: 767）。シーガルの観察は、戦後日本の軍事史にも適用される。

自衛隊をつくり出そうとしていた男性の役人たちは「女らしい」軍隊看護婦として女性を包摂しようとしたようだ。第二次世界大戦でも看護婦が数多く活躍したという事実によって、[*6]政府と軍計画者およびその支持者は彼女たちを自衛隊に抵抗なく迎え入れた。防衛庁の前身である保安庁は、陸軍軍医学校に長年勤務し、国立東京第一病院（元第一陸軍病院）初代総婦長となった女性に、入隊を「懇望」したと伝えられる（『朝日新聞』1952. 11. 19 夕刊、1952. 11. 22 朝刊）。

議会の議事録には、女性の包摂によってこの新たな軍事組織をカモフラージュさせる発想の痕跡が示されている。一九五二年、内閣委員会に招かれた東京大学の憲法学者の田中二郎は、保安隊を旧軍とは異なる「健全」な組織にすべきだと主張し、その差異化を担いうる女性の役割について次のように述べている。

関係のないことかも知れませんが、広く女性を採用して女性隊員を設けることによって機構内部の空気を明るくし、又対人民関係においても摩擦を生ずべきことを避けることができる場合が幾多あり得るのではないか、そういう点についても現在の警察予備隊について考えるところでありますが、新しく生まれ変わりますこの保安庁機構の問題としても御一考願いたい、こう考えます。*7

警察予備隊の過半数が軍歴のある者で占められるなか（防衛庁 1961：247）、日本政府は、旧軍のネガティブな遺産を覆い隠し、軍事組織の正当性を確保しようと奮闘してきた。戦後の軍事組織が女性を公式に組織のなかに統合するという戦略は、たんに看護職を充填するという以上に、旧軍との連続性をカモフラージュし、軍事主義的な旧軍とは異なっているという印象を与えるのに役立ったのである。

3　あなたたちとともに――絆固めの時代（一九六〇年代後半－七〇年代）

一九六〇年代後半から七〇年代、自由主義陣営の一員としての絆固めの時代に、自衛隊のジェンダー編成はかなり変化していく。自衛隊の女性たちの数と役割が大きく広げられたのである。

一九六七年、陸上自衛隊の一般支援職に女性を活用するという新たな政策は、翌年、婦人自衛官制度*8（WAC）を発足させた。男性職員は男性自衛官をより「効率的」に、「男らしい」と考える仕事に利用することを望んでいた。背広組の海原治（一九六五年から六六年まで防衛庁長官官房長）は彼自身の政策認識を変化させた経験を次のように回顧している。

たまたま私が埼玉県にある補給廠を見に行ったんです。……そうしたら大の男が補給廠の中で物を整理しているんですね。大の男がですよ。そんな者がやっては駄目だ、これは女性がむしろうまいし、精密だ。特にこの前の戦争では婦人挺身隊がずいぶん活躍したでしょう。だから、いざという時には活動させられるし、特にそういう補給廠あたりでは、大の男は表で機関銃を担いで走り回る。婦人が整理をする。そういうふうになるべきだと、そこで思ったんですよ。(C.O.E.オーラル・政策研究プロジェクト 2001:258−9)

軍事組織のジェンダー編成の変革にはもう一つ、別の力が働いていた。サッソン=レヴィが言うように、「グローバリゼーションは、世界中の軍隊、特に西洋の軍隊のジェンダー関係における変化と発展の触媒として機能した」(Sasson-Levy 2011a: 394)。軍隊は他国の状況を検証し、特に支配的な軍隊をまねるため、互いに似てくる傾向にある(Sasson-Levy 2011a: 398-9)。言うまでもなく、アメリカ軍は他の軍隊に強い影響力を持っており、日本はそのジェンダー編成を学ぶ忠実なる生徒として、アメリカ軍を自衛隊のモデルとしてきた。

海原は、アメリカの陸軍女性部隊(WAC)視察に派遣された幕僚がアメリカの防衛駐在官からその必要性を説得されたことが、組織内部の抵抗を覆すターニングポイントになったと証言している(C.O.E.オーラル・政策研究プロジェクト 2001:259)。一九六五年四月、陸上自衛隊の男性幹部自衛官が、アメリカのWACセンターを視察に訪れた際、米軍の女性比率はわずか二%であったが、彼はペンタゴンが女性をいかに統合しているのかを学習した(図1)。アメリカで勤務していた防衛駐在官は、WACのことをよく理解しており、日本版WACの設立を支持するよう彼を説得した。[*9] この視察の後、陸上自衛隊はWACセンターの視察のために看護自衛官四名をアメリカに派遣した。[*10]

当時のアメリカWACセンターでは、日本のみならず、多くの同盟国の外国人女性士官を訓練していた。

図1　アメリカのWACセンター視察

出典：フォートリーのアメリカ女性軍人記念館所蔵、筆者撮影

ここで訓練を受けた外国人女性士官のリストを眺めていると、彼女たちが冷戦期の自由主義陣営の絆固めに役割をはたすことを期待されたと推測できる。韓国とベトナムはもっとも多く女性士官を派遣しており、一九五七年から六七年のあいだに二一名の韓国人、一八名のベトナム人女性が訓練を受けた[*11]。一九六七年一一月一日、米司令官は「自由世界の防衛」に対するアメリカ、日本、ベトナムの女性が有する役割を次のように指摘している。

わたしたち三国は、女性の役割の拡大と女性たちが国防になしうる貢献を認識してきました。わたしたち三国は、自由である権利をすべての人が持つという信念を共有してもいます。わたしたちが力をあわせることで、自由を守り、自由な世界を守ることができるのです。あなたがたがわたしたちの学校で学ぶことは、あなたがたの国の防衛をさらに促進する重要なことであり、わたしたちのあいだに存在する友情の絆をさらに固めることになるのだと信じています。*12

彼女たちが学んだのは自由な世界を守ることだけではなかった。一九四二年から四五年まで陸軍女性補助部隊（WAAC、WACの前身）の長官を務めたオヴェータ・カルプ・ホビーは、女性部隊が「戦場に突進するアマゾン」にも「気ままな浮ついた女」にもならないと表明した。*13 軍隊が女性を「マニッシュ」にしてしまうのではないかとか、レズビアンに安息の地を提供しようとしているのではないかといった恐怖を緩和しようとし、軍隊のプロパガンダはWAAC／WACの異性愛的な女らしさを強調したのである(Meyer 1992: 585)。

一九七〇年代に解散・統合するまで、アメリカのWACリーダーたちはこの教育政策を維持し、日本の女性自衛官は、日本的感性に適合させつつ、この教育方針を模倣した。一九六八年、陸上自衛隊の婦人自衛官教育隊で初代隊長となった前田米子は、女性自衛官たちに女らしさをいかすよう促し、「優しく、麗しく、つつましく、心の笑みを忘れずに」を服務指導上の方針として掲げた（婦人自衛官教育隊 1998：13）。これは、自衛隊に女性を入れることに対する男性自衛官からの拒否反応や親たちの懸念に応えたものであった。この方針は「強く、明るく、麗しく」と変更されて現在もひき継がれている。

女性を包摂していく彼らの決定がジェンダー平等とは異なる理由によって動機づけられたことを示すもう一つの証拠がある。それは、若い男性の人材難であった。高度経済成長期の一九六〇年代後半から七〇年代前半のあいだ、日本の民間市場は若い日本人男性にとって非常に良好で、自衛隊は適任者の若者を惹きつけるのに苦労していた。この時期、自衛隊の募集係は、街にくり出し、学歴がなく仕事のない若者をかき集めていた。しかし、こうして集めた隊員たちには、犯罪に手を染めたり、借金まみれになったり、部下を殴ったりといった問題行動が多く、辞職率も非常に高かった。*14 この状況のなかで、自衛隊は女性という有能な人材プールを発見したのである。

女性の数が増えるなかで、自衛隊は組織への人びとの支持を高めること、そして、次世代の自衛隊のための「賢明な」母にすることを目指していた。陸上幕僚監部のある男性は、WACの構想を認めない部下たちを次のように説得したという。

> 子女を入隊させることは当時の日本では、家中、あるいは親が同意しないと成り立たないため、男性に比べれば自衛隊を知り、国防に関心を持つものは数倍になるであろう。また、そのような健全な精神を持つ女性の子供達はその影響を必ず受け継ぎ、次代を背負って立つことが期待される。(婦人自衛官教育隊 1998：106)

この男性自衛官の視点から見ると、退役後の女性は国家安全保障の必要性を理解し、また、自衛隊の次世代を育成する「健全な」母になるだろう。自衛隊の正当性をめぐり議論のつづいていた日本において、この視点は特に重要であった。自衛隊の一般職に女性を参加させたこの時期は、日米安保反対運動の最中であった。この政治的な背景は、女性の存在が自衛隊に関する世論を変えることに役立つと信じるように一部の自衛隊の職員を導いたのである。

女性自衛官の導入以降、多くの女性が広報部門で働くようになった。米軍基地が圧倒的に多い沖縄での広報戦略は人びとのネガティブな感情に対する自衛隊のアプローチをよく示している。アメリカから沖縄

図2　1976年自衛官募集ポスター

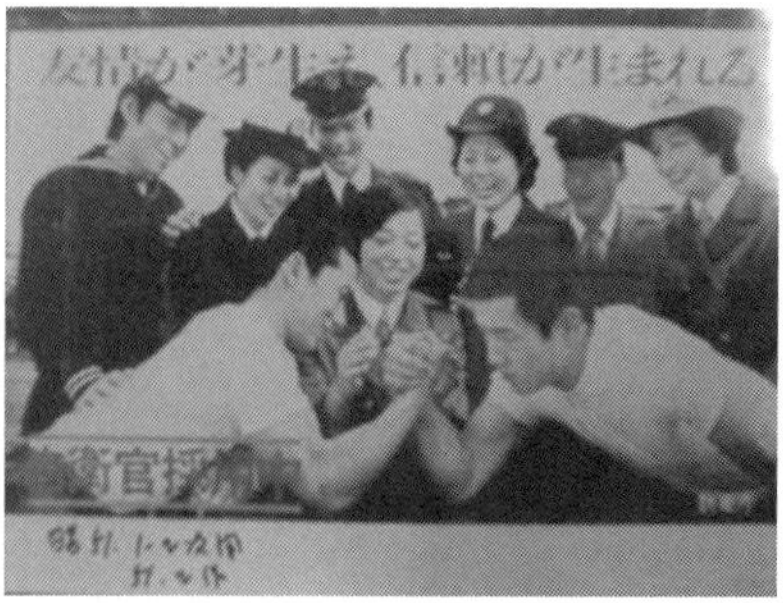

出典：筆者撮影

図3　1973年自衛官募集ポスター

出典：筆者撮影

の施政権が日本に移された一九七二年、自衛隊に対する沖縄の人びとの反感を和らげようと、女性自衛官が沖縄の広報部門へと配されたのである。

また、自衛官募集ポスターは、女性の存在がどのように自衛隊の軍事的イメージを和らげてきたのかを探る格好の素材である。図2は一九七六年のポスターで、四人の女性自衛官と三人の男性自衛官が取り囲むなかを、二人の男性自衛官が腕相撲に興じている。添えられたコピーは「友情が芽生え、信頼が生まれる」。微笑む女性隊員の姿は、自衛隊のソフトなイメージを醸し出すにあたって不可欠な存在だ。

サビーネ・フリューシュトゥックは、軍隊の広報がいかに自身のイメージを選別し、美化するのかを在日米軍を事例に詳細に示している（Frühstück 2010）。自衛隊が自己創出したイメージとは、明らかに「市民」であった。防衛庁が一九七〇年にはじめて白書の刊行にふみきった際、「自衛官は一般の市民と同質の存在であり、制服を着た市民である」とあえて記述がなされたことを思い起こすべきだろう（『防衛白書』1970年版：55）。

旧軍とは異なる「市民としての自衛官」のイメージづくりにはたした女性の役割も自衛官募集ポスターには観察できる。図3は一九七三年のポスターであるが、自衛隊と市民のあいだの親密であたたかい関係を示している。制服を着た男性自衛官を真ん中に、彼の友人の五人の男性、二人の女性市民がまわりを取り囲む。コピーは「我ら、青春期生！　人間、仲間、友情、昨日、今日、明日、新鮮な心のふれあいが大切な時です」。こうしたポスターは、戦争や危険のない、幸せで平和で楽しげな世界を映し出す。ポスターにおける非軍事的な自衛隊と市民との友情というイメージづくりにあたっては、女性の存在が不可欠であった。

4　先進的組織――拡張の時代（一九八〇年代－九〇年代）

一九八〇年代から九〇年代には、アメリカとの緊密な協調関係のなかで、日本は空軍力と海軍力を増強しつつ、自衛隊の活動範囲を拡大していった。一九八〇年代以降、主にアメリカとともに、環太平洋合同演習（ＲＩＭＰＡＣ）や太平洋演習（ＰＡＣＥＸ）など、広範囲の合同軍事演習に参加した。また、一九九二年の国連カンボジア暫定統治機構（ＵＮＴＡＣ）を皮切りに、ＰＫＯ活動への参加も積み重ねていくことになったのである。

キーパーソンの一人は一九八二年から八七年まで首相を務めたタカ派の中曽根康弘であった。中曽根は共産主義から「自由世界」を守ると公言し、防衛費のＧＮＰ一％枠の撤廃やアメリカとの合同軍事演習の開始などを通じて、日本の抑制的な安全保障政策からの舵を切った。

この時期、自衛隊の女性の役割はさまざまに拡張していった。一九八〇年後半から九〇年代初頭のバブル期には、国内の労働市場が好況で、自衛隊は男性隊員の不足に直面していた。その結果、好景気の恩恵を男性ほど受けることのない女性に目が向けられるようになったのである。一九九一年の女性自衛官数は八〇四〇人、三・四％（『防衛白書』1992年版：324）で、依然低い数値ではあるものの、八六年の四二三三人、一・七％（『防衛白書』1987年版：161）からは二倍程度ふくれあがっていることがわかる。

自衛隊のジェンダー統合に影響をおよぼした別の要素として、国連のようなグローバルな制度による外的なプレッシャーもあった（Sasson-Levy 2011a: 396）。もっとも重要なのは、加盟国に性差別を終わらせるための国際規範である女性差別撤廃条約であった。

女性差別撤廃条約の批准のために、日本政府は雇用における男女の機会や待遇を同等にする男女雇用機会均等法を制定した。シーガルは、軍隊における女性の代表性を増大させる原動力は、性差別を禁止する法であると述べている（Segal 1995: 769）。一九八六年にこの法律が施行されるとその効果はすぐにあらわれた。自衛隊で女性が就くことのできる職の数と種類を大幅に増やすという決定がなされたのである。防衛改革委員会が打ち出したこの「改革」は、女性の数を五〇〇〇人とし、以前は「男性化」されていた仕事――高射運用、航空管制など――に就く自衛隊の女性数は急速に増大した。女性に開かれた自衛隊の職の割合は三九％から七五％にいたり、看護や人事、総務、会計、通信といった「伝統的な」女性職の枠を超えるようになったのである。[*15]

女性差別撤廃条約はこうした変化のひき金となったが、それをフェミニスト的努力に還元するのは適切ではないだろう。カール・ウィーガンドは一九七九年に総理府と労働省にインタビューを行い、役人たちが世界の先進国のなかで「進歩的な近代国家」だと見做されたいために、女性に大きな機会を与えているのだと指摘している（Wiegand 1982: 186-7）。すなわち、彼らの決定はジェンダー平等というよりも、主要な同盟国にとって日本のイメージを「近代的」で「民主的」なものにしたいという欲望により動機づけられたのである。

注意すべきことは他にもある。自衛隊は新兵募集局に女性を利用するだけでなく、女性自衛官を地元のミスコンテストに参加させ、その優勝者のイメージを利用しようとした。たとえば、ある女性自衛官は「ミス高知」となり自衛隊の宣伝活動に貢献した（図4）。こうした戦略は「ワインレッド作戦」と呼ばれ、一九九〇年代を通して積極的に行われた（『毎日新聞』1993. 4. 30 夕刊）。

一九九二年からは、防衛大学校に女性の入学が認められることになった。この決定によって、上級幹部への昇任機会が女性に与えられるようになり、女性が組織の意志決定者となる可能性が格段に増えることになったのである。

図4　ミス高知

出典：『コンバットマガジン』1993年9月号

ここでもまた、女性差別撤廃条約が変化を理解するカギとなる。日本政府が条約の批准に向かうなか、総理府職員はジェンダー平等の原則にのっとって、防衛大学校は女性に門戸を開くべきであると主張した。総理府と防衛庁との長期にわたる攻防は、女性に門戸を開放するまでつづいた。

注目すべきことは、女性に門戸を開こうとした職員や国会議員が、どのような表現でこの変化を正当化したかである。たとえば、一九九〇年の衆議院内閣委員会では、自民党の鈴木宗男が防衛大学校への女性の包摂についての見解を次のように述べている。

私は、男の立場からして、女子学生が入ってきたら逆に自衛隊を見る目が変わってくるし、逆に防大に行ってしっかり国の安全を守ろう、そうすればいい嫁さんをもらえるかもしれぬとか、いい方向に考えていった方がいいと思うのです。[*16]

門戸開放にあたって防衛庁がどのような意義を念頭に置いていたのかを見てみると鈴木の論理は突飛なものではないことがわかる。すなわち、女性に対する自衛隊への関心を喚起し、自衛隊についての理解を向上させること、「また自衛隊のイメージアップも図ることができる」といったマスコットガール的な期待である。[*17]

さらに、政府職員は政府機関としてのイメージを懸念していた。当時の『防衛白書』は市民社会の変化に対応して、自衛隊も女性に機会を拡大する必要があるのだと説明している（『防衛白書』1992年版：180；1994年版：211）。

進歩的な組織としての自衛隊イメージをつくりたいという願望は明らかだった。一九九二年、防衛庁は「戦闘」職域を含む、女性の職域配置制限の見直しを発表した。男性自衛官はこの決定に強い反対を示したが、「世界最先端の（女性に）開かれた職場を目指したい」という発言のように、背広組の一部はこの改革に熱心であった（『毎日新聞』1993.1.16夕刊）。日本は一九八〇年代には世界第二位の経済大国になっており、御巫由美子が指摘するように、日本のこの地位達成は、政策決定者たちに、日本は国際的な信頼を得て世界からの「期待」に応える必要があると考えさせることになった（Mikanagi 2011: 82）。冷戦終結直後に湾岸戦争が勃発すると、日本は九〇億ドルの財政支援を行ったが、自衛隊を戦闘地域に派遣することはしなかった。日本の政策決定者たちは国際的な（特にアメリカの）「期待」に応じ損ねたと感じ、外交政策の転換を熱望するようになった（Mikanagi 2011: 93-4）。その結果、政府は国際平和協力法を通過させ、一九九二年に自衛隊をカンボジアの平和維持活動に参加させたのである。一九九四年には社会党党首の村山富市が連立政権で内閣総理大臣となり、自衛隊を合憲であると認めた。さらに、一九九五年の阪神・淡路大震災および地下鉄サリン事件における自衛隊の救助活動は、自衛隊のイメージを向上させることになった。こうした追い風の吹くなかで、自衛隊の活動は内外に大きく広がっていくことになったのである。

国際的な「期待」に応え自衛隊を海外に送るという野望が「世界最先端の女性に開かれた職場を目指したい」という願望と同等なものであるかどうかは定かではない。しかし、防衛大学校にエリート幹部候補生として少数の女性を入学させ、戦闘職も非戦闘職も女性に開放するという決定は、ジェンダー平等の原則からもっぱら駆動されたのではなかった。組織への女性の包摂は、国内外で最先端の組織という自衛隊のイメージづくりを助け、軍事的拡張をカモフラージュするのに役立っていくことになったのである。

5　われら平和維持者――「国際貢献」の時代（二〇〇〇年代〜）

一九九九年、政府は男女共同参画社会基本法を制定した。これは二一世紀の日本において男女共同参画社会の実現を最重要課題であると位置づけ、その実現のための基本原則と、政府・自治体・市民の義務を明示したものであり、自衛隊のジェンダー統合をさらに促進することとなった。二〇〇二年の国連東ティモール支援団（UNMISET）には、女性自衛官がはじめてPKO要員として含まれ、以後、女性隊員が国連PKO任務に参加することが常態となった。また、二〇〇四年に、日本政府がアメリカ主導のイラク戦争を支持するとして、サマーワというイラク南部の都市に自衛隊の派遣を決めると、その派遣部隊には女性自衛官も含まれた。

政府はサマーワを戦闘地域だとは認めなかったし、自衛隊も戦闘に参加したわけではないが、この派遣は憲法九条をめぐる議論を再燃させた。二〇〇四年一月から〇六年七月まで、政府は延べ約五五〇〇名の陸上自衛官をイラクに送ったが*[18]、一〇〇名の各部隊には約一〇名の女性が通信、補給、看護職として働いた。

国会議事録では、自衛隊の海外派遣をめぐる質疑において、しばしば女性自衛官の存在に言及がなされた。たとえば、東ティモール派遣では「自衛隊の諸君が、女性自衛官も交えて、汗を流しながら東ティモールの国づくり、いろいろな国土の整備に取り組んでいる」と述べられた*[19]。二〇〇四年には、過酷な環境のイラクに派遣された女性自衛官*[20]、地元の子どもに折り紙を教えるなど、衝突を避け地元に溶けこむ女性自衛官の姿*[21]などが語られた。さらに、二〇一〇年には、インド洋から帰還した小学生の母親である自衛官に言及しつつ託児所についての質疑応答がなされた*[22]。弱者と家庭を守ると想定される女性が、自分の子どもを案じながら海外での派遣任務に励む――こうした姿は、自衛隊の任務が利他的なものであることを際立たせ、平和に貢献する自衛隊のイメージづくりに使われたのである。

そして、海外に派遣された女性自衛官の姿は「戦闘地帯」をカモフラージュするのにも役立った。たとえば、『公明新聞』では、冬柴鉄三幹事長が「看護師でもある女性自衛官は宿営地から病院まで七四回外出したが、一回も危険を感じたことはない」と話したと言及し、サマーワが安全な非戦闘地域であることを強調した（『公明新聞』2004.12.10）。また、自衛隊の活動と安全保障問題を報道する『朝雲』でも、大野功統防衛庁長官が、地元の子どもに折り紙を教え、七夕祭りをする女性自衛官に言及しながら、自衛隊が占領軍の一員などではないことを強調した（『朝雲』2005.1.6）。

女性自衛官が、贈り物の本をめくるイラク人の少女に微笑みかける様子を写した図5は、自衛隊の広報官が撮影した写真で、『朝雲』に掲載された。[*23] この写真が、伝えるメッセージは、サマーワが危険な戦闘地域ではないこと、地元の人びとが自衛隊を歓迎していること、そして、自衛隊がイラクの子どもたちの教育を支援していることである。女性自衛官がこの任務に参加したことは、派遣先が非戦闘地域であり、イラクでの任務が善意の平和活動であることを、懐疑的な日本人に納得させるためにおおいに役立てられた。サマーワが危険な戦闘地域で、イラクでの任務が戦争をすることだとしたら、誰がそこに女性を送ったりするだろうか？

市民社会の変化は自衛隊の変化へと影響をおよぼしつづけた。日本政府は自衛隊のジェンダー統合を進めつつ、二〇〇七年には防衛庁を防衛省に格上げした。同年、女性の配置制限が見直され、二〇〇九年には護衛艦や回転翼哨戒機などいくつかの配置が開放された（防衛力の人的側面についての抜本的改革に関する検討会 2007：52－3）。また、防衛省は一部の部隊に託児所を設置するなど、自衛隊に女性の参加を促すワーク・ライフ・バランスのための環境整備もはじめた（『防衛白書』2011年版：407）。

このような変化の一方には、少子高齢化時代における逼迫した人材ニーズがあり、もう一方にはグローバルに展開されるジェンダー主流化がある。二〇〇〇年に採択された国連安全保障理事会決議一三二五号は、平和創造と紛争解決における女性の役割と経験を認識し、平和・安全保障に関連した活動への女性の

図5　女性自衛官とイラクの少女

出典：『朝雲』2006年5月18日

参加を増大させ、ジェンダー視点を導入するよう加盟国に要求した（UN INSTRAW 2006）。これに関連して、日本政府も男女共同参画基本計画において、「国際貢献」のため、平和維持活動への女性の参加を促進すると宣言するようになり、二〇一五年には国別行動計画を策定、一七年には「女性自衛官活躍推進イニシアティブ」を発表した。

このように、グローバルなジェンダー主流化の時代において、女性を包摂することはますます軍隊独自の思惑をジェンダー平等と区別することはますます困難になっている。*24 女性自衛官は今や国際平和維持活動に不可欠な役割をはたしている。先述したように、彼女たちは国内的には戦闘地域の危険性と自衛隊の任務のイメージをソフト化し、国際的には世界のリーダーたるにふさわしい日本のイメージをつくるのに貢献しているのだ。

6　おわりに――自衛隊のカモフラージュからの教訓

軍事化というプロセスは戦時における軍隊の増強のみならず、平時における市民社会の多様な変容を含んでいる。本書第3章で紹介したように、エンローは「何かが徐々に、制度としての軍隊や軍事主義的基準に統制されたり、依拠したり、そこからその価値をひきだしたりするようになっていくプロセス」として、軍事化を定義した（Enloe 2000＝2006: 218）。佐々木知行が詳細に観察したように、戦後の日本は、自衛隊の存在を普通化し、そのニーズに国民の合意を打ち立てようと多くのエネルギーを投じてきた（Sasaki 2009: 10）。大半の日本人が憲法九条と自衛隊の存在とのあいだに矛盾を感じなくなったのはその結果であると言えるだろう。

本章では、日本の軍事化の過程をジェンダー視点をもって探究し、自衛隊が女性を包摂してきた理由を論じ、そのイメージ構築への女性の利用について記述してきた。自衛隊は、自らを旧軍と区別するため、男性に「男らしい」仕事をさせるため、日米関係を確固たるものにするため、男性の不足を埋めあわせるため、女性に国家安全保障の意識を持たせるため、自衛隊への反感を和らげるため、異性愛の男性新兵を惹きつけるため、国際的な同盟国の目に「近代的」「民主的」と見えるため、自衛隊の公的なイメージを改善するため、一般社会の変化に対応した先進性をアピールするため、安全で利他的な平和維持者としての自衛隊イメージをつくるため、そして、イラクの戦闘地域をカモフラージュするために、女性たちに依拠してきた。

一九五〇年から現在にいたるこのプロセスにおいて、自衛隊のジェンダー平等を要求する日本のフェミニスト運動が存在してこなかったことは注目に値する。日本の戦後の女性運動が、アメリカのようなリベラル・フェミニストの運動と異なっているのは、戦後日本の軍事組織がその最初から志願制であったこと、女性運動が軍事組織を平等な市民となるための重要な場として捉えてこなかったことの帰結である。[*25] 本書第4章、第6章でも触れた全米女性機構（NOW）のようなフェミニスト運動は、軍隊の女性の包摂のために闘い、女性の軍隊参入と昇進をジェンダー平等への道だとしてきた。だが、日本の軍事主義の復活を深く恐れていた日本のフェミニストたちは、自衛隊の女性に機会を拡大することへの支援を優先事項とすることはなかったのである。

この特異な日本の状況は、研究者が軍事化プロセスを追究する際の利点を与えてくれる。すなわち、日本の場合には、ジェンダー統合の推進についての軍事組織独自の思惑を、ジェンダー平等およびジェンダー平等を求める運動から区別することができるのだ。女性が自衛隊の軍事的な性質のカモフラージュに役立ってきたことは明白である。再出発の時代（一九五〇－六〇年代前半）には自衛隊が旧軍とは異なると主張するのに役立った。絆固めの時代（一九六〇年代後半－七〇年代）には、市民およびアメリカとの結びつきを強めることに寄与した。拡張の時代（一九八〇年代－九〇年代）には、軍事的拡張に貢献し先進的組織のシンボルとなった。「国際貢献」の時代（二〇〇〇年代－）には、自衛隊の軍事任務をソフト化し平和維持活動の不可欠な一部となった。

だが、女性兵士が、軍隊の暴力的・攻撃的性質のカモフラージュに貢献するとは、はたして日本に特異なことだろうか？ 九・一一以降、多くの国で戦争プロパガンダに女性兵士のイメージが登場した。彼女たちは「テロとの戦い」の暗黒面をカモフラージュし、これを女性の権利のための戦争として表象するのに利用された。勇敢で自由な女性兵士のイメージが、抑圧されたアラブ女性を救うために、とイラク戦争を正当化する重要な役割をはたしたのである（Stachowitsch 2011: 124）。

フェミニスト国際関係論のクリスタ・ハントとキム・リジエルは、「女性の解放に関するこの戦争物語は、女性の権利に関するブッシュ政権の過去と現在の記録をカモフラージュする役割をはたした」と指摘する（Hunt and Rygiel eds. 2006: 9）。具体的には、ブッシュ政権が国内外で女性のリプロダクティブ・ライツを攻撃したこと、九・一一以前に石油利権を守るためにタリバンとの外交関係を維持したこと、九・一一以降に女性に深刻な暴力をふるっていたアフガンの軍閥に資金提供したこと、アフガニスタンやイラクで連合軍兵士がイラク人女性や同僚の女性兵士に性的暴行を加えたことなどが、カモフラージュされたという（Hunt and Rygiel eds. 2006: 9-10）。

わたしたちは、グローバルに展開されてきたジェンダー主流化のなかで、起こっている事態を批判的に考える必要がある。たとえば、米海兵隊はイラクとアフガニスタンでＦＥＴ（Female Engagement Teams）を始動させた。ＦＥＴは軍隊が地元のコミュニティについて学び、女性たちのニーズを理解し、地域開発のプログラムを実施するために女性と子どもにアクセスする。ＦＥＴは女性たちで構成され、地元の文化的規範を犯すことなく女性たちから情報を集めることができる。実際、彼女たちは女性の起業を支援し、女性と子どもに衛生教育を施し、女性警察官を助け、女性センターを設立するといった、さまざまな活動を展開した[*26]。

わたしはこうした活動の意義をすべて否定するつもりはない。しかし、戦争・軍隊をジェンダーの視点から問う研究者として、この活動がカモフラージュするのは何であるのかと問う必要があると考える。アフガニスタン、イラク、アメリカ、その他の場所で、この慈悲深い人道主義的活動は軍隊の暴力性を粉飾してはいないだろうか？　タフで優しい「平和の戦士姫[*27]」は、もはや殺し、傷つけ、破壊するのではなく、救い、ケアし、建設する。このイメージが隠蔽するものは何だろうか？

最後に、カモフラージュは必ずしも隠蔽しようとする意図を必要としないということを強調したい。むしろ、それは、何かを見えなくし、気づかなくし、見すごすようにする働きである。二〇一一年、日本では三・一一の東日本大震災直後、一〇万人もの自衛官が東北沿岸の被災地に派遣された。[*28] 彼らは捜索、救済任務を実施し、その一部は「友だち作戦」として米軍とともに遂行された。[*29] 献身的な活動に人びとの好感度は高まり、多くの子どもたちが自衛官になることに憧れるようになった。[*30] 彼らが被災者を救い、ケアし、被災地の復興に尽力したことはまぎれもない事実である。一方で、二〇一一年の年の瀬に日本政府は武器輸出三原則の緩和の方針を発表し、安倍晋三首相のもとで防衛装備移転三原則へと転換された（『朝日新聞』2011. 12. 27 夕刊、2014. 4. 1 夕刊）。殺傷と破壊のための武器の輸出を抑制してきた日本の重要な安全保障政策が、日本の安全保障に資する場合は他国に武器や装備を売ることができるよう変えられたのである。利他的な自衛隊の活動が共感と支持を得るなかで、禁欲的だった軍事政策の変更が密やかに模索されるこの流れは目をこらさなければ見すごされよう。

二〇一二年一二月の衆議院選挙で大勝し、政権復帰をはたした安倍政権は憲法改正を悲願とし（『朝日新聞』2014. 5. 3 朝刊）、一四年五月一五日には憲法解釈の変更による集団的自衛権の行使の必要性を国民に訴えるための記者会見が行われた。この記者会見のパネルの中心には、赤ん坊を抱えた母親と不安そうな顔をした子どもの絵が使われたが（本書第9章図8）、一方で、政府は女性自衛官を前面に出した「積極的平和主義」の広報を打ち出した。図6は『週刊文春』三月二六日号に掲載された広告で「『積極的平和主義』日本の安全保障の基本理念です。」というコピーがついている。地元の子どもに折り紙を教えている女性自衛官の姿は、本章で述べてきたカモフラージュの典型的な姿を示す。

わたしが、ジェンダー主流化にはカモフラージュ機能があるかもしれない、と考えるのは、わたしたち

図6　積極的平和主義の政府広告

出典：内閣府 HP[*31]

が平和維持活動において「女性が少なすぎる」という問題に目を奪われ、「兵士が多すぎる」という問題から目を逸らしてしまうからである (Whitworth 2004: 71)。兵士は最良の平和維持者ではないかもしれないし、軍隊は平和維持活動にとって最適な組織ではないかもしれない。本書第9章でさらに見ていくが、今日、女性の平和維持者には、悪化する軍隊のイメージをクリーンなものにし、任務への信頼を回復することで、駐留国に新たな帝国主義の最新版という印象を与えぬよう、期待がかけられている。カモフラージュとしてのジェンダー主流化は、わたしたちが戦争、軍隊、占領について根本的な問いを立てることを妨げているかもしれないのである。

第8章　ジェンダー化される「ポストモダンの軍隊」
――「新しさ」をめぐり動員される女性性／男性性

1　はじめに

一九五〇年の警察予備隊創設以来、自衛隊は女性を包摂しつつ周縁化するジェンダー編成をとってきた。前著『軍事組織とジェンダー』では、この編成を「差異あり平等」イデオロギーに基づくものとして論じた（佐藤 2004）。

だが、一九九九年に男女共同参画社会基本法が施行されて以降、防衛省／自衛隊では男女共同参画のさらなる推進が加速していった。大きな流れを述べておくならば、二〇〇〇年の第一次男女共同参画基本計画を受けて〇一年に防衛庁男女共同参画推進本部が設置され[*1]、翌〇二年には「婦人自衛官[*2]（一般）一万人体制[*3]」などを決定。二〇〇三年には次世代育成支援対策推進法の施行を受け、防衛庁特定事業主行動計画「仕事と子育ての両立プラン」を策定。さらに、二〇〇五年に第二次男女共同参画基本計画ができると、翌〇六年に「防衛庁における男女共同参画に係る基本計画」がつくられた。

このように国策と連動した流れのなかでも、特に注目すべき施策は三つある。第一に、海外派遣要員への女性登用、第二に女性自衛官の配置制限見直し、第三にワーク・ライフ・バランス施策である。

第一の海外派遣は、これまでにも女性自衛官の派遣可能性が議題にのぼりつつ見送られてきた経緯があるが[*4]、二〇〇二年の東ティモールを皮切りにPKO要員に女性を含めることが恒常化し[*5]、国論を二分した〇四年のイラク派遣にも女性隊員が当然のように含まれた。派遣先のサマーワが戦闘地域かどうかをめぐり物議を醸したのに比して、女性を送り出すことに世論が特別な関心を払った形跡はなく、この無関心は女性兵士を前線に出すことをめぐって一大騒動が起こるアメリカとは対照的であった。とはいえ、騒ぎにならないことは必ずしも非政治的であることを意味しない。PKOに参加する女性が、PKOへの「理解度のない」議員やマスコミと対比されたり、イラクに派遣された女性が、派遣先サマーワの安全性のアピールや地元民との友好的な交流の証左としてシンボリックに利用されたりする非常に政治的な女性イメージの利用があったことには留意する必要があるだろう[*6]。

第二の女性自衛官の配置制限は、二〇〇六年の基本計画で見直しが謳われ、翌〇七年に防衛省男女共同参画推進本部により着手された。これにより、一九九三年に課された配置制限の根拠であった「母性の保護」、「プライバシーの保護」、「経済的効率性」、「捕虜となる可能性」のうち、「捕虜となる可能性」が削除[*7]。かわりに「近接戦闘の可能性[*8]」が追加され、この見直しで二〇〇九年には護衛艦や回転翼哨戒機などが新たに開放された。職域開放はその後もつづき、二〇一五年には戦闘機や偵察機パイロット、一六年にはミサイル艇や掃海艦、一七年には普通科中隊、戦車中隊等が開かれている（本書第7章表1）。さらに一八年には潜水艦を二三年までに開放すると発表された。こうして、今日では、化学防護隊や坑道中隊のように母性保護の観点から危険有害業務とされている少数の例外を除き、ほとんどの配置が女性に開かれて

図1　幹部と准曹の中途退職率

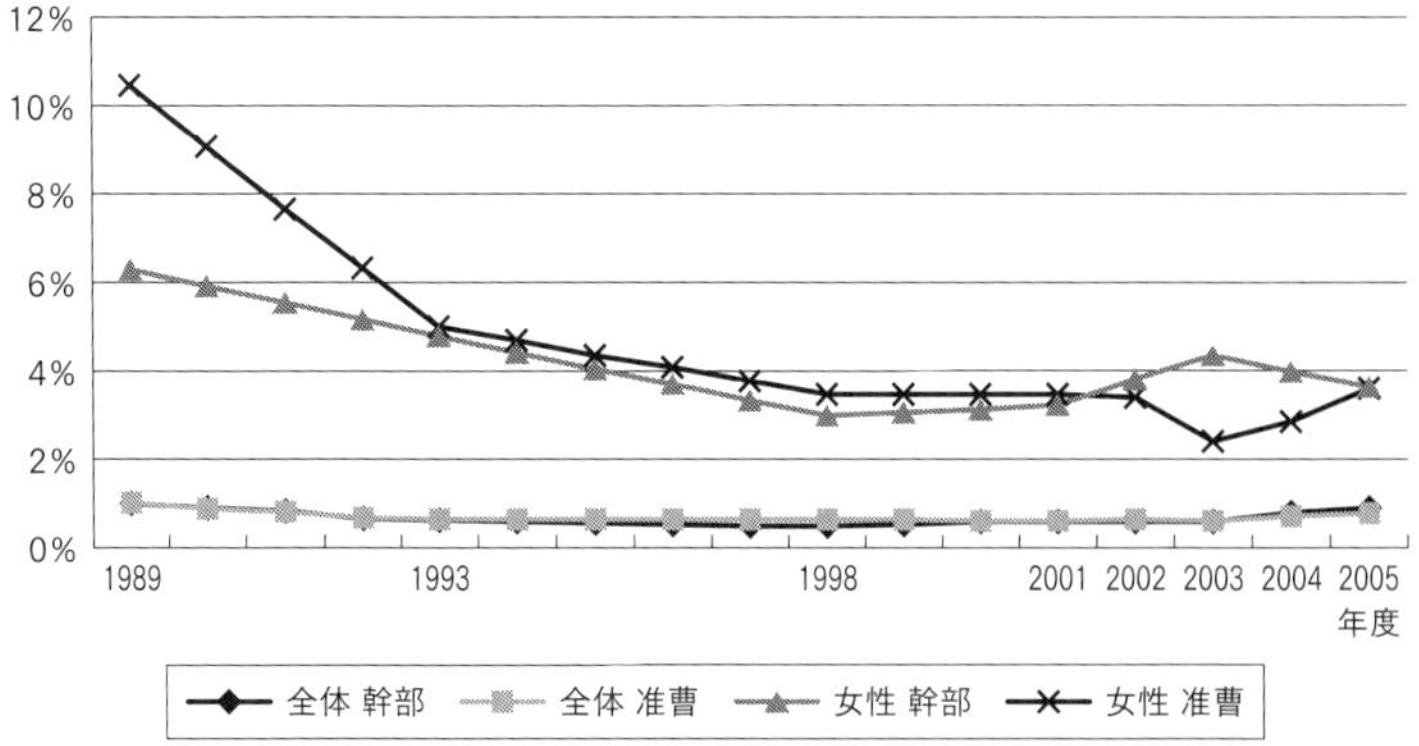

出典：防衛力の人的側面についての抜本的改革に関する検討会（2007: 54）より筆者作成

いる。

第三のワーク・ライフ・バランス施策についても、二〇〇六年の基本計画において、子育てや介護を抱えた職員のための環境整備が謳われた。そして、二〇〇七年四月に世田谷区の三宿駐屯地の隊舎を改修して託児施設が開設。これを皮切りに庁内託児施設の設営がはじまっていった。同年九月からは女性自衛官の定着率の改善のための施策として育児休業代替要員という元自衛官を欠員補充にあてる制度も発足（『MAMOR』2008. 10: 16-7）。いずれも、女性隊員の強い要望にもかかわらず、コストの問題で実現しなかった施策である。

このように、男女共同参画が国策となって以来、防衛省／自衛隊でも男女共同参画に本腰を入れた取り組みが進みつつある。[*9] では、こうした動きの背景には何があったのだろうか？

まず、国内要因としてはすでに述べてきた男女共同参画というレジームに加え、組織にとってよりプラクティカルな人材確保の必要をあげることができよう。図1に見るように、幹部・准曹という任期のない隊員の退職率は、全体で一％程度でしかないのに対し、女性だけを取り出してみると、四倍近い高さになっていた。定着率の低さは、自衛隊が「差異あり平等」イデオロギーのもと、女性隊員に男性隊員と「同じ」期待をもって人材育成や設備投資をしてこなかったつけでもあるのだが、さすがにこれを放置してはおけなくなったということであろう。背後にはさらに大状況として少子高齢化にともなう深刻な人材不足がある。防衛省は二〇〇六年九月「防衛力の人的側面についての抜本的改革に関する検討会」を設置[*10]したが、そこでも、「隊員が安んじて職務に専念できる環境を醸成し、人的基盤の更なる拡充を図るために」抜本的改革は避けられないとの現状認識が示されている（防衛力の人的側面についての抜本的改革に関する検討会 2007：こ）。

加えて見落とすことができないのは、国内の男女共同参画施策ともリンクした国際要因としての「女性・平和・安全保障」（ＷＰＳ）をめぐる動向である。そのメルクマールは、平和と安全保障をめぐるあらゆる活動に女性の参加とジェンダー視点の導入を要求する「ジェンダー主流化[*11]」の集大成たる国連安全保障理事会決議一三二五号だった。二〇〇〇年一〇月に採択されたこの決議は、史上はじめて、武力紛争、平和創造、平和維持、紛争解決の文脈における女性の役割と経験を公式に認知したもので（UN INSTRAW 2006: 3）、世界中の女性グループおよび平和グループの熱心な支援者たちによって受容され、引用され、利用されていった[*12]（Hill et. al. 2003: 1256）。

もちろん、これ以前にも、たとえば武力紛争が女性と子どもに与える影響のような、よりフォーカスの狭いＷＰＳは、国際社会の関心として長らく存在してきたし、ナイロビ将来戦略（一九八五年）、ウィーン宣言（九三年）、北京行動綱領（九五年）など、ジェンダー平等に向けたアジェンダのなかでＷＰＳは一つの柱になってきた（UN DPKO 2004: 10）。だが、一三二五号は、平和・安全保障分野におけるジェンダー主流化と女性の平等な参加に向けて、国連加盟国にも国連組織自体にも拘束力をもって変化をもたらす契機となったのであり、[13]日本でも二〇一五年に一三二五号の国別行動計画が策定され、一七年の女性自衛官活躍推進イニシアティブで、女性比率の倍増と配置制限の全面解除の発表に道を拓いたのである。[14]

このように、自衛隊のジェンダー政策は、男女共同参画という国策および人材不足からなる国内要因と、WPSをめぐるジェンダー主流化の国際要因によって、今日さらに推進されている。本章では、後者に焦点をあてながら、自衛隊のジェンダー統合の現状を国際比較のもとに位置づけてみよう。

2　「ポストモダンの軍隊」

国連安保理決議一三二五号にいたる流れをつくり出してきたのは、国連の平和維持活動に「戦争の犠牲者としての女性」と「平和の創造者としての女性」を組みこむべきだと考えて活動してきた女性たちだった。戦時性暴力被害者によりそい、紛争がもたらす環境の性差に国連の注意を喚起しようとしてなされてきた努力は「戦争の犠牲者としての女性」、そして、現地の女性組織との連携を図り、国連の平和維持活動により多くの女性の参加を求めてきた努力は「平和の創造者としての女性」の組みこみに対応するものと言える。そして、後者には、国際平和維持活動に参加する女性兵士の比率を高めていくことも含まれていた。[15]

フェミニズムの最大公約数を、現存するジェンダー関係に「問題」があるという認識と、その「問題」を析出し、ジェンダー関係の組みかえを目指すという姿勢に求める時、国軍の女性兵士をめぐってフェミニズムにはさまざまな立場が存在してきた。大きくわけるならば、第一に軍隊と戦争を男性性に、平和を女性性に結びつけて、後者の視点から前者の解体を図ろうとする立場、第二に軍隊と戦争が男性に独占されてきたことをジェンダー関係の不平等の根源と見做し、女性の参入によりこれを打破しようとする立場、第三に前二者が有する本質主義的な想定を批判しつつ、軍隊と戦争に結びつけられてきた男性性の解体を企図する立場がある。[*16] では、国軍の女性兵士が国際平和維持活動を担うポストナショナルな軍隊の女性兵士になった時、この付置はどのように変化するのだろうか？

もちろん、送り出し国は各国のナショナルな利害に基づいて派兵を行ってきたのであり、[*17] 国際平和維持活動を担うポストナショナルな軍隊が、国軍を支配してきた論理とまったく別種の論理に支配されていると捉えることは妥当ではない。だが、敵の侵略よりも民族紛争やテロリズムを主たる脅威と認知し、国土防衛より平和維持・人道的活動が増大しつつある今日、軍隊そのものにまったく変化がないと考えるわけにもいかない。

そこで、ここでは、軍事社会学において、冷戦後の安全保障環境の変化のなかで軍隊の社会的役割の変容を整理する枠組みとして提起されてきた「ポストモダンの軍隊」論に依拠しながらその性質の変化を押さえておきたい。[*18]

「ポストモダンの軍隊」論[*19]は、冷戦をメルクマールとして、冷戦期以前の「近代」、冷戦期と重なる「後期近代」、そして冷戦期以後の「ポストモダン」と三類型で軍隊を把握する（Battistelli 1997, Moskos et al. ed. 2000）。むろん、これらは理念型であって、実際には各要素が型をまたいで並存することは多々あるが、西欧諸国の観察からは、「近代の軍隊」から「ポストモダンの軍隊」への移行過程において、およそ次のような変化が指摘されている。

第一に軍隊と社会の関係の変化。「ポストモダンの軍隊」においては、軍民領域の構造的・文化的相互浸透が増大し、陸海空や階級・機能の違いによる軍隊内の差異が減少し、軍隊の目的が戦争遂行から非軍事任務へシフトし、国際的な任務が増大し、軍隊そのものの国際化が起こる。

第二に軍隊内部の組織的変化。「ポストモダンの軍隊」においては、支配的な職業的理想像が戦闘指揮官から軍人の政治家や学者に変化し、民間人の利用が増大し、女性と同性愛者が受容・統合され、良心的兵役拒否者とオルタナティブな軍事任務に寛容となる。

第三に兵士の主観的経験や態度の変化。「ポストモダンの軍隊」においては、冒険心を満たしたい、意味ある個人的経験をしたいといった自己志向的で脱物質主義的な動機が見られるようになる（Battistelli 1997: 469, Carreiras 2006: 82-4）。

そして、自衛隊を「ポストモダンの軍隊」の先駆けとして見たのがオーストリア出身で数少ない自衛隊研究者のサビーネ・フリューシュトゥックだった。[*20] 彼女は憲法九条という日本特殊性論の文脈で語られてきた自衛隊を、国際標準からの逸脱というよりはむしろ来たるべき前兆として位置づけている（フリューシュトゥック 2004）。以下、この議論をベースにその根拠を確認しておこう。

まず、自衛隊における自衛官は特別職[*21]の国家公務員であり、創隊当初から、土木工事や災害派遣、オリンピックや札幌雪祭りなどイベント支援を通じた地域貢献等の民生協力を積極的に行ってきた。また、一九八〇年代末以降増大していった国際緊急援助活動や国際平和協力業務は二〇〇六年に本来任務へと格上げされている。さらに、自衛隊はその設立当初からつねに世論の支持取りつけに心を配り、広報活動に力を入れてきた。これらは、軍民領域の相互浸透、非軍事的任務の増大、メディアへの求愛的接近といった「ポストモダンの軍隊」の第一の特質と合致する。

次に、自衛隊では当初より戦士を理想像として持つことは不可能で、フリューシュトゥックによれば、自衛隊のヘゲモニックな男らしさは、サラリーマン・帝国陸軍人・米軍兵士との差異化によって構築されてきた（Frühstück 2007＝2008）。そして、わたし自身も明らかにしたように、さほどの注目も集めないままに淡々と女性自衛官の包摂が行われてきた*[22]（佐藤 2004）。これらは、理想的軍人としての戦士イメージの低下*[23]、女性兵士をはじめとするマイノリティの包摂*[24]といった「ポストモダンの軍隊」の第二の特質と合致する。

さらに、河野仁は、ＰＫＯ経験者の自衛官にも非物質主義的で自己実現志向の強い参加動機を見出しており（河野 2004）、これは「ポストモダンの軍隊」の第三の特質と合致する。

このように、軍事社会学の知見からすると、自衛隊を、市民社会の価値観に適応していこうとする「ポストモダンの軍隊」のヴァージョンと位置づける見方は妥当性を持っている。

3　ＮＡＴＯ諸国との比較

こうして、日本特殊性論を離れ、自衛隊を「ポストモダンの軍隊」の一つとして眺めた時、先に述べたようなジェンダー政策の変遷をとげた自衛隊はどのような段階にあると言えるだろうか。ジェンダー統合に影響する要因を探ろうとＮＡＴＯ諸国の軍隊比較を行ったヘレナ・カレイラスに依拠して、自衛隊の現状を位置づけてみよう（Carreiras 2006）。

ＮＡＴＯ諸国ではすべての国が女性を志願兵として包摂してきた。量的制限が公式に課せられることはほとんどなかったが、募集レベルは公式・非公式に定められてきた。*[25]その結果、量的な面で言えば、ＮＡ

表1　ジェンダー包摂指標

軸	変数（ウェイト）	指標	測定	日本[1)]
代表性	グローバルな代表性（3）	①現役の女性比率	0＝0-1％、1＝1-5％、2＝5-10％、3＝10％以上	1（4.2％）
包摂度	職業統合（6）	②公式の戦闘職制限	0＝全部、1＝多数、2＝いくつか、3＝なし	1[2)]
		③伝統職の女性比率	0＝90-100％、1＝66-89％、2＝50-66％、3＝50％以下	3[3)]
	階級統合（6）	④公式の階級制限	0＝あり、3＝なし	0（防衛大学校）
		⑤士官の女性比率	0＝0-1％、1＝1-5％、2＝5-10％、3＝10％以上	1（2.9％）
	別訓練（2）	⑥基礎訓練の別	0＝全部、1＝一部、2＝別訓練なし	1（曹士の前期教育）
	社会政策（2）	⑧家族プログラム	0＝なし、1＝あり	0[4)]
		⑨ハラスメントとジェンダー平等の監視	0＝なし、1＝あり	0[5)]

出典：カレイラスの「NATOにおけるジェンダー包摂指標」より筆者作成（Carreiras 2006: 114）

注1）データは他国とそろえるために2000年度のものを使用。

2）カレイラスは近接戦闘制限を「いくつか」に分類しているが、「母性の保護」等による制限が加わっているため「多数」と見做した。

3）「伝統職」として人事・会計・補給のような支援職と医療職がカウントされている。カレイラス自身も述べているとおり正確な分類に基づく各国の厳密な比較は難しく、日本のデータは防衛力の人的側面についての抜本的改革に関する検討会（2007: 51-2）の「女性中に占める職種割合」により推計したものである。

4）文民領域の規則にしたがうだけで、軍隊が独自のプログラムを持っていない場合には「なし」とされている。

5）注4に同じ。

図２　ジェンダー包摂モデル

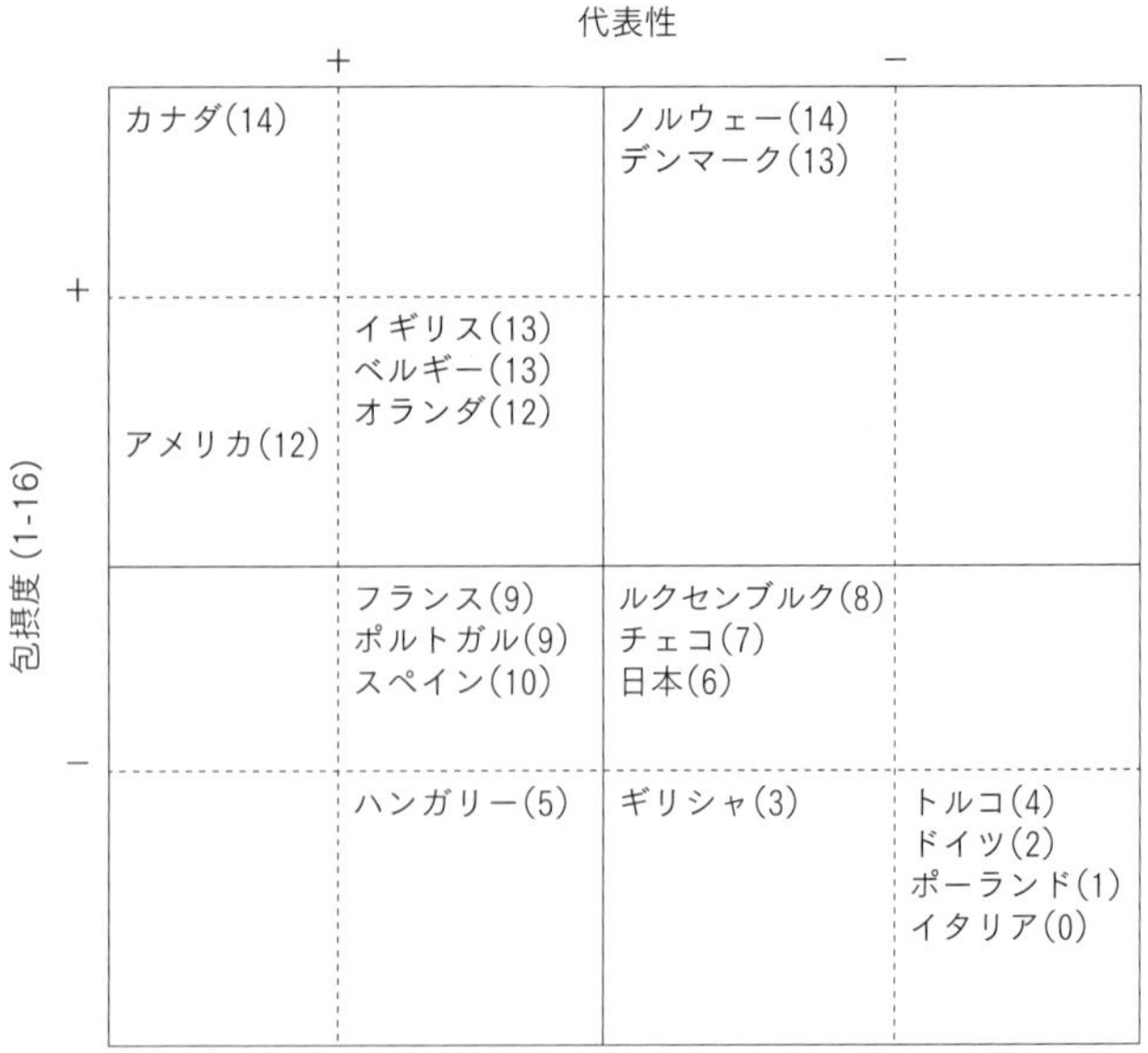

出典：カレイラスの「NATOにおけるジェンダー包摂モデル」より筆者作成（Carreiras 2006: 116）

TO諸国の女性比率はカレイラスの調査が行われた二〇〇〇年時点でイタリアの〇％からアメリカの一四％までのレンジを持っていた[*26]。同時期の自衛隊の女性比率は四・二％であり、この時点でのNATO諸国のなかでは、ノルウェーやデンマークなどと同程度の中の下の比率である。

一方、カレイラスは質的な面にも注目し、NATO諸国では、女性の圧倒的多数が支援的・医療的職域（七〇・四％）に就いており、技術的職域（一七・五％）や作戦的職域（七％）にはいまだ女性が少ないというように、「伝統的」職域配分が広くなされていること、階級比率と昇進状況もいまだ公式・非公式な制約のある国が多いことを指摘している。彼女が国による多様性を測定するために作成したジェンダー包摂指標（Index of gender inclusiveness, IGI）に、日本のデータを加えてみたのが表1および図2である。

図2は、横軸に女性の代表性を、縦軸に女性の包摂度を配することで、ジェンダー包摂モデルを四タイプに分類したものである。左上の代表性が高く包摂度も高いタイプ1は「欧米モデル」、右上の代表性は中程度で包摂度が高いタイプ2は「北欧モデル」、左下の代表性は高いが包摂度が低いタイプ3は「南欧モデル」、そして、右下の代表性が低く包摂度も低いタイプ4は「混合地域モデル」とネーミングされている。そして、日本はもっとも限定的な包摂レベルのタイプ4「混合地域モデル」にあてはめることができる。

カレイラスは一八カ国を対象に相関係数の分析を行い、[*27] ジェンダー関係が民主化に向かっており、軍隊のジェンダー平等に外的な政治的プレッシャーがかかっているような国々で高いレベルのジェンダー統合がなされていることを実証した。この観点からすれば日本が限定的な包摂レベルにとどまるのも当然と言えるだろう。よく知られているように日本のジェンダーギャップ指数はグローバルに見ても大きなものであるし、[*28] 議員やフェミニスト団体から自衛隊のジェンダー平等にプレッシャーがかかったような歴史もほとんどないからである。[*29]

一方、カレイラスは、タイプ3「南欧モデル」に該当するポルトガルとタイプ1「欧米モデル」に該当するオランダの士官男女への聞き取りを用いたケース・スタディから、ジェンダー統合政策を異にする両国が、数や階級などいくつかの局面で収斂した結果を示していることを指摘し、真の問題は、ジェンダー統合政策の不十分さよりも、公式の政策と軍隊文化との衝突にあると示唆している（Carreiras 2006: 201-3）。政策は軍隊のジェンダー統合にとって必要条件であっても十分条件ではないかもしれないという彼女の指摘をふまえれば、先に概観したような自衛隊の男女共同参画施策がいくら政策レベルで進んでいたとしても、組織のなかの文化がどのようになっているのかについてはひきつづき注意深くあらねばならないだろう。[30]

4　「ポストモダンの軍隊」をめぐるジェンダー化された言説

政策の変化に合致した軍事組織の文化変容を、女性兵士の増加によって達成しうるのかという論点について、比較研究を通したカレイラスの結論は悲観的なものだった。女性兵士がいまだ軍隊の「トークン」[31]であることに加え、「男性的」とされる職業において彼女たちのジェンダーは相変わらず「不適切」とされていることから、組織的権力や影響力を持つにはほど遠い状況にあるというのである（Carreiras 2006: 206）。

だが、国際的な潮流としてのWPSアジェンダは、「戦争の犠牲者としての女性」とともに「平和の創造者としての女性」を組みこむことを要求し、「ポストモダンの軍隊」を、これまでの軍隊同様、女性が「不適切」と見做される領域にしておくことに異議を申し立て、これを変革することをも企図するものである。その意義と達成は否定しえないが、WPS推進派を含め、現在、「ポストモダンの軍隊」をめぐってさまざまな論者がその「新しさ」を論じる際に「男性性」や「女性性」と結びつけたジェンダー化された言説を紡ぎ出していることは批判的考察に値するだろう。ここではそれを、図3に示した四つの区分で概観してみよう。

図3　「ポストモダンの軍隊」をめぐるジェンダー化された言説

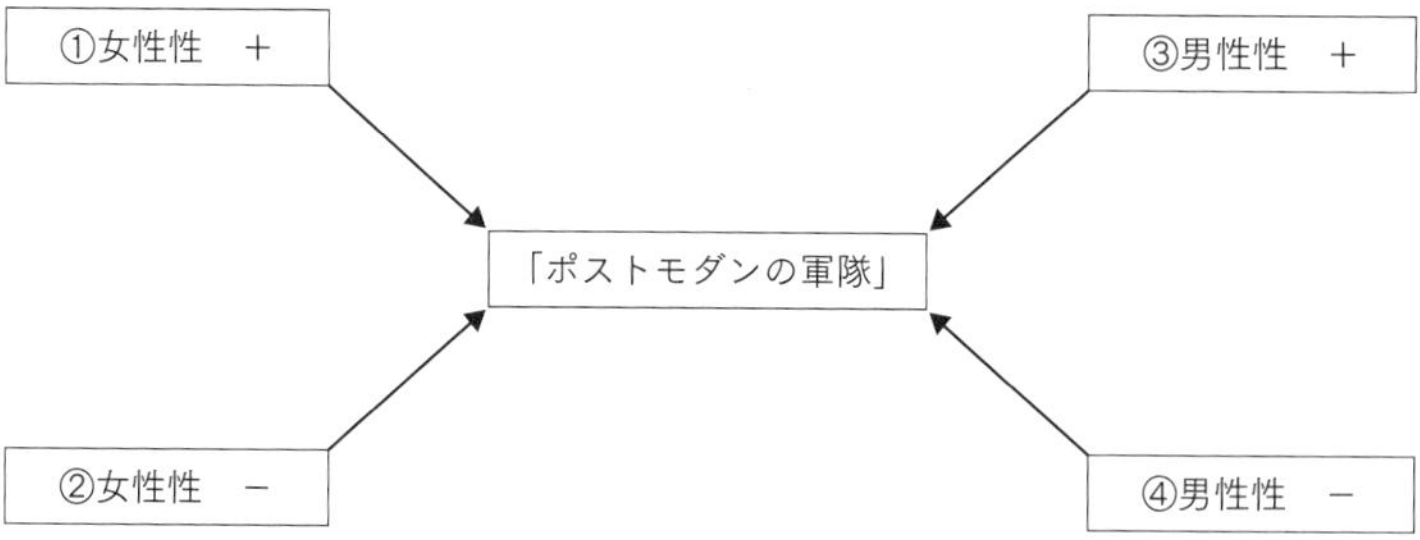

出典：筆者作成

①女性性と結びつけて「新しさ」をプラスに評価

この立場では、これまで、女性が軍隊には適さない理由とされてきたジェンダー・ステレオタイプ——穏やかさや他者への共感、争いを調停する融和的なふるまい——が、「ポストモダンの軍隊」の「新しさ」に合致したものとして評価される。

WPS推進者によれば、「ポストモダンの軍隊」が担う平和維持活動では、暴力が起こることは任務の失敗を意味する。そして、男性が女性よりも暴力的であることは（それが本質であろうと構築されたものであろうと）経験的事実である。たとえ男性平和維持者に攻撃の意図がなかったとしても、緊張状態において、男性の存在そのものが地元の人びとを挑発してしまうこともある（DeGroot 2001: 34）。その点、女性は平和維持者として適任なのだ。

たとえば、一九九二年第一次国連ソマリア活動（UNSOMI）に派遣された米軍兵士の態度の変容を観察したローラ・L・ミラーとチャールズ・モスコスによれば、現地ソマリアの人びとの敵対的態度に直面した兵士たちの対処法はジェンダー・人種・特技（MOS）によって異なっていた。男性・白人・戦闘職の兵士は「戦士の戦略」をとる傾向にあり、ソマリア人に対し弱腰であることをよしとしなかった。一方、非戦闘職に多い女性と黒人男性は「人道主義的戦略」をとる傾向にあり、ソマリア人を地元の文化のなかで理解しようとつとめ、仲間を説得しようとしたと報告されている（Miller and Moskos 1995: 633）。

国連でWPSを推進してきたルイーズ・オルソンとトールン・L・トリュッゲスタード[*32]の編集したアンソロジーにも、オフタイムに地元女性と交流し「女性問題」についてエンパワーしあった国連レバノン暫定軍（UNIFIL）のノルウェー部隊の女性兵士たち（一九七八–九八年）、国連ナミビア独立支援グループ（UNTAG）で、選挙は匿名で報復を心配する必要のないこと、夫と異なる意志決定をする自由があることなど、女性に正確な情報をもたらすことで公正な選挙の実施に貢献した女性平和維持者たち（一九八九–九〇年）、国際ハイチ文民ミッション（MICIVIH）でローカル・ノリッジに知悉することにより性暴力犠牲者支援に大きな役割をはたした女性NGO（一九九三–九四年）などが任務を成功に導いた例としてあげられている。

平和維持のホスト国では地元の女性たちが男性よりも女性平和維持者に信頼をよせるため、女性の存在が任務の遂行をスムーズにすることがしばしばある。女性が武器の輸送や爆弾をしかけることもまれなことではなく、その身体検査は女性が担うしかない。こうしたニーズに加え、性暴力の加害／被害のジェンダー非対称性ゆえに、女性平和維持者が求められる側面もある。被害者の多くは圧倒的に女性であり、加害者と同性の男性平和維持者には口をつぐんでも、女性平和維持者には心を開くからである[*33]。

以上のことから、WPS推進者に代表されるこの立場の者たちは、ジェンダー統合の支持者たちのこれまでの論理「男女は同じなのだから女性も軍隊に適している」ではなく、反対者たちの「男女は異なるのであり女性は軍隊に適さない」でもなく、「男女は異なるのであり女性のほうが軍隊に適している」と主張する。「ポストモダンの軍隊」への移行はポジティブに捉えられ、これが担う平和維持活動をスムーズに遂行すべく、もっと「女性化」を、もっと「女性的な兵士を」が解として導き出されるのである。

②女性性と結びつけて「新しさ」をマイナスに評価

この立場では、「ポストモダンの軍隊」の「新しさ」は「女性化」としてネガティブに評価される。ライターのステファニー・ガットマンはその典型的な人物であり、彼女は図4のように、手榴弾にピンク色のリボンをつけたイラストを表紙にした『より親切で優しい軍隊――ジェンダー中立な米軍は戦争に勝つことができるのか?』で、世界最強の米軍が政治的正しさ(PC)により女性化されることで「戦士文化」を損なわれていることに警告を発したのだった(Gutmann 2000)。

図4　『より親切で優しい軍隊』

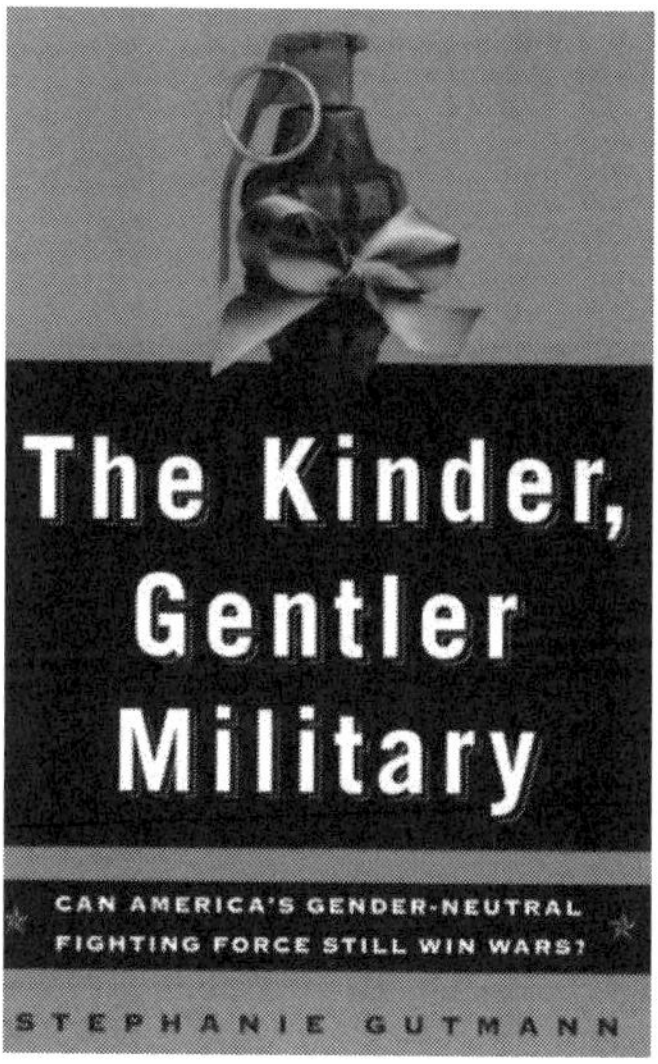

イスラエルの軍事史家・軍事理論家で米海軍戦争大学などでも講義経験を持つマーチン・ファン・クレフェルトも、冷戦後の先進国における軍隊の変質を「女性化」として語る。「おおいなる幻想」と題された彼の論文において、「女性化」は、軍隊への女性の流入という事実とともに、戦闘マシーンとしての能力の衰退プロセスを意味している。「ポストモダンの軍隊」の兵士たちに主要な国家間紛争に参加する機会がなくなり、平和維持や人道的介入目的での軍隊利用が増大していることをクレフェルトは苦々し気に語る。彼は、軍隊がもはやかつてそうであったところ

のものではないと示そうとして、これを女性性と関連づけるのだ（Creveld 2000: 437-8; Hutchings 2008: 395）。国際政治学者のフランシス・フクヤマの論考「女性と世界政治の進化」はチンパンジーの話からはじめられる。彼は、人間の攻撃性と戦争の結びつきには生物学的起源があると考えており、本来的に男性よりも平和志向の強い女性が世界政治を担う「女性化」を評価してみせる。だが、平和な民主主義地域での「女性化」がよきことであったとしても、世界には制御不能な若い男性の攻撃性の脅威が充満しているのだ。こうして、彼は軍隊を含む世界政治におけるジェンダー平等の拡大と保護する男性／保護される女性の二項対立の破壊に警告を発することになる（Fukuyama 1998 34-6; Steans 2006: 49）。

以上のように、この立場の者たちは、「ポストモダンの軍隊」への移行そのものを「女性化」としてネガティブに捉え、女性は女性としての持ち場にとどまれという保守的主張をすることで①の立場とは真っ向から対立する位置にある。

③男性性と結びつけて「新しさ」をプラスに評価

この立場では、「ポストモダンの軍隊」は男性性と結びつけられ、その男性性は刷新されたものとしてポジティブに捉えられている。

その男性性とはどのようなものなのか？　たとえば、九・一一攻撃のヒーロー像の男性化に着目し、これを検証したフェミニスト地政学者のロレイン・ダウラーは、九・一一以後のアメリカにおける英雄像を従来の男性性のステレオタイプとは異なるものとして記述する。この「新たな軍隊の英雄」は「タフで優しい」のである（Dowler 2002: 163）。彼らは破壊、死、喪失に直面し、深い悲しみと苦悩を公然と示して泣く[*34]。ステレオタイプな女性的特質として以前には禁忌された行動が許されているのだ。だが、「新たな軍隊の英雄」からは巧妙に同性愛者や女性が除外され異性愛男性がこれを独占した。[*35] 九・一一後の復興とは、公／私、前線／銃後の境界を再構築し、前者を女性とゲイ男性に適さない「男性的」空間として立て直そうとするジェンダー秩序の再編の欲望をともなうものだったのである[*36]（Dowler 2002: 164; Steans 2006: 52-3; Shepherd 2006＝2022）。

フリューシュトゥックも、平和維持活動に動員される兵士とは、従来的な近代の国家間戦争よりも山火事と闘う者たちとのあいだに共通性を多く持つような「新しい」種類の軍隊の英雄であると見る。しかし、この軍隊の英雄は、女性の統合にもかかわらず、男性のものと意味づけられつづけているのである（Frühstück 2007＝2008: 238）。

以上のように、この立場の者たちは、①同様、「ポストモダンの軍隊」への移行をポジティブに捉えているが、そこで求められるのは新たな男性性だと考え、②同様に、軍隊とその任務を「男性的」な領域として把握する。[*37]

④男性性と結びつけて「新しさ」をマイナスに評価

この立場では、「ポストモダンの軍隊」が男性性と結びつけられ、なおかつ、これに「平和の戦士王子」（Whitworth 2004: 12）といった楽観的イメージをかぶせることに疑義が突きつけられる。

その証拠としてあげられるのが、平和任務に携わる軍人・文民職員による女性に対する性的暴力や搾取である。たとえば、国連カンボジア暫定統治機構（ＵＮＴＡＣ）事務総長特別代表であった明石康の「若い健康な兵士がジャングルの中できつい仕事をやっている。町へ出てきて美しい女性を追いかける権利ぐらいはある」（西野 1996）という発言は悪名高い一例だ。[*38] サンドラ・ウィットワースは、国連のサクセス・

ストーリーとして語られるＵＮＴＡＣ任務は、「売春婦へのアクセスと、地元の女性を追いまわし、嫌がらせ、暴行する自由とを、軍事化された男性としての特権と見做すような兵士を配備することで、部分的には達成された」(Whitworth 2004: 13) と総括する。

ウィットワースは、大半の軍隊が兵士に求めている性質は、他者とのつながりを感じられるような思いやりのある感情豊かな人間であることを含まないとして、「ポストモダンの軍隊」がなお軍事化された男性性に依拠しつづけていると診断する (Whitworth 2004: 172)。そして、この軍事化された男性性が、派兵先での女性の性的搾取や他者化した地元男性への凄惨な暴力、ＤＶや同僚兵士へのハラスメントをひき起こし、仲間だけでなく自らの心的外傷後ストレス障害 (ＰＴＳＤ) をも否認させるのだ。彼女は、ＷＰＳ推進者と異なり、問題は「女性が少なすぎること」ではなく「兵士が多すぎること」にあるのではないかとして、「最良の平和維持者は兵士ではないかもしれない」という根本にまで思考をめぐらそうとしているのである。

シンシア・エンローも平和維持のような新たな任務を軍事主義と無関係のものと見做すような楽観主義に警告を発してきた論者の一人である (Enloe 1993 = 1999)。彼女は、先述したオルソンらのアンソロジーによせた結語において、ＷＰＳ推進の過程で「ジェンダー」が「安全な概念」になるという<u>おかしな</u>ことが起こっていると述べる。あたかも「女性」を言いかえる官僚用語として、あるいは、女らしさの構築や強制にのみかかわる概念として、「ジェンダー」がその批判性を失って使われはじめている、と (Enloe 2001: 111)。

以上のように、この立場の者たちは、①や③と異なって「ポストモダンの軍隊」とその任務の「新しさ」を旧来の軍隊やその実践と無関係なものと見做さず、②と異なってその基盤に据えられる男性性と平和維持者として必要な資質とのあいだに矛盾を見出すのである。

5　おわりに

「ポストモダンの軍隊」言説が、さまざまな意味を充填した男性性／女性性概念を動員することで、ジェンダー化された言説として紡ぎ出されていることを確認してきた。すでに述べたように、国軍の女性兵士の場合、フェミニズムには、第一に軍隊と戦争を男性性に、平和を女性性に結びつけて後者の視点から前者の解体を図ろうとする立場、第二に軍隊と戦争が男性に独占されてきたことをジェンダー関係の不平等の根源と見做し女性の参入によりこれを打破しようとする立場、第三に前二者が有する本質主義的な想定を批判しつつ、軍隊と戦争に結びつけられてきた男性性の解体を企図する立場の三つがあった。問題が国際平和維持活動を担う軍隊の女性兵士となる時、第一の立場と第二の立場は融合されて、WPSを推進する大きな勢力①を形づくっているようである。一方、第三の立場につながるのが、④の本質主義批判と軍事化された男性性への批判的まなざしであるが、この立場はWPS問題を取りまく過酷な「現実」を前に脇へ追いやられがちだと言えよう。[*39]

フェミニスト国際政治学者のキンバリー・ハッチンズは、*Men and Masculinities* における特集号「国際政治におけるヘゲモニックな男性性」において、「ポストモダンの軍隊」の「新しさ」とも密接にかかわる「戦争の変化」を論じたテキストの分析を行っている。彼女は、テキストにあらわれる男性性／女性性が、対比と否定のロジックから成り立つ「空っぽの記号」であり、戦争の性質とそれに対する判断を導出する重要な働きをしていることを指摘し、次のように注意を促す。

> 男性性の言説を喚起せず戦争を語ることの難しさ、またその逆の難しさは、戦争と男性性のあり方をたんに反映しているのではなく、戦争と男性性が世界をあるやり方で枠づける力に依拠していることを映し出しているのだ。……男性性と戦争が互いの理解可能性を得るやり方に挑むには、男性性・女性性が固定された実質的内容を有しているという考え方に加え、相互排他的カテゴリーとしての男性性・女性性の安定性に挑まなければならない。(Hutchings 2008: 402)

思い起こせば、本質主義に依拠せずに軍事主義の考察に取り組もうとしたフェミニストたちは、生身の女性／男性のみならず、概念としての女性性／男性性が、国軍とそれが遂行する戦争を支える不可欠な役割をはたしてきたことに一貫して注意を向けてきた[*40]。この観点に立ち返り、ハッチンズの論説を敷衍するならば、必要なのは、ジェンダー化された「ポストモダンの軍隊」言説において、どのような世界観が維持されようとしているのかを問うことであろう。すなわち、「ポストモダンの軍隊」の「新しさ」を男性性と結びつけて語ることはもちろん、これを女性性と結びつけ直そうとするＷＰＳ推進派の戦略的な試みもまた、平和維持軍とその任務に対し、ある判断を導出しようとする営みなのだということに留意しなければならない[*41]。

ＷＰＳ推進派を含め、今日、多くのフェミニストが目指している軍隊と男性性の結びつきの解体という目標にわたしはいささかの疑義もない。だが、平和維持を担う「ポストモダンの軍隊」が男性兵士のふるまいのつまずきに直面させられている文脈において導出される、「もっと女性化した軍隊を」、「もっと女性的な兵士を」の解が、軍事主義の延命ではなく、ジェンダー関係と国際関係の再編につながる保証はどこにもない。[*42]

男性性のみならず女性性は、軍事化された世界を支えるために、今も昔も変幻自在に動員されてきた。「ポストモダンの軍隊」の「新しさ」なるものが主張される時、女性性／男性性にいかなる意味が充填され、どのような世界観が構築されているのか、ジェンダー化された言説を無批判に紡ぎ出すのではなく、その政治的作用に注意深くあることが求められているのである。

第9章　「利他的」な日本の自衛隊と女性活用

1　はじめに

本章では、「ポストナショナルな防衛」を担う軍隊が、今日、女性と女性性をどのように活用しながら「利他的」なイメージを構築しているのかを自衛隊を事例に論じていく。

軍隊は世界中において男性優位の制度であるが、このことは女性と女性性が軍隊と無縁だということを意味するのではない（Enloe 1993＝1999）。二〇世紀の後半以降、ますます多くの女性たちが軍隊に参入し、その役割も次第に拡大してきた。しかしながら、彼女たちは「たんなる少年の一人」ではなかった。ジェンダー化されたこの制度において、たとえ、男性と同じように任務をこなす時でさえ、女性たちはさまざまなかたちで女性性を強調し、活用させられてきたのである。

今日では、多くの軍隊が、国土防衛というより他国と協力しながら、国境の外側における安全保障状況に関心を向けるようになっている。この現象を「ポストナショナルな防衛」と名づけたスウェーデンのフェミニスト国際政治学者アニカ・クロンセルは、軍隊はますます平和任務に従事し、「人権」の名のもとに遠くの他者を救うため国境を超えていると述べる（Kronsell 2012）。この「利他的」なアジェンダは、実際にはネオリベラルなイデオロギーに特徴づけられており、世界の国々と経済を民主化・自由化しようとする。進歩、秩序、競争、経済合理性といったネオリベラルな諸概念をともないながら、ポストナショナルな防衛は国家間の介入を普通のこととし、人道的活動を軍隊の任務と結びつけている。

人道的な目的のため、すなわち、「遠くの他者」の安全のために軍事力を行使するという考えは今世紀に入って急速に広まった。ある国家が別の国家の情勢に介入することは近代の国家主権の原則に反している。国連憲章にもその他の多くの国際条約にも記されているこの理念を移行させるにあたって、重要な要素となったのが「保護する責任」（R2P）という考えだった（Detraz 2012: 143）。

二〇〇一年にカナダが中心となって出された報告書『保護する責任』は、国家主権を権利というより責任であると位置づけた。国家が責任をはたせない時、すなわち、市民に対する危害が感知されるのに、当該国家がその危害を終結できなかったり、終結する気がなかったりする場合、あるいは国家自身が加害者である場合に、保護を目的とした介入が支持される[*1]（ICISS 2001: 16）。

この新たなパラダイムは軍隊を人道化するというよりは、人道主義を軍事化するものだ。こうした軍事化された人道主義を遂行する国々は、自分たちの正しさを証明するために彼らが正義と自由を持ちこむその先に「他者」を必要とする。ポストナショナルな防衛への参加を通じて、暴力的で超男性《ハイパー・マスキュリン》的、あるいは、無力で女性的な、ジェンダー化された他者を構築しつつ、自らの優位性が産出されるのだ。救済を必要とする、劣った「他者」に対する、ナショナルで文化的なアイデンティティーの構築は、帝国主義的イデオロギーを反映する行為である。

フェミニスト的好奇心をもってこのアジェンダを眺めると、ポストナショナルな防衛が、帝国主義の一形態として、本質的にジェンダー化された物語をともなっていることに気づく。ガヤトリ・C・スピヴァクが述べているように、「善き社会の確立者」という帝国主義の物語は、女性を「彼女自身と同人種の男性から」保護すべき客体と見做す（Spivak 1988＝1998: 86）。もちろん、このパラダイムにおいてこうした「救済」対象たる女性にはいかなる主体性も認められない。帝国主義的言説のなかで、女性は自由な主体になるために客体化されるのである（Oliver 2007: 64）。

本章は、日本を事例として、自衛隊が「善き（グローバル）社会」の一員としてポストトナショナルな防衛を担うことにともなって「利他的」な顔をつくり出す際に、女性と女性性にさまざまなやり方で依拠していることを描き出す。憲法九条に拘束されている自衛隊は特殊事例のように思われがちだが、わたしはそのようには考えない。サビーネ・フリューシュトゥックがその先駆的な仕事において明らかにしたように、自衛隊と日本社会の関係は、国際標準からの逸脱というよりも、ポストナショナルな防衛の時代の軍隊と社会の配置のアヴァンギャルドな事例として理解しうるものなのである（フリューシュトゥック 2004; Frühstück 2007＝2008）。

2　自衛隊の女性の歴史

本書第7章で見たように、第二次世界大戦後、日本は、アメリカ主導の占領下において完全に脱軍事化された。一九四六年に公布された新たな憲法第九条は、日本が軍隊を持つこと、国際紛争の解決の手段として戦争を行うことを禁じた。しかしながら、冷戦の幕開けによりこの脱軍事化政策はひっくり返された。

アメリカが日本を対共産主義戦争における潜在的な太平洋の同盟国として考えはじめたためである。GHQは日本を再軍備に向かわせ、新たな戦後日本の軍事組織は一九五〇年に警察予備隊としてスタートすることになった。

憲法九条に抵触せぬよう、国内任務にのみあたる警察力として定義された警察予備隊は、一九五二年に保安隊へと改称・改編された。保安隊は、海上部門を統合することで、よりいっそう軍事化された。しかしながら、九条と齟齬をきたさぬよう、この組織はひきつづき、公式には警察上の組織として扱われた。日米相互防衛援助協定の締結後の一九五四年、保安隊はふたたび自衛隊と改称され、今日にいたっている。自衛隊は二〇二一年三月現在、二三・二万人の隊員を抱える巨大な組織である（陸上自衛隊一四・一万人、海上自衛隊四・三万人、航空自衛隊が四・四万人）（『防衛白書』2021年版：112）。ストックホルム国際平和研究所の二〇二〇年調査によると、日本の軍事費は四九一億ドル（五兆三〇〇〇億円）で、世界第九位である。[*2]一方で、憲法九条は日本に自衛のための「必要最小限度の実力」を保持することを認めたものと解釈され、日本政府は、自衛隊がこの制約の範囲内にあるのだと主張してきた。

女性自衛官の歩みは本書第7章で見たとおりであるがここで簡単に振り返っておこう。一九五四年から今日にいたるまで、その数は一貫して増大し、二〇二一年三月現在、一万八二五九人、全体の七・九%を占めている（『防衛白書』2021年版：112）。図1が示すように、この割合はNATO諸国と比べてみればかなり低いものである。防衛省はこのことに自覚的であり、二〇一七年に発表された「女性自衛官活躍推進イニシアティブ」では、少なくともその比率を倍増すると述べられている（防衛省2017：1）。

創隊当初一〇年間は、女性たちの就くことのできる職は看護職だけだった。その後、職域は次第に開放されていくが、最初に開かれたのは「女性に適している」とされる人事、総務、補給、会計、通信などだ

図1　NATO 諸国と日本の軍隊における女性比率（2017年）

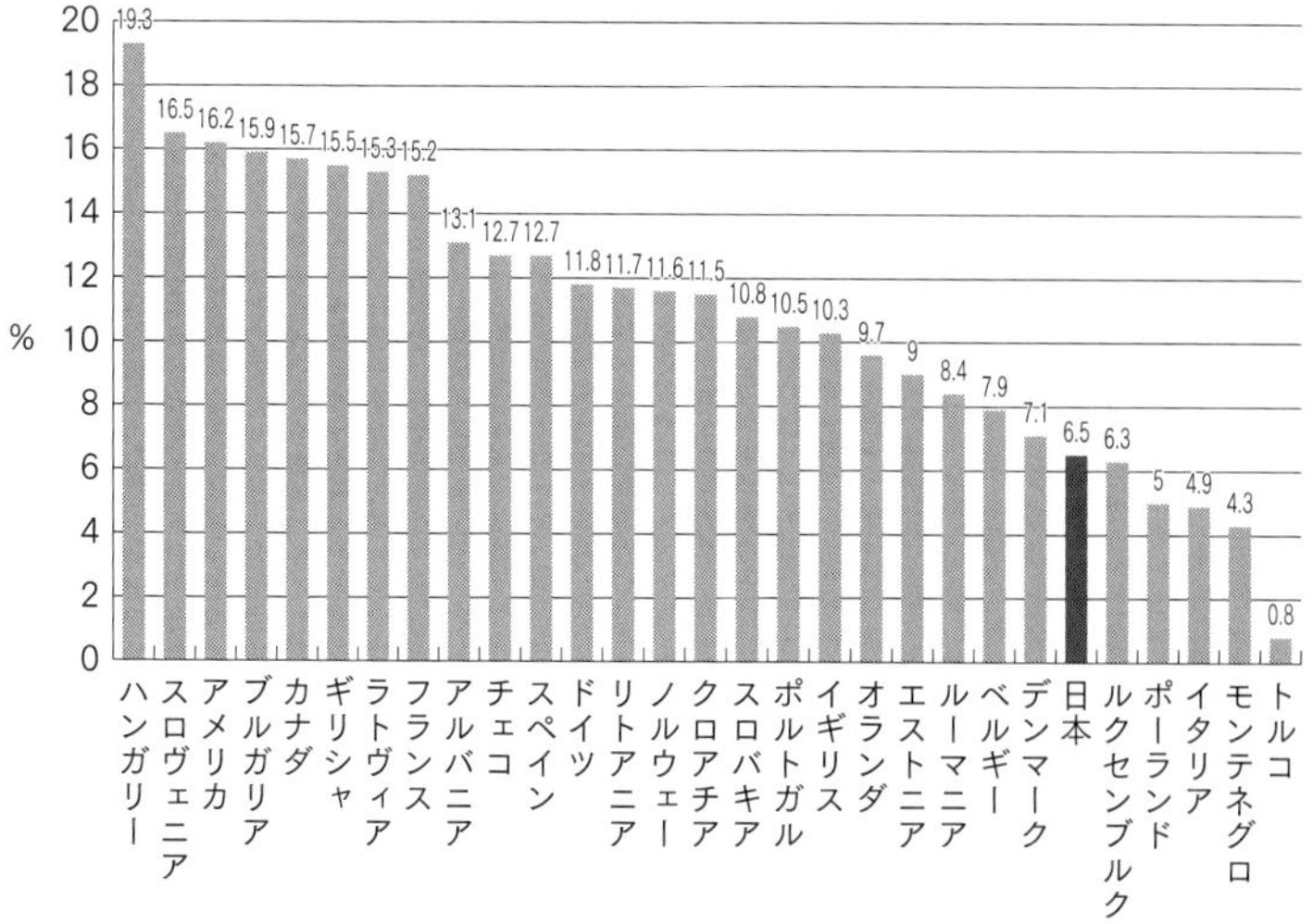

出典：「2017年NATO加盟国の軍隊における現役女性軍人」より筆者作成（NATO 2017: 16）

った。一九八六年に男女雇用機会均等法が施行されると、女性の数と役割はさらに拡大され、高射運用や航空管制など、かつては「男性的」と思われていた職業に就くこともできるようになった。

一九九三年には、名目上すべての職域が開放されたが、戦闘機や潜水艦のようないくつかの配置は母性保護やプライバシー保護などを理由に閉じられたままだった。女性の役割が拡大しても、自衛隊のジェンダー化された構造を劇的に置きかえることにはならぬよう、慎重に歩は進められたのである。このため、女性自衛官は歩兵や砲兵として連隊には参加ができるが中隊には参加できない、といった矛盾した状況がしばしば生じることにもなった。

それでも、彼女たちは国内外で着々と実績を積み重ね、二一世紀にはさらに多くのポジションが開かれていった。二〇一五年には航空自衛隊が戦闘機や偵察機パイロットを、一六年には海上自衛隊がミサイル艇や掃海艦を、一七年には陸上自衛隊が普通科（歩兵）と戦車の中隊を女性に開放した。さらに、二〇一八年には海上自衛隊が二三年までに潜水艦を女性に開放すると発表。こうして、今日では、化学防護隊や坑道中隊のように母性保護の観点から危険有害業務とされている少数の例外を除き、ほとんどの配置が女性に開放されている。

この背後には、ジェンダー平等に関連した国際条約や国内法の整備といった動向だけでなく、軍事組織に固有の論理が働いていたことは、本書第7章で述べたとおりである。

3　自衛隊の広報における女性の役割

女性たちが自衛隊ではたしてきた役割を、自衛隊のイメージづくりという観点から見てみよう。本書第7章で見たように、自衛隊が描き出そうとした主要なイメージは、社会に積極的に参加する市民のイメージであり、女性たちはこのイメージづくりに重要な役割をはたしてきた。自衛官募集ポスターが描く、戦争や危険のない幸せで平和で楽しげな世界、自衛隊と一般市民とのあたたかな交流にとって、女性の存在は不可欠であった。そこに女性が描かれることによって、自衛隊はなんら特殊な組織ではなく、日本社会のごく普通の一部なのだとアピールすることができたのである。

図2と図3は一九五四年と八九年の自衛官募集ポスターだが、募集ポスターにおけるジェンダー表象の変化が端的に示されている。図2は絵画、図3は写真という違いはあるが構図は同一で、陸海空の制服を着た隊員が並んでいる。図2では男性は笑っていないが、図3で女性は歯を見せて微笑んでいる。さらに、

図 2　1954年自衛官募集ポスター

出典：防衛省提供

図 3　1989年自衛官募集ポスター

出典：防衛省提供

図 4　1987年自衛官募集ポスター

出典：防衛省提供

図5　2013年香川地方協力本部自衛官募集ポスター

出典：自衛官募集・地方協力本部 HP*[3]

図6　2016年茨城地方協力本部自衛官募集ポスター

出典：自衛隊茨城地方協力本部 HP*[4]

図2は「陸上自衛隊　海上自衛隊　航空自衛隊　隊員募集」とのみ書かれているのに対し、図3には「好きです、君のバイタリティ。」のスローガンが添えられている。「好き」という単語は、自衛官募集ポスターで女性モデルが登場する際にしばしば登場するキーワードである（佐藤 2004）。図4はその一例で、男性の腕にぶらさがった少女のショットに、「頼れる人が好き!」のスローガンがセットになっている。

一九九〇年代に「ワインレッド作戦」と称して、女性自衛官を地元のミスコンテストに参加させたことはすでに第7章で触れた。実際にコンテストに勝ち、「ミス」のタイトルを獲得すると、女性たちは自衛隊の広告塔の役割をはたしたのである（第7章図4参照）。

そして近年では、地方協力本部が、自

衛官募集ポスターにアニメのキャラクターを頻繁に使用するようになっている。[*5] 図5と図6が示すように、かわいらしい女性のアニメキャラクターが、自衛隊への入隊を、アニメの「主人公」として「輝く自分」になることのできる冒険として描くのに役立てられているのだ。

さらに、広報のイメージガールとして有名な女性アイドルを起用することも、古くから用いられてきた手法だ。二〇一四年にAKB48の島崎遥香を起用して作成された動画は、一見すると自衛隊の募集動画とはわからないようなつくりで、「ここでしかできない仕事があります」と若者に語りかけた。[*6]

このように、自衛隊の広報を見てみると、自衛隊が実際の女性の数に比べ、彼女たちを過剰に表象してきたことに気がつく。トークンとしての女性を広報に登用することは他国の軍隊でも見られるが、日本ほどの過剰表象はまれである。米軍で使われた募集ポスターの包括的な分析をしたメリッサ・T・ブラウンは、イラクやアフガニスタンでの女性の役割に比して、多くの募集素材において女性兵士の役割が拡張することはなかったと結論づけている（Brown 2012）。わたしは、かつて一九五〇年から二〇〇二年までの自衛官募集ポスター一七〇枚を分析し、ポスターが新隊員を募集するという以上に、自衛隊の公的イメージをつくり出す重要なツールとなっていると指摘した（佐藤 2004）。女性の過剰表象は、自衛隊を「女性化」することでそのイメージをソフトにする試みと見ることができる。その歴史と憲法九条の含意によって、自衛隊を男性的でも軍事主義的でもないような姿で表象することは、人びとにアピールする賢明な戦略であっただろう。そしてこれはある程度うまく運んできたように見える。

図7が示すように、自衛隊の公的イメージは次第に上向いてきた。ベトナム戦争中の一九七二年には自衛隊によい印象を持つ日本人はおよそ五九％だった。湾岸戦争でいったん下がるが漸増をつづけ、二〇〇〇年までには八二％の市民が自衛隊に好印象を持つようになり、一八年にはほぼ九割の日本人が自衛隊に

図７　自衛隊に対する印象の変化

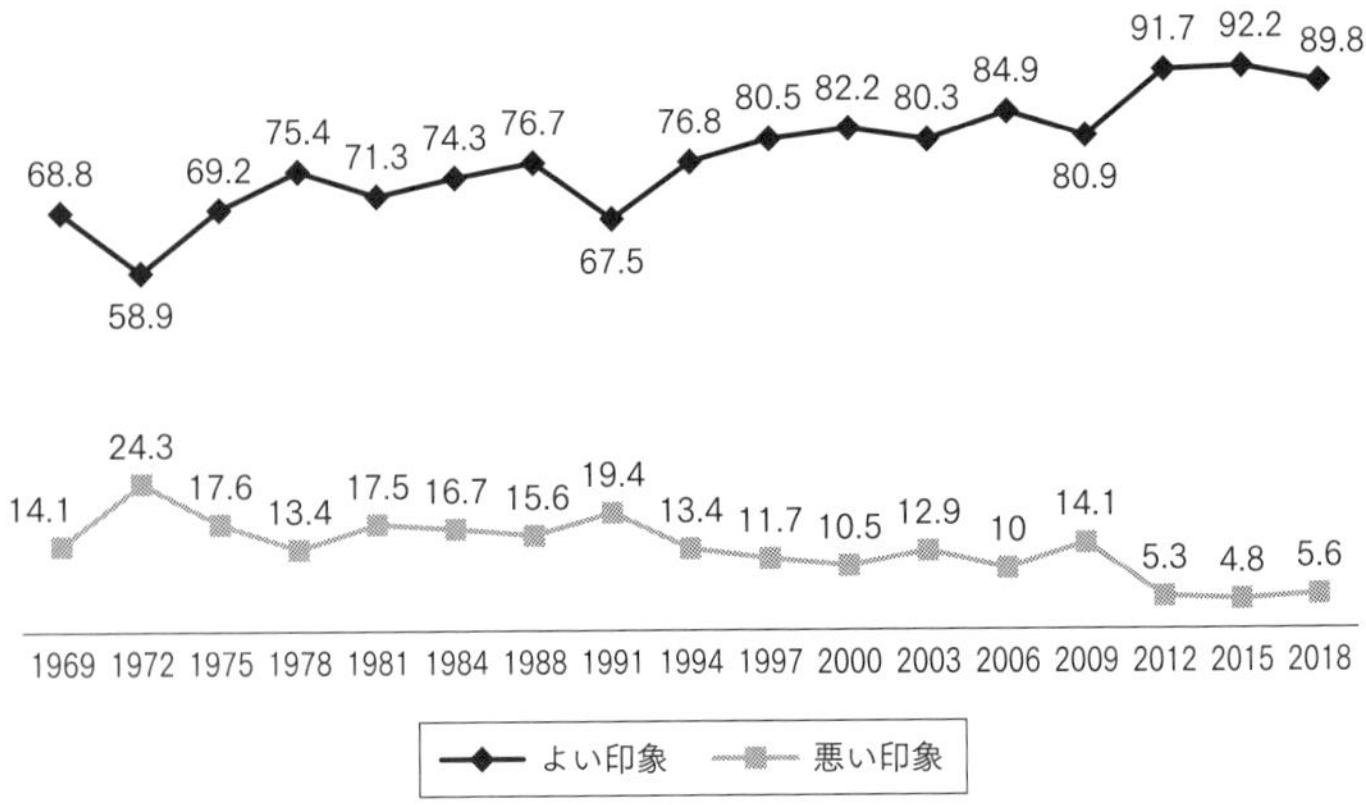

出典：内閣府「自衛隊・防衛問題に関する世論調査」各年度版より筆者作成

よい印象を持っている。[*7] このようなイメージアップの背後にはもちろん自衛隊自体が積み重ねてきた活動の実績があるのだが（Sasaki 2009, 2015；佐藤 2022）、自衛隊が市民社会に向けて打ち出してきたイメージづくりに女性と女性性がはたしてきた役割をあわせて考察する価値があるだろう。

4　女性活躍推進政策

つづいて、日本政府が女性と自衛隊について打ち出している現在の政策について見てみよう。

二〇一五年八月、安倍晋三首相は「女性活躍推進法」を制定し、九月末にはニューヨークの国連総会で女性・平和・安全保障の国別行動計画を完成させたことを発表した。

ジェンダー平等に関して他の先進国に遅れを取っている日本にとって、こうした施策は国際的な評判を回復させるチャンスであったろう。ウーマノミクス外交をジェンダー平等の国際指標におけるランキングの低さと「慰安婦」問題という二つのスティグマへの対応のなかでの戦略的運動と見る国際政治学者のリブ・コールマンに倣うなら、こうした行動もまた、タカ派の歴史修正主義者という安倍首相のイメージをソフト化する効果を持ったと考えられる（Coleman 2017）。実際、安倍はUNウィメンによって女性活躍をトップダウンで推し進める男性リーダーの一人に首尾よく選ばれることになった。*8 その安倍にしたがって、防衛省は二〇一七年に発表した「女性自衛官活躍推進イニシアティブ」で次のように述べた。

自衛隊は、女性自衛官をこれまで以上に必要としている。……女性自衛官比率を倍増させる。……自衛隊は、ますます女性に開かれた職場へと進化していく。就職を考える女性には、自衛隊の門をたたき、果敢に挑戦していただきたい。（防衛省 2017：1, 8）

女性自衛官のさらなる包摂は意識的な決断であったように見える。この「イニシアティブ」から判断すれば、防衛省は女性の活躍推進にコミットしたと考えることができるだろう。

だが、女性の軍隊参加は、その男性中心的構造に広範な変化をともなうことなく、強力なシンボルとして使われうる。*9 女性の参加と権利の促進は政治的に動機づけられたものにもなるのだ。たとえば、女性自衛官が戦闘機パイロットになれるよう職域制限を解除するにあたって、防衛省の職員は二〇二〇年のオリンピックで女性だけのアクロバット飛行のショーを夢見ていた（『読売新聞』2015.11.11 夕刊）。この例は、女性にスポットライトがあたる時、背後に隠された政治的動機がありうることを示している。

二〇一八年にある一人の女性自衛官が「ジェンダー・アドバイザー」として、エチオピアの平和支援訓練センターに送られた。[*10] この年の日本のジェンダーギャップ指数が一一四位で、一一五位のエチオピアのたった一ランクしか上でしかなかったことを思えばこの派遣は興味深いものだった。一体、誰が誰にどんな権威をもってジェンダーについての「アドバイス」をするのだろうか?

それゆえ、わたしたちは軍事組織の女性の可視性が突如として高まることをジェンダー平等の進展だと考えることに注意深くなければならない。フェミニスト哲学者のケリー・オリバーが指摘したように、「フェミニズムと女性に対する関心の選択的流用は、帝国主義的言説にとって本質的なものになった」(Oliver 2007: 39)。キーワードは「選択的」であり、だからこそ、ジェンダー平等のアジェンダが推し進められているように見える文脈へと注意を払うことで、軍隊の表舞台に女性が置かれる背後にある動機を考察する必要がある。

日本政府は自衛隊への女性の包摂を進めることで、女性のエンパワーメントに投企する国として自らを位置づけようとする一方、女性を男性よりも弱く力のないものとして描く伝統的なステレオタイプにも依拠している。

二〇一四年七月、安倍晋三首相は従来の憲法解釈を変更し、集団的自衛権の行使容認を閣議決定した。図8は、それに先立つ五月一五日の記者会見で、この決定を擁護するために用いられたパネルである。主要なポイントは、自衛隊が紛争から逃れてくる日本の避難民を輸送する米艦を法的に守ることができないということだった。彼はこうした状況をそのままにしないために「集団的自衛権」の行使を認めるのだと表明した(『朝日新聞』2014.5.18 朝刊)。このパネルの真ん中には、赤ん坊を抱く母親と子どもが描かれ、脆弱な日本人を表象するのに利用されている。伝えられるところ、安倍はこの母子像を中央に大きく描くよう自ら指示したと言われる。[*11] 保護を必要とするすべてのもののシンボルとして、女性たちは、しばしば

図8　集団的自衛権行使容認の説明に用いられたパネル

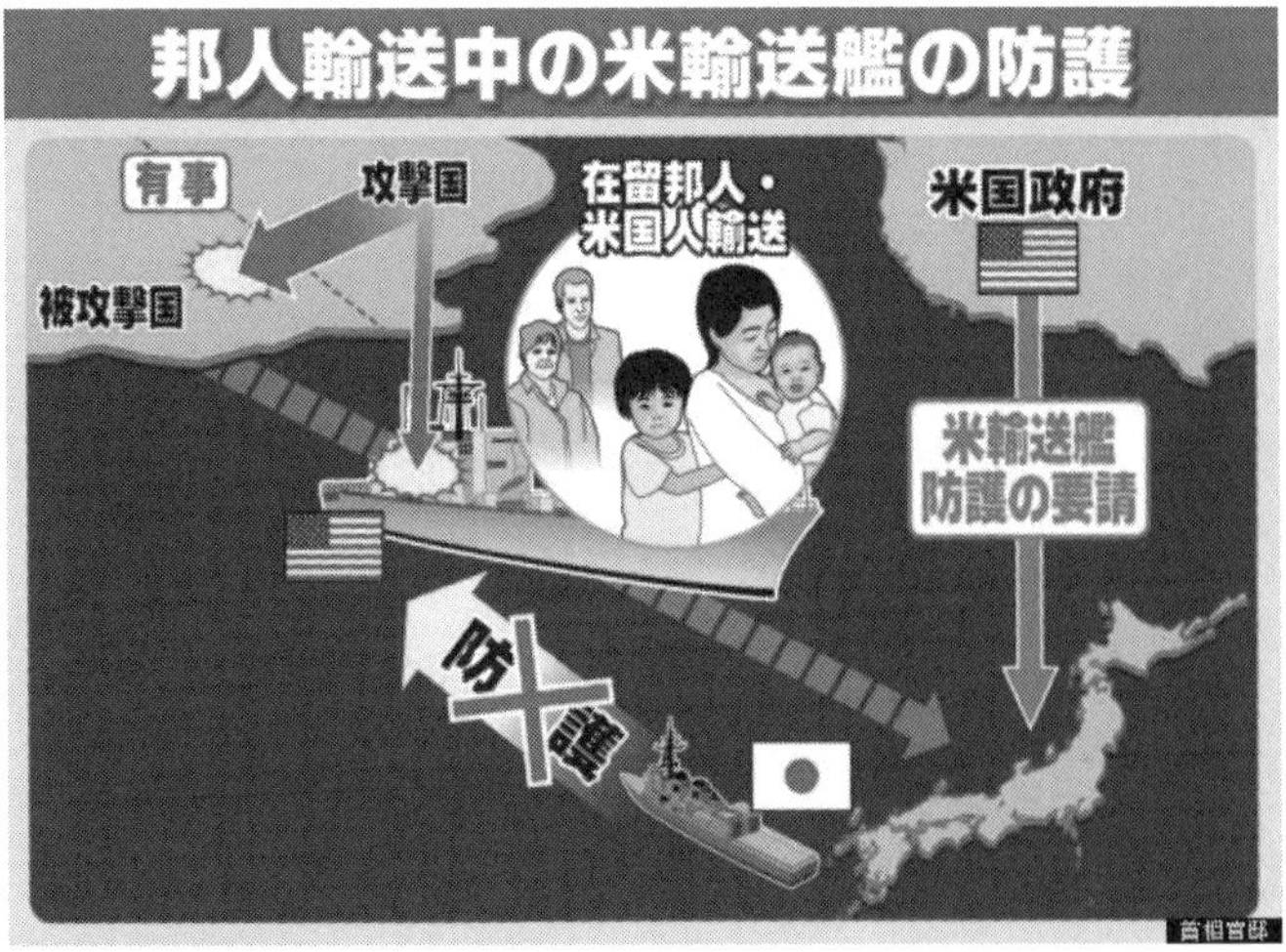

出典：内閣府 HP＊[12]

子どもたちとセットで利用されてきたし、されつづけているのである。

政府による女性活躍推進政策のまやかしは、「女性自衛官活躍推進イニシアティブ」における女性自衛官の重要性についての言及にもあらわれている。この文書は、冒頭で、日本の少子化とその結果である自衛隊の男性隊員不足が政策の背後にある最大の理由の一つであることが明白に述べられているが、終盤には、安倍首相の次のようなスピーチが引用されている。

「生存競争において、勝ち残ることができるのは、最も力がある者ではありません。その環境に最も適応した者。すなわち、環境の変化に柔軟かつ迅速に対応できた者であります。急速に少子高齢化が進む中で、また、多様な視点が求められる時代に合って、防衛の現場においても、女性の力が絶対的に必要であります。」

「しかし、女性自衛官はまだまだ足りない。……最大の壁は、根強く残る、男性中心の働き方文化です。これを根底から変えていく必要がある。これは、我々、男性の問題です。長年定着した組織文化を変えることは容易ではありませんが、女性活躍は、自衛隊が新たな時代に適応できるかどうか、その「試金石」であります。」（防衛省 2017：8）

女性活躍は、自衛隊が「新たな時代」に適応できるかどうかの「試金石」――つまり、女性の活躍は先進的な日本社会の記号なのだ。端的に言えば、女性とは、軍事組織を現代的にイメージチェンジさせてくれるアイコンなのである。政府による女性活躍推進政策とは、なによりも、日本の進歩的なイメージキャンペーンの一部として存在するのである。*13

5 「平和の戦士姫」のグローバルな登場

つづいて、平和維持活動を通じた自衛隊の特定のイメージが、国際的なオーディエンスに向けてアピールされる様子を見てみよう。

日本は近年、「積極的平和主義」というキャッチフレーズを用いて、新たな国際安全保障戦略を追求している。国際政治学者のステファニー・A・ウエストンはこの戦略を、日本が憲法九条の遺産を捨て、「普通の」国になろうとする努力の延長線上に描いている（Weston 2014: 170）。日本の現在の安全保障戦略は、日本が国際的な地位を確立するために、特に国際平和維持活動のかたちで、軍事的貢献を増大させることを必要とすると示唆している。つまり、いわゆる「普通の」国と同じような活動に参加することが必要なのだ。サンドラ・ウィットワースが言うように、「正統な軍隊を持たない国は侵攻に脆弱なだけではなく、疑わしい――未成熟で完成形をなしていない――国なのだ」(Whitworth 2004: 34)。今日、「普通の」国は経済力に匹敵する軍事力を持つべきだという想定は、めったに疑問を付されることがない(Frühstück and Ben-Ari 2002: 2)。

フリューシュトゥックとエヤル・ベン゠アリは、数多くの自衛官へのインタビューによって、自衛隊が自らを「普通化」するために冷戦終結以降、さまざまな戦略を用いてきたことを示した。「脱軍事化」の反対語である「普通化」は、自衛隊を「民主的な文民統制の国の正当な軍隊」として認めることを意味する。つまり、自衛隊は「他の先進的で産業化された民主主義諸国の軍隊」のようになろうとしているのだ(Frühstück and Ben-Ari 2002: 6)。

だが、興味深いことに、自衛隊がもっぱら従事してきた「非伝統的」な軍事的役割は、他の先進国の軍隊の規範になってきている(Frühstück and Ben-Ari 2002: 37-8)。たとえば、ウィットワースは、中間国であるカナダが、平和維持活動への参加を通じて、アメリカとは異なる無私のナショナル・アイデンティティーを構築してきたと指摘する(Whitworth 2004: 90-1)。つまり、ある国にとって、平和維持とは、国軍を正当化するだけでなく、その国自体を正当化するのに不可欠な道具でもあるのである。彼女はアルゼンチンやドイツと並んで、日本も「国軍を再生させ、国のイメージと国際的な立場を復活させるために」平和維持活動に積極的に参加してきたのだとする(Whitworth 2004: 15)。

日本政府のレトリックにはたしかにこのような論理を見出すことができる。二〇一三年一二月一七日に閣議決定された「国家安全保障戦略」には、「国際社会の平和と安定のため一層積極的な役割を果たす」

図9　女性自衛官活躍推進動画（2018年）

出典：防衛省動画サイト*[16]

という期待に応えていくことが謳いあげられている。*[14]

今や国際的なオーディエンスにも利用可能な防衛省の広報資料には、*[15] 女性の過剰表象とソフト化戦略が部分的に継承されている。たとえば、図9は「女性自衛官の活躍推進——時代と環境に適応した魅力ある自衛隊を目指して」という防衛省作成の動画である。自衛隊が女性に開かれた職場であることをアピールするこの動画は、女性が活躍できる自衛隊というイメージの構築にも役立っている。

本書第7章の図6で見た、女性的なイメージの「積極的平和主義」の広告を思い出してほしい。ピンクのフレームに縁取られた、女性自衛官と外国の少女の利他的で平和的な交流と同様のイメージは、防衛省が発行している英語の記事にもくり返し確認できる。

防衛省は二〇一七年の『防衛白書』で「輝き活躍する女性隊員」という特集を組んだ。図10はこの特集に掲載された写真で、地元の子どもたちと触れあう女性自衛官が登場している。女性自衛官の担う活動のなかには、男性が同じように担うことができなかったり、担うことを許されなかったりするような実践的なものもある。たとえば、平和維持者として働く女性たちはホスト社会の文化的規範を侵すことなく地元女性に接触できる。地元の情報を効率的に収集し、女性特有のニーズを理解することで、地元の特性にあったプログラムの展開に貢献することもできる。

加えて、女性たちは軍隊と地元のコミュニティ、特に男性兵士と地元男性との緊張関係を和らげるのに役立つシンボリックな役割をはたしうる。こうした理由から、今日、多くの国の女性兵士がポストナショナルな軍隊の任務を担うべく、海外に駐留している。女性たちにはある男性たちよりスムーズな平和任務の遂行が期待され、時には軍隊の悪評の「解毒剤」とされるのだ（Kronsell 2012: 142）。

図10　『防衛白書』2017年版

出典：防衛省 HP＊17

こうした女性たちの活動の重要性と有用性は疑いようもないが、そこに隠れたアジェンダが作用しているのではないかと問う必要はあるだろう。こうした利他的で人道的な活動は、軍隊の暴力の現実を覆い隠し、帝国主義的アジェンダの遂行を助けているかもしれない。タフで優しい「平和の戦士姫」は、殺し、傷つけ、破壊するよりも、救い、ケアし、建設するという新たな軍隊イメージの構築にどのように寄与してきた／いるのか？

6　おわりに

冷戦の終結はポストナショナルな防衛として、今や「新しい人道主義」と呼ばれるものを生じさせることになった。ネオリベラルなイデオロギーにしたがって国と経済を民主化・自由化するこのイデオロギーは、災害や内戦に苦しむ人びとのために国家間の介入を普通のものにし、西洋諸国の軍隊を「人道主義的アクター」の中心に据えている（Christie 2017: 337）。フェミニスト政治学者のキャサリン・V・スコットは、人道的な目的に軍事力を利用するというこの新たな道徳性を、帝国的権力の配置における変化と結びつける。この新たな世界秩序としての帝国主義は、ネオリベラルなアジェンダにしたがって社会をつくり直そうとする（Scott 2006: 98）。批判的安全保障研究者のライアーソン・クリスティーは、この変化を国際安全保障の理解の変化のなかで次のように説明した。

人びとの移動、国家の能力の衰退、通常の社会的機能の破壊をもたらす、あるいはこれらに由来する災害は、不安定の源として描かれる。人道的活動は今や安全保障の達成にとって不可欠なものと見做され、国家というアクターがその追求において主導的役割をはたすようになった。こうした人道主義への国家の関心の高まりは、開発・人道的活動を安全保障部門に優先させることにはならず、むしろ、安全保障部門の台頭に貢献してきたのである。（Christie 2017: 337）

つまり、この新たなパラダイムは、軍隊を人道化するというよりも、人道主義の軍事化をひき起こしたのである。

ノーム・チョムスキーは冷戦後の軍隊の存在意義において台頭してきたこの新たな介入主義を、「人権を掲げて、あらゆる所の苦しんでいる人びとに、必要なら武力に訴えてでも、正義と自由をもたらすために全力を尽くすことができる」ものだと記した（Chomsky 1999＝2002: 20）。この人道的任務をはたす「文明諸国」は、自分たちの正しさを証明するために、彼らが正義と自由を持ちこむ犠牲者としての他者を必要とする。こうした他者は頻繁に「無秩序、カオス、部族的、原始的、資本主義以前、暴力的、排他的、子どものような」存在として表象される（Orford 2003: 47）。ウィットワースに倣っていうならば、人道的な任務は「現代の植民地的遭遇」として機能しているのであり、「われわれ」と「彼ら」双方についての知をつくりあげ、その知の主張が任務そのものを正当化することに奉仕するのだ（Whitworth 2004: 15）。

こうした議論は、人道主義とは「時間を超越した真実」ではなく、「現代の世界において特定の機能を持ち、さまざまな時代にさまざまな形をとるイデオロギー」として概念化すべきものだと喝破した国際政治学者ジェニー・エドキンスの議論とも響きあう（Edkins 2003: 254）。彼女は人道主義の構成的な性格について次のように述べる。

> その前提は、「われわれ」と「彼ら」が、わたしたちのあいだに関係ができる前に、すでに別個の存在であるということである。解決すべき問題は、「われわれ」が「彼ら」を助けるかべきか否か、どのようにか、ということだけだ——そして、こうした問いに解決策を与えるような一般的で非歴史的な規則を探そうとすることは、問題とは見做されないのである。（Edkins 2003: 255）

エドキンスは「歴史的文脈とは独立」しているとされる抽象的な人道主義は、主権国家を産出する政治の一部なのだと主張する（Edkins 2003: 257）。同様に、ローラ・J・シェパードも、「国際安全保障」が西洋の価値観を通じて行為遂行的に構築され概念化されており、それが批判の対象になることなく、疑問に付されぬままであることに注意を促している（Shepherd 2007: 351）。帝国主義の新たな時代において、ポストナショナルな防衛として人道的任務に従事することを通じて国際安全保障に貢献することは、暴力的で超男性《ハイパー・マスキュリン》的な他者、あるいは、無力で女性的な他者としての「彼ら」を創出しつつ、グローバル・システムの優越者である「われわれ」をつくり出している。

　この「われわれ＝文明諸国」が、「彼ら」を助けるという営みを、歴史的な連続性のなかで考察しようとすることはない。日本の場合、本山央子が女性・平和・安全保障に関する国別行動計画の策定過程を検証することで示したように、日本政府は力強い自由民主主義国家として自らを位置づける一方で、日本軍「慰安婦」制度の記憶を抹消しようとした（Motoyama 2018）。安倍政権は日本が国際社会の一人前のメンバーとして集団安全保障に参加するためには、平和憲法を改正しなければならないと主張してきた。しかし、彼らは過去を見ないまま、日本が献身的なリーダーになり他国にとってのロールモデルになる未来にばかり関心をよせるのである。

　女性を包摂した自衛隊の「利他的」な再ブランド化は、帝国主義の新たな時代におけるジェンダー化された人道主義に対する批判の目を曇らせているかもしれない。戦後の日本は、女性と女性性を活用しながら、平和的な組織としての自衛隊イメージを国内外に定着させてきた。この戦略は日本に特異なものというよりも、冷戦後のポストナショナルな防衛の新たな出現を先取りするようなものである。自衛隊の「利他的」な姿を批判的に見つめることは、新たな帝国主義のグローバルな出現を理解する手助けとなるだろう。

第Ⅳ部　米軍におけるジェンダー

第Ⅳ部「米軍におけるジェンダー」では、グローバル政治において覇権を握る大国アメリカの軍隊を取りあげる。人びとの自由や平等を重んじる国、アメリカというイメージを持っていると意外に思うかもしれないが、米軍のジェンダー政策は必ずしも世界に先んじてきたわけではない。たとえば女性の戦闘任務の解禁はノルウェーやカナダのほうが早かったし、ハーグ戦略研究センターが公表したLGBTミリタリー・インデックスのランキングは、一〇三ヶ国中四〇位と先進国のなかで大きく遅れをとっている。それでも、アメリカはその覇権ゆえに、世界中の軍隊に対して今なお大きな影響力を持っている。第Ⅲ部でも確認してきたように、軍隊は互いにジェンダー化された編成を学びあっており、とりわけ、日米安保体制のもと、自衛隊にとって米軍の存在は大きなものでありつづけてきた。

そのアメリカは、平和と安全保障をめぐるあらゆる活動に女性の参加とジェンダー視点の導入を要求する国連安保理決議一三二五号に基づいて、二〇一一年に国別行動計画を策定した。また、同一一年には、長きにわたって同性愛者をクローゼットに閉じこめ、苦しめてきた「聞かない、言わない」(DADT)政策も撤廃された。さらに、二〇一三年には女性の地上戦闘任務への配置が解禁、二一年にはトランスジェンダーの入隊も解禁されるにいたっている。アメリカのさまざまなマイノリティは、「一流」市民になることを求め、軍隊への包摂を求めて闘ってきた歴史を有するが、今日、軍隊は、「平等」と「多様性」を拡大していく方向へとますます舵をとっているように見えるのである。こうした歴史の「進歩」を、わたしたちはどのように捉えるべきだろう?

以上のことを念頭に、米軍の歴史を紐解き、その「平等」と「多様性」の内実について見ていこう。第10章ではわたしが二〇一一年から一二年にかけて在外研究期間中に出席する機会を得た「軍隊の女性」に関する二つの会議の参加記から、アメリカにおける軍隊の女性についての議論を紹介し、第11章では、「平等」や「多様性」概念が、軍隊を魅力化する資源となっていった米軍の歩みとその内実を論じていく。

第10章　アメリカにおける軍隊の女性の今

1　はじめに

二〇一三年一月、アメリカ国防総省は、最前線で戦闘に従事する地上部隊への女性の配属を禁じた軍規則を撤廃し、原則としてすべての部隊における戦闘職の門戸を女性に開くことを発表した。ここには、一九九四年に設定された戦闘排除の規定が実質的に機能しなくなったという現実がある。イラクやアフガニスタンでは女性兵士にも多くの負傷者と死者が出ていたにもかかわらず、「戦闘員」でないと見做されることからくるさまざまな不利益が生じていた。[*1] 規則の撤廃は、こうした現実に対処するための措置だったのである。

軍隊の女性の配置については、この時点で、すでにアメリカに先んじて制限を設けない国々が存在していた。カナダ、ドイツ、デンマーク、ニュージーランド、ノルウェー、スウェーデン等である。[*2] 軍隊のジェンダー体制は、西洋諸国を中心とした徴兵制の廃止、国際的なジェンダー主流化政策の影響、支配的な軍隊モデルの拡散と伝搬という三つのプロセスの相互連関によって収斂していく傾向にあり（Sasson-Levy

2011a: 394)、アメリカの決定もこの流れのなかで捉えることができる。さらに、本書第7章で見てきたように、日本が米軍のジェンダー編成を学ぶ忠実なる生徒であったことを思えば、自衛隊の方針にも影響を与えていくことは必至であった。*3

本章では、女性の戦闘排除規定が撤廃される直前の時期、ハーバード・イェンチン研究所の客員研究員として、在外研究期間中に出席した「軍隊の女性」に関する二つの会議の紹介を通じて、当時のアメリカでどのような議論がなされていたのかを見ていこう。

2 「軍隊の女性」会議

二〇一一年一〇月二七日から二九日にかけて、バージニア州アーリントンの女性軍人記念館(Women in Military Service for America Memorial)で、「軍隊の女性」会議が開催された。この会議は、女性研究教育研究所(WREI)が一九九〇年に始動した軍隊の女性プロジェクトの活動の一環として隔年開催している大会であり、この年はその九回目となる会議であった。*4

初日は、オープニングの挨拶の後、アメリカ女性軍人をめぐるホットなイシューとして戦闘排除についての説明があり、海軍と海兵隊に所属する三人の女性たちが戦闘地帯における経験を語るパネルで幕を開けた。アフガニスタンにおけるFET(Female Engagement Teams)の活動紹介においては、戦闘地帯に女性がいることで地元の人びとの半分を占める女性にアクセスできるようになること、女性の存在が攻撃的な任務の公的認知をソフトにすること、といった「効用」が語られ、よりいっそう任務に女性を統合させていくことが主張された。子どもを残して戦地に赴くシングルマザーの経験も語られたが、全体的なトーンとしては、軍隊では任務が第一、「わたしたちの＝海兵隊の」文化を尊重しなければならない、「わたしたちは自分が何者であるかを知っており、女性の多くはそう思っている」といった論調であった。

つづいて、性暴力防止・対策局（SAPRO）の局長メアリー・ケイ・ハートッグ空軍少将が登壇した。一九九〇年代に米軍で次々と性暴力が明るみに出たことについては第4章第2節で述べたが、国防総省は、被害者のケア、予防、アカウンタビリティという三つの機能を持ったSAPROを二〇〇五年に設立した。性暴力はセクシュアル・ハラスメントとは区別され、レイプから不当な性的接触までを含む概念とされている。報復を恐れて被害を訴えられないことのないよう、被害者は個人を特定しない部外秘報告を選択することもできる。性暴力対策チームは、この選択肢の提供を含め、状況を把握して統括する性暴力対策コーディネーター、コーディネーターのもとで被害者を擁護する弁護士、そして被害者を直接ケアするケア提供者からなる。だが、制度を整えてもなお、周縁化されトラブル・メーカーと見做されることを恐れて、被害の報告をしない被害者が数多くいるとのことだ。[*5] 一方、加害者の責任追求には改善が見られるとして、一番重い処分である軍事法廷での処罰が二〇〇七年度の三〇％から二〇一〇年度に五二％に上昇したというデータが示された。[*6] 最後に彼女は、被害者は自分の申し立てが真剣に扱われ、その過程で自分がケアされることを理解し、性暴力を犯した者が責任を問われると確信できなければならないとして、特に部隊を統括する指揮官の態度が重要であると指摘していた。

昼食をはさんで午後の一つ目のパネルでは、戦闘における女性にまつわる問題に関して、軍人と民間人双方による四つの報告を聞いた（図1）。なかでも、印象に残ったのがバージニア軍事研究所の学生三名による発表で、FETの目的・歴史・活動などが整理してまとめられていた。彼女たちは、FETの任務

図１　「軍隊の女性」会議

出典：筆者撮影

がアフガニスタンでの作戦行動に寄与したことを強調し、将来的には海兵隊にFET部隊をつくることを提言した。この発表に対して、聴衆のなかにいた女性退役軍人から、全男性の戦闘チームと全女性のFET部隊というのでは、またしても性別分離が強化されるのではないか、という懸念が示された。これに対して、現役の女性軍人から、完全な統合は目標としてありえても、今、誰かが女性のニーズや女性の問題に注目せねばならないとするならば、女性として女性の問題に目を向けるべきではといった応答がなされ、世代間での認識のギャップが観察された。

この日の最後は、退役軍人研究者を含む四人の発表者による軍隊の女性支援に関するパネルだった。

元軍人で自らも軍人夫婦としての経験を持つ研究者のデイヴィッド・スミスさんは、四六組の軍人夫婦に対するインタビューの結果から、母親兵士が子どもにとってよい母であるかどうかということに煩悶していること、キャリアを専門的に築く時期に結婚・出産する女性軍人たちのセカンド・シフトの困難を示した。同じく退役軍人研究者のジル・ラフさんの報告も、一五人のインタビュー調査から母親兵士に焦点をあてるものだった。女性士官の滞留率は出産を機に急激に落ちこむが、彼女たちは軍隊が自分に制約を課しているとは感じておらず、キャリアパスを自ら調整し、母、義母、姉妹、友人、隣人といったサポートネットワークに頼ることでやりくりしている。子どもを理由に任地に赴かないことに対するバッシング、子どもを持つ女性メンターの不在、その問題の多くはワーキングマザーが抱えてきたものとよく似ているが、軍隊ではそれがよりいっそう顕在化するという。同様の事態は日本や韓国の女性軍人にもあてはまり、組織が男性中心的であるかぎり、いずれも同じ様相を呈すと考えることができる（佐藤 2004；兪《ユ》・佐藤 2012）。

海軍を退役した女性が自らの悔しい経験をバネに、士官学校の女性のためのオンライン・メンター制度をつくったという報告には圧倒された。対面のメンタリングには心理的・物理的距離があっても、ｅメンターならばそれを克服できるという。利用者の評判は上々で、七一％が「ワーク・ライフ・バランスについてのヒントが得られた」、六一％が「トラウマの克服に役立った」と回答しているとのこと。このＮＰＯの取り組みに軍隊はどのような態度をとっているのかと質問してみたところ、軍隊はとても協力的でＮＰＯが女性の滞留率を高めるような支援を提供していることを歓迎していると回答された。

二日目の会議は、ミシェル・ハワード海軍少将による基調講演で幕を開けた。南北戦争から徴兵制の終了にいたる米軍の歴史を、市民権との関係の変化と絡めて話す講演であった。彼女は、軍隊が徴兵から志願になることで、入隊は選択へと変わり、国のために自ら命を犠牲にしたいと思う者が入隊することになり、結果、軍隊の価値を強めたのだと語った。また、「わたしたちのジェンダーは兵士だ」という「現場の声」が紹介され、質疑応答で、戦闘職開放について問われると、軍隊の同性愛問題に比して戦闘の女性問題にアメリカ国民の関心はない、この問題にはいまだナショナルなコンセンサスが得られていないと応じた。その後、実際に女性の戦闘職開放が発表された時、世論調査で支持を表明したのは六六％であったが、当時はたしかに世論を二分化していたのだろう。[*7] 加えて、非伝統的領域で成功した女性は自分自身を「やりとげた」者として知覚する。女性兵士研究は、軍隊で成功した女性たちの態度が、一般に想定されているようなフェミニスト的なものとは異なり、業績主義的で個人主義的なこと、軍隊のなかで自らを例外として位置づけつつ、女性一般についての軍隊の支配的な見方を受け入れる傾向にあることを発見してきた（Sasson-Levy 2003；佐藤 2004；兪《ユ》・佐藤 2012）。聴衆との応酬からは、彼女もまたこうした女性の典型のように感じた。

つづいて開かれたのが、「アメリカ例外主義を克服するために」と、今大会ではじめて設定された米軍以外の軍隊の女性の状況を報告しあうパネルだった。オーストラリアからは七五名の女性パイロットへのインタビューをもとにした志望動機や困難とその克服についての報告、ノルウェーからは士官学校の学生一五〇一名に対する調査から、性別によるパフォーマンスやドロップアウト率とその理由についての報告、イギリスからは一万人規模の量的調査と電話インタビューから、ＰＴＳＤの性差や母親兵士の問題、セクハラや性暴力トラウマの問題についての報告、インドからは二次資料に基づき、セクハラ、職種の偏り、低女性比率など共通の問題があることが報告された。

午後は軍隊の女性のために貢献した人に贈られるジーン・ホルム少将ポジティブ・ボイス賞の授賞式の後、軍隊文化についてのパネルだった。なかでも興味深かったのが、海軍を退役した後、海軍戦争大学で教鞭をとっているメアリー・ラウムさんの、ジェンダー教育を取り入れたカリキュラムについての報告だった。彼女は、軍人教育のなかに女性を主人公とする教材がほとんどなく、たまに女性が主人公となっても実際の女性指導者の姿とかけ離れていると感じたことから、授業にジェンダーの視座を取り入れることを思いたったのだそうだ。Femina Militaris と題されたこの授業は、ジェンダー概念の説明にはじまり、米海軍の歴史と女性、女性軍人のイメージ、女性の戦争捕虜、芸術のなかの女性軍人といった構成で、女性軍人の自伝を読ませたり、ドキュメンタリーを見せて学生にペーパーを書かせたり、プレゼンをさせたりするというスタイルである。開講した時の反発はやはり強く、「ここにそんなものは必要ない」と言われたり、女子学生があえてこの授業を取ることを避けたりといったこともあったそうだ。発表後のラウムさんとの名刺交換によって、次節で述べる「女性・平和・安全保障」会議にご招待いただくことになった。

3 「女性・平和・安全保障」会議

ロードアイランド州ニューポートにある海軍戦争大学で、タイトルに「女性」が入った初の会議「女性・平和・安全保障」が開催されたのは、二〇一二年三月二九日から三〇日にかけてのことである。この会議の開催は、前述のラウムさんの個人的な尽力によるところ大であったが、背後には、もう一つ、国連安保理決議一三二五号の採択後、一〇余年を経て、アメリカでも国別行動計画が策定されたという事情があった。

学長のジョン・N・クリステンソン海軍少将の開会挨拶では、この会議が国別行動計画の策定を受けたものであり、軍隊組織と行動計画との関係を、「多様性」という視座から、研究者、実務家、軍隊構成員が一堂に会して話しあう場であると説明された。出席する軍人には制服着用が義務づけられているようであったが、普段は弁護士や看護師といった専門職に就いている予備役も多く、ここでも軍隊を取りまく社会環境の違い（軍隊領域と市民領域が相互浸透している）を強く感じた。

基調講演者は、米国国際開発庁（ＵＳＡＩＤ）のジェンダー平等・女性のエンパワーメントのシニアコーディネーター・シニアアドバイザーであるカーラ・コッペルさんが務めた。一三二五号の通過から国別行動計画の策定までに一〇年を要したという説明の後、今でこそジェンダー・アドバイザーを名乗っている自分も、最初からジェンダーに関心をよせていたわけではなく、実務経験を重ねるなかで、紛争の解決にとって女性の役割が大切だということを痛感するようになったのだと語った。和平交渉に女性を入れるのは「異なる声」を反映させる必要があるためであり、市民社会の構成員の半分は女性だし、難民キャンプでも八割を占めるのは女性と子ども、子ども兵士の社会復帰の問題を考える際にもジェンダーの差異に配慮しなければうまくいかないと、パレスチナ、コンゴ、アフガニスタンなどでの経験をまじえながら話された。

その後は「女性・平和・安全保障――紛争と復興の環境における包摂」と題されたパネルであった。海軍戦争大学に所属する二人の軍人からは、ＦＥＴの功罪として、女性たちがいかに地元の人びととへのアクセスを高め、恐怖と不安から信頼と自信の醸成を行ったかという成果や、彼女たちの身体能力や精神的耐性の強さが語られると同時に、女性の関与が地元男性の怒りをひき起こすこともあるという負の側面についての言及がなされた。また、空軍言語・文化センターの研究者ウィリアム・デュレイニーさんからは、ＦＥＴを先に進めるにはエスノセントリズム（の克服）がキーとなり、その影響の長期的な観察と、ホリスティックな女性活用が重要であるとの指摘がされた。

わたしは「女性・平和・安全保障」というテーマで、真っ先にＦＥＴの話題が出てくることに次第に違和感を募らせていった。いわゆる実務家たちにとって、FETと一三二五号の関係がどのように把握されているのかを知りたくて、ランチのあいだに親しくなった一人の女性に尋ねてみた。すると、彼女は、自分を含め、多くの実務家は、FETがジェンダー主流化とは異なる原理によって運用されていると感じていると答えた。それは、FETがジェンダー平等というより、軍隊の効率的な任務の遂行に貢献することを期待されているという意味かと問うと、彼女は、それは指摘しにくい問題だと表情を曇らせた。彼女自身が、そのような問題意識で論文を書いたことがあるけれども、「反軍隊的」だと思われてはいけないとセンシティブになり公表を控えたことがあるそうだ。もしも、わたしがそのように思われてしまったら軍隊とのパイプを絶たれてしまう、それは得策ではないのだ、と彼女は語った。*8 わたしはこのやり取りで、実務家と研究者、現場と理論のあいだにある溝を痛感しつつも、問題意識の共有を可能にする場の大切さをあらためて感じた。

つづく午後のパネルでは、アフガニスタンの女性の役割拡大や、グローバルな出生率の急落が国際安全保障に対して持つ含意についての報告が、最後のパネルでは、一三二五号が国別行動計画に結実するまでに国防総省がはたした役割や、アフガニスタンにおける法と女性の社会的立場についての報告がなされ、初日は終了した。

二日目は国防大学国際安全保障学研究科副学長C・スティーヴン・マクガンさんのスピーチで幕を開けた。一貫して強調されたのは、「女性・平和・安全保障」とは、女性だけの問題ではなくジェンダーの問題なのだということ、紛争後に女性がどのような役割を担うかという問題も、平和構築の戦略として重要なのだということだった。またしてもFETに言及がなされ、それは戦略的な要請によるものだと語られた。そのうえで、北欧やカナダに比べてアメリカの国別行動計画の策定が遅れたことを、国防総省と国務省との縄張り意識に絡めて問題にし、外国での女性組織との連携のあり方に学ぶ必要があること、軍民の連携は特に重要であり、その意味でもこの会議はコミュニティづくりのよい機会になるだろうと述べられた。

つづいて「女性・平和・安全保障の組織的・教義的・教育的未来」と題したパネルがはじまった。最初のスピーカーは、アメリカ平和研究所の国際紛争マネジメント・平和構築アカデミーのシニアプログラムオフィサーであるナディア・ゲルスパーカーさん。文化やリーダーシップの教育といった大きなコースのなかにどうやって「ジェンダー・モジュール」を導入するかという話だった。一三二五号の行動計画ができて今やジェンダー視点を導入することは国策となったわけだがいまだ十分ではない。ジェンダーの視点は、政策を決定する者、戦略を計画する者、そして実行する者、いずれにとっても必要である。その視点とは、女性差別をしないということではなく、解決のアイディアを男女双方に求めること、ジェンダーに基づく暴力からの保護を提供すること、戦闘員になることを強いられたすべての人びとを社会復帰プログラムに組み入れること、戦略を実施するために男女双方とパートナーになること——つまりは、男女の異なる相補的な貢献を認識することが大切なのだと言う。

彼女の話を聞いていると、この分野の実務にあたって、批判的なツールであったジェンダー概念の使われ方がずいぶんと変質してきていると感じられた[*9]。上記のような前提に基づいて、文化を考慮しつつ地元の男女に関与するやり方を教育しなければならない。教育の受け手には、第三者である国際共同体のアクターと、役人と利害関係者からなる地元のアクターがいるが、そのそれぞれに、平和構築に女性の考えが大切だということをどのように伝えていくかが課題だ、とゲルスパーカーさんは述べた。

つづいて、包括的安全保障研究所の政策イニシアティブマネージャーのアンジェリック・ヤングさんが、自分は安全保障の専門家でありジェンダーの専門家だとは考えていなかった、安全保障にジェンダーの視点を組み入れることを自分のなすべき仕事とは思っていなかったという自己紹介から話をはじめた。治安部門の女性比率を紹介しながらまだまだ女性の参画が不十分なこと、政策決定者・専門家・学者の関係のマネジメントが重要であること、同じ言語を使い同じ教室で同じ教育を受けることが大切で合同訓練の制度化が必要であることなどが語られた。ここでもやはり、女性の関与は手段であって目的そのものではないと言われていた。

その次の報告者、ブラウン大学ワトソン国際研究所のシニアフェローのキャサリン・M・ケラハーさんは、こうした場の空気を一変させた。彼女は、開口一番、「わたしはここにいる人びととは異なるジェンダーの捉え方をしている」と述べ、それは「権力と特権にかかわる概念」なのだ、と言ったのである。つづいて、彼女は、過去二〇年にわたり少数の「女王蜂」たちがあなただけは特別だという扱いをされてきた、だが、必要なのは、か細い声を大きくしていくことなのだ、と力強く訴えた。「女性と国際安全保障」といった会議において、自分はつねに「女王蜂」として存在してきたし、主催者に招聘すべき女性のリストを送っても無視されつづけてきた。「わたしたちは長いゲームに負けつづけてきたのであって、その背景を若い世代は知るべきである。ジェンダーの視点がなぜ重要かと言えばそれが民主主義にとって不可欠だからだ。民主主義を構成しているのは、特権を持っている人だけではない、権利と機会はすべての人にある、それがこの国の追求すべきゴールである」と、この年配女性は述べた。聴衆の三分の一ほどは彼女の情熱に応え、同じくらいの数の聴衆からは冷ややかな空気が漂った。なお、この話をケラハーさんより少し下の世代にあたるフェミニスト研究者のキャロル・コーンさんにしてみたところ、「彼女がそんな発言をするなんて思いもしなかった、「女王蜂」であることに満足している女性だと思っていたから」

図２　「女性・平和・安全保障」会議

出典：筆者撮影

と驚いていたというのは後日談である。

最後は、海軍戦争大学海軍戦争研究センターのモンゴメリー・マクフェイトさんが、女性の戦争参加を論じるにあたって、ナガ族を研究した人類学者であり、ビルマを占領した日本軍に対抗した女性ゲリラ、アースラ・バウアーの話からはじめた。指揮官として手腕を発揮したこの女性の経験をどう一般化できるだろうかと問いかけてマクフェイトさんが持ち出したのはジェームズ・マグレガー・バーンズのリーダーシップ理論である（Burns 1978）。

バーンズによれば、リーダーシップには交換型リーダーシップと変革型リーダーシップの二種類がある。リーダーシップのスタイルは男女で異なっており、ジェンダー適性があると言われてきたが、最近の研究では、男性は交換型リーダーシップによって他を従属させ、分析的にふるまうのに対し、女性は変革型リーダーシップをとって、他に刺激を与え、エイジェントに仕立てていくスタイルをとると言われている。そして、今日の軍隊には、よりいっそう変革型リーダーシップが求められるようになっているのではないかと、マクフェイトさんは述べた。なぜなら今日の軍隊は文化横断的に任務にあたる必要があり、リーダーシップは、それ自体、文化依存的に、ある場所では個人的でヒエラルキー的、他の場所では集合的で協調的といったように適応性が求められているからだと。支配的になりつつある変革型リーダーシップへの適性という点で女性はアドバンテージを持っているのだとまとめた彼女の発表は、本書第8章でも述べた「今日の軍隊には女性こそ適しているのだ」という言説に属する典型的なものと言えるだろう。

最後に主催者のラウムさんが、人びとが大きな象を動かそうとしている絵を示しながら（図2）、軍隊、国連、NGO、研究者、互いに協力しながら国別行動計画をひっぱっていきましょう、と閉会の挨拶を行い、二日間の会議は幕を閉じた。

4　おわりに

本章では、二つの会議の参加記をもとに、アメリカにおける軍隊の女性をめぐる議論を紹介してきた。ここから、日本における状況との違いについて考える際のポイントとなる論点を三つ提示してみたい。

第一に、軍事組織と市民社会の距離をどのように取ることが望ましいのかという問題である。アメリカでは、これらの会議にかぎらず、大学におけるシンポジウムやテレビ番組などにおいても、軍人が一般市民とともに議論のテーブルにつき、意見を述べるという光景を目にする機会がたびたびあった。退役した軍人が研究者になっていることもあれば、活動家になっていることもあり、また普段は専門職に就きながら予備役を務めている人びともおり、軍民の境界がはっきりしていないこともまた特徴的であった。これらは、軍事的なものが非軍事的な領域との境目を曖昧にしつつ浸透していくという「社会の軍事化」という観点から考察される必要があると同時に、軍隊において女性たちが抱えている問題を可視化させ、市民社会から孤立させないという力にもなっている。[*10]

翻って日本では、自衛官が自らの見解を一般市民の前で披瀝することはほぼ皆無であるが、この距離の遠さは、社会が自衛隊の抱えている問題に無関心であることと表裏一体のものとしてある。二〇〇七年に北海道で性暴力被害にあった女性自衛官が現職のまま起こした訴訟[*11]は自衛隊内外の女性をつなげた希有な事例であり、かつ支援者たちは自身の活動の軍事化のリスクに繊細な注意を払いつづけた（七尾・東・菅原 2008）。軍事組織が抱える暴力やいじめ、ハラスメントの問題を、軍事組織を取りまく社会の問題と接続しながら考えていくことは、日本でもこれからさらに求められるのではないだろうか。[*12]

第二に、軍隊のジェンダー統合を推進するロジックとしてますます力を持ちつつある「作戦効果向上論」をどう受け止めるべきかという問題がある。「作戦効果向上論」とは、女性を包摂することで軍隊の任務の効率を向上させることができるという論理であり、本来、ジェンダー平等の観点から軍隊への女性の包摂を求める人びととは同床異夢の立場にあった。しかし、「作戦効果向上論」は、フェミニストの陰謀による女性の包摂で軍隊の精強性が損なわれていると頑なに信じている人びとに対しても説得のロジックとしての有効性を持つことから、特に実務のレベルではこの論理が前面に出されることが多いようである（Bridges and Horsfall 2009）。

アメリカの会議でＦＥＴの活躍が何度も称賛されていたように、自衛隊でも「女性にしかできない任務」への女性活用が求められるといったことは十分考えられるが、その場合、組織の支配的文化に対する問題意識が後景化しがちであることに注意する必要があるだろう。また、この問題は、軍隊固有のものとは言えず、政府や企業が謳いあげる女性活用においても同種の構造がつねにあることにも留意すべきである。すなわち、女性を活用することによる日本経済や企業の業績への効用を説得のロジックとして用いる時に、どのような批判意識が後景に退くことになるのかを、絶えず自覚し考察することが必要なのではないだろうか。

第三に、しかしながら、支配的文化の改変を見据えた論理のなかにある「女性のさらなる包摂によってこそ軍隊文化は変えられる」という楽観的観測にも問題なしとは言えない。女性の戦闘職開放が話題になっていた当時のアメリカでは、軍隊内性暴力の解決の期待が高まっていたが、なかでも、女性を男性の完全なパートナーとして統合することさえできれば、性暴力を発生させてきた女性蔑視《ミソジニー》の軍隊文化を今度こそ絶ち切ることができる、といった論調がたびたび見られた。*13

アメリカでは、女性兵士の可視性が高まった一九九〇年代に、軍隊の性暴力の問題が急速に顕在化した。湾岸戦争に従軍した女性兵士の七%が性暴力、三三%がセクシュアル・ハラスメントを報告（Wolfe et. al. 1998: 48）、テイルフックの集団セクハラや、アバディーンの組織的性暴力が発覚し、軍隊内外の女性たちから適切な対処を迫られて、本文でも触れた性暴力防止・対策局（SAPRO）の設立にいたったのである。だがこの先進的な被害者支援制度ができてもなお、問題を抱えていることは会議で局長が述べていたとおりである。*14

ジェンダー統合によってこの悪しき文化を変革したいという願いはこうした状況の切実さを背景にしている。そして、二一世紀に入ってからグローバルに推進されている平和・安全保障分野のジェンダー主流化政策もまた、平和・安全保障分野の主体として女性を包摂することによって、軍事化されジェンダー化された暴力的な世界を変革していこうという同種の志に支えられたものである。とはいえ、本文でも触れたように、女性軍人の意識が必ずしも軍隊文化の改変を求めるようなフェミニスト的なものであるとはかぎらないこと、そして、フォーマルな政策の変化と軍人の意識は乖離することがままあることから、こうした予測がどの程度あたっているのかについては、精緻でミクロな検証を要することになるだろう。[*15]

第11章　軍事化される「平等」と「多様性」——米軍を手がかりとして

1　はじめに

今日、軍隊とマイノリティとの関係は複雑なものになりつつある。近代国民国家は「国民皆兵」を原則として誕生したが、この「国民」とは人種化・ジェンダー化・セックス化されたものだった。すなわち、国民国家が市民権と兵役をセットにすることで、軍隊に参与できる者を頂点とするかたちで「国民」は序列化されたのである。これが、ヒエラルキーの下位に置かれた者たちを、軍隊の包摂へと渇望させていくこととなった。

軍事任務をはたすことと「一流」市民であることとのあいだに深いつながりのある場合、その任に就くことからの排除は、政治的な意思決定をなす立場に立つことを難しくする。多くの国において、女性をはじめとするマイノリティが、軍隊への包摂を求めて闘ってきたのはこのためだ。

本章では、アメリカにおいて軍隊への包摂を求めた黒人、女性、LGBTの人びとの歩みを概観していく。そして、この達成をそれぞれの運動の「勝利」と捉えるのとは異なる視角を提起するために、米軍における「平等」と「多様性」の内実を批判的に検討してみたい。

2　米軍への包摂をめぐる闘争――黒人・女性・LGBT

黒人

アメリカにおける黒人と軍隊のかかわりは独立戦争以来のことである。一八六一年に南北戦争がはじまると、北部では多くの黒人男性が自由と完全な市民権を求めて軍への志願を望んだが、黒人には戦う勇気がない、兵士として劣っている、白人兵が黒人兵とともに戦いたがらないといった理由から当初は排除された。戦況の進展にともない、南北あわせて約一八万人の黒人が従軍したが、部隊は人種分離され、黒人兵は戦闘参加を許されず、その役割は守備隊や雑役にかぎられることがほとんどだった。[*1]また、黒人兵の給与の不平等は役割の違いを理由に、戦争終結まで正当化されつづけた（Freedman 2008＝2010: 16-7）。

南北戦争の再建期には、黒人の連隊が正規軍のなかに位置を占めた。彼らは「バッファロー・ソルジャー」と呼ばれ、インディアン掃討や米西戦争など、アメリカの対外膨張の先兵役をはたしていった[*2]（中野2013：133－4）。

それでもなお、人種分離はつづいた。第一次世界大戦が勃発し、一九一七年に選抜徴兵法で二一歳から三〇歳までの全男性を登録することを決めた時、[*3]ウィルソン大統領は「我々が戦争のために創り、鍛えねばならないのは軍隊ではなく、国民である」との声明を出したという（中野2013：66－7）。この時期、すでに人口の過半数を占めていた移民を包摂することで、軍は国民形成の装置として機能した（中野2013：

78－9)。しかし、人種の境界には超えがたい壁が存在した。ヨーロッパ移民たちが総力戦を経て国民化されていったのに対し、黒人はアジア人同様、差別されつづけたのである（中野 2013：124)。

全米黒人地位向上協会（NAACP）のジェームズ・W・ジョンソンのような黒人指導者は、ウィルソンの戦争政策を厳しく批判する一方で、戦争による変化への期待と不安とをないまぜに持っていたようだ（中野 2013：14)。そして、彼らは、アメリカの戦争支持へと傾いていった。一九一七年五月にNAACPが主催した「黒人戦争会議」では、軍への参入を呼びかけ次のように述べるにいたる。

過去の不幸な歴史にもかかわらず……人種と肌の色による障壁のない、民主主義の偉大なる希望は……連合国側にあると熱烈に信じよう。……それゆえ、我が黒人同胞市民には、世界をついには自由にするこの戦いに心から賛同し、アメリカ軍に参加することを強く求めたい。*4（*The Crisis* 1917.6: 59）

彼らは反戦を貫くかわりに、この戦争への協力を通じて、人種差別が変革されていくことに期待をよせたのだった（中野 2013：128)。

徴兵制がはじまると、黒人兵の数は三六・七万人にふくれあがった。選抜徴兵の名のもと、黒人は一〇〇人につき三六人が「適格者」とされた。これは白人（一〇〇人につき二五人）に比べて明らかに高い数値であった。*5それでもなお、軍は黒人の昇進に制約をかけ、訓練も十分にせず、戦闘兵力からの排除をつづけた（中野 2013：134－6)。

一九四〇年に第二次世界大戦開戦の兆しが見えはじめると、黒人指導者たちは兵役ボイコットを計画し、ローズヴェルト政権に対して軍の人種差別撤廃を働きかけた。しかし分離政策はつづき、黒人兵は戦闘に備えた十分な訓練を受けることができなかった（Roberts 2013＝2015: 253-4）。戦死者の穴埋めで戦闘を許可されることもあったが、たいていは兵站や軍需品補給、輸送、洗濯、戦死者記録といった戦務部隊に配属されたのである（Roberts 2013＝2015: 256）。

戦後、軍の人種差別に反対するための組織が設立され、黒人はふたたび兵役ボイコットのプレッシャーをかけた[*6]。これに応じるかたちで、ついにトルーマン大統領の命により「人種、肌の色、宗教、出身国にかかわらず、軍隊のすべての者の処遇と機会」を平等にしたのは一九四八年のことであり、黒人部隊の廃止にはさらに朝鮮戦争後の五四年を待たねばならなかった[*7]。

アメリカがベトナム戦争への軍事介入を全面的にはじめると、黒人兵士の数は増加の一途をたどり、「戦闘に適さない」というこれまでの評価と裏腹に、地上部隊に配属されて死傷者を増大させていった。民間の労働市場における不利益と大学進学率の低さによって、黒人は白人と比べ徴兵猶予の恩恵にあずかることができなかったためである[*8]。

それでもなお、軍隊における人種差別が撤廃され、白人同様に戦闘任務に就くことができるようになったことは、これを求めて闘ってきた黒人たちにとっては偉大なる勝利であった。一九九五年九月、黒人議員連盟が朝鮮戦争時の黒人退役軍人の栄誉をたたえるための式典をワシントンで主催するにあたって、サンフォード・ビショップ議員は「米軍が機会均等を達成した模範的業績に衆目を集める、すばらしい機会となる」と手紙に記したという（Enloe 2000＝2006: 27）。

一九八九年に黒人初の統合参謀本部議長となり、二〇〇一年にブッシュ大統領から黒人初の国務長官に任命されたコリン・パウエルは、包摂を求めて闘ってきた黒人たちの「勝利」のシンボルのような存在であった。

女性

女性たちもまた独立戦争から軍隊にかかわってきた。洗濯や料理をしながら「キャンプ・フォロワー」として従軍したのである。ニュージャージー州フォートリーにあるアメリカ女性軍人記念館には、戦場で負傷した夫にかわって大砲を撃ち年金を授与されたマーガレット・コービン、南北戦争での活躍で名誉勲章を授けられるも「闘っていない」として後にこれを剥奪された女性医師メアリー・ウォーカー、断髪して男性を装い「バッファロー・ソルジャー」となった黒人女性キャセイ・ウィリアムス等が、女性兵士のパイオニアとして展示されている。

女性の軍隊参加が公式に制度化されるのは一九〇一年陸軍、〇八年海軍に看護部隊が設立されて以降のことだ。第一次世界大戦では三・四万人もの女性たちが従軍看護婦、洗濯や料理人、事務員、電話交換手として働いた。だが、その身分は軍属であり、戦争が終わると除隊させられ、軍には看護部隊だけが残った。

第二次世界大戦になるとふたたび四〇万人もの女性たちが軍隊とかかわり、医療、事務、連絡要員、戦闘部隊支援を担った。一九四二年の陸軍女性補助部隊（WAACS）を皮切りに、各軍に相次いで女性部隊が創設されたが、戦後になると「女は家庭に帰れ」とまたしても多くは除隊を迫られた。

戦後一九四八年に女性軍務統合法（Women's Armed Service Integration Act）が成立し、ここではじめて、女性たちは補助要員や軍属ではなく、正規の軍人として認められることになった。とはいえ、採用条件や昇進、人数と士官の割合の上限等さまざまな制限が設けられた（Binkin and Bach 1977: 11）。

米軍のジェンダー分離政策が大きく変わっていったのは、一九七三年に徴兵制が廃止され、志願制へ移行してからのことである。士官学校への入学が一九七六年に許可され、職域開放率は三五％から八〇％へはねあがり、看護や事務を除く非伝統的な職に就く者も一〇％から四〇％へと上昇した（Binkin and Bach 1977: 17）。さらに、一九七八年には陸軍が女性部隊（ＷＡＣ）を解散するなど、各軍の統合が進んでいった。

一九七九年には徴兵登録の復活をめぐって議論がまき起こった。米議会が女子の徴兵登録に反対し、翌八〇年に男子のみの徴兵登録が復活したのである。この時、全米女性機構（ＮＯＷ）は、この決定を性差別に基づいた憲法違反として訴えた裁判を支援して法廷助言を行った。最終的に最高裁が、議会の決定は軍隊の効率性を考慮したもので、男子のみの徴兵および徴兵登録は違憲ではない、という判決を下したのは一九八一年のことだった（Hooker 1993: 256）。ちなみに、翌八二年には、憲法の男女平等修正条項（ＥＲＡ）が州の批准を得られず不成立になっている。この時、ＥＲＡ反対運動を展開した人びとのあいだでは、家族が破壊される、トイレが共用になる、女性が養育費の請求権を失う、といった主張に加え、「女性も徴兵される」が脅し文句として効果的に使われた。

四万人もの女性兵士が派遣された湾岸戦争の最中に、ＮＯＷは女性の戦闘任務の要求も行った。彼女たちにとって、徴兵や戦闘職からの排除を撤廃することは、女性が十分な市民権を獲得する手段として不可欠なものと認識されたのだ。彼女たちは、もし徴兵が避けられないのであれば女子の登録を肯定する、そうでなければ、国家のために命をかけるという「特別の政治的責任」をはたす機会が女性に否定されてしまう、と考えたのである（Jones 1990: 126）。

「戦う権利」の獲得が女性の「二級市民権」問題を解決することになるとしたＮＯＷの立場は、男性中心的な平等を求めるものとして批判された。一方で、反軍・平和主義的立場に徹すると、軍隊の女性の差別や性暴力等の問題を論じることが難しくなる。軍隊が歴史的・政治的に持ってきた重要性を無視して、自らを部外者の位置に置くのは無責任ではないかと考える者もいた。たとえば、フェミニスト政治学者のジュディス・ヒックス・スティームは「保護する者」と「保護される者」がジェンダーの線にそって分割される社会より、すべての市民が「防御する者」となる社会のほうが望ましいとして、次のように述べる。

もし、経済領域での依存を遺憾に思うのであれば、同じ議論によって軍事領域でのそれ（依存）を拒絶せざるをえないのではないか？……女性たちのなかには「きれいな手」を維持したいと思うものがいるかもしれない。だが、代理人を使用することは免罪にならない。(Stiehm 1982: 368-9)

彼女は、女性が男性と同じ数だけ十分に等しく入隊することで、軍隊は変わるだろう、男女がともに「防御する者」としてリスクと責任を分有するならば、「保護する者」と「保護される者」の非対称な関係とこれが許容してきた暴力のイデオロギーは破壊されるだろうと考えたのである。

NOWの創設者ベティ・フリーダンも、女性兵士は男性兵士より生命に対する関心が鋭いため、戦争の残虐性に対抗する力になるだろうと「希望的観測」を述べた。本書第4章でも引用したが、彼女は、一九八〇年代に陸軍士官学校に招かれて女性士官候補生たちの様子に満足して帰ってきた。なぜなら、女性たちが「男らしさの栄光のために殺すのではなく、人類のために役に立ち、価値あるものだという「モラルの問題」を十分考えた上で」そうするだろうことを確信したからである（Friedan 1981 = 1984: 229）。

一方、平和主義のフェミニズムの立場からも女性の「闘う権利」を擁護する者がいた。たとえば、女性の「保存的愛」と「母的思考」を説くサラ・ルディクは、女性に特徴的な平和性が、批判的なフェミニスト的意識によって平和のための資源となりうるとして次のように述べる。

保存的愛は軍隊の戦略とあまりに対照的である。……だが多くの兵士は戦場に適応可能なある種の保存的愛を発展させると言われている。身のまわりの破壊に対応することで、彼らは自分自身やさまよう動物、仲間の戦士、傷ついた敵に対し「母的関心」を発達させる。そうした関心は衛生兵の領分であるが、普通の兵士にもなくてはならないものだ。(Ruddick 1983: 480)

母的平和主義の観点から、女性が戦場で「闘う権利」を行使することを支持するフェミニストがいる一方、女性と平和のこうした結びつけ方を警戒したフェミニストももちろんいた。彼女たちは、女性的特質で軍隊や戦争を変えるという議論は本質主義的で軍事主義への対抗基盤として限界があり、危険であると主張した(Chapkis ed. 1981; Steans 2006: 61)。こうして、フェミニズムは「女性=平和」という特別な関係を擁護せず、「闘う権利」の要求が国家公認の暴力を正当化しないような道を探ろうと試行錯誤をつづけていくことになったのである。

だが、現実はフェミニズムの議論の先を行っていた。米軍は、湾岸戦争後の一九九四年に従来の「危険性基準」ではなく、「直接地上戦闘」の定義に基づいて女性に配置制限を課したが、本書第10章で見たように、二〇一三年にはこの配置制限を撤廃し、原則として全戦闘職を女性に開放すると発表した。この時点では二二万の職のうち一〇%程度が女性に閉じられていたが、アシュトン・カーター国防長官は二〇一六年より女性は全職種に就くことができると述べた[*9]。

こうした変更は、女性の戦闘職排除が実質的に機能しなくなったことを背景にしたものでもあった。すなわち、イラクやアフガニスタンにおける戦争で多数の死傷者が出ているにもかかわらず、女性が「戦闘員」でないと見做されることで被ってきたさまざまな不利益に対処するための措置でもあったのだ。また、志願兵集めに苦労している米軍にとって「能力と技量を持った人材の半分を占める女性を国の防衛の任務から除外する余裕はない」というカーター長官の言葉も注目に値する。[*10] なお、この戦闘職解禁にあわせて、二〇一六年から徴兵登録を女子にも拡大する検討に入ったという話も出ていたが、二〇二二年現在、徴兵登録法の改正にはいたっておらず、一八歳から二五歳までの男性のみが登録対象とされている。

二〇〇八年には陸軍、一二年には空軍、そして一四年には海軍で初となる四つ星の女性将軍も誕生した。特に海軍のミシェル・ハワードは黒人女性であることから、軍隊が人種差別と性差別のない平等な組織になったことをいかんなくアピールする効果的なアイコンになった。

LGBT

黒人、女性につづき、最後に軍隊に包摂されたのがLGBTだ。[*11] ハーグ戦略研究センターは「軍隊内にLGBTを支援する組織がある」、「性自認、性表現を理由とした差別が禁止されている」など、一九の指標からなるLGBTミリタリー・インデックスにより一〇三ヶ国をランキングしているが、二〇一四年時点で米国の順位は四〇位にとどまり、二九位の日本よりも低位に位置していた(Polchar et al. 2014: 58)。

米軍が同性愛者の選別・排除・除隊を公式に開始したのは第二次世界大戦からであり、第一次世界大戦時には入隊を妨げようとしたり同性愛兵士を発見しようとしたりすることはあっても、自動的に除隊させることはなかった(Cohn 1998: 129)。そもそも、アメリカには、同性間の性行為を禁ずるソドミー法が一九六八年まで全州に存在しており、最高裁がこれを違憲として無効にする判決を下したのは二〇〇三年のことである。

第二次世界大戦時には、徴兵検査の段階で「逸脱」を検出し、同性愛者を入隊させないようにすることに力点が置かれた。入隊後に除隊させるには、裁判でソドミー行為を証明する必要があったが、入隊前ならば医療専門家に「不適格」と宣言させればよかったからである。このため、軍は精神科医らと協力しながら、女性的な身体的特徴や第二次性徴の欠如等を同性愛の兆候としてチェックした（高内 2015：8）。

同性愛による除隊は「不名誉除隊」となり、退役軍人の恩恵を受けられなかったため、第二次世界大戦後には自助グループも組織された。一九四六年にはいったん、ソドミーによる除隊も「名誉除隊」とするという譲歩がなされたものの、四八年には「不名誉除隊」に戻り、五三年のアイゼンハワー大統領令で「性的倒錯者」が連邦政府の職に就くこと自体が禁じられることになった（高内 2015：9）。

一九五〇年代のホモファイル運動は、共産党と左翼活動家が五一年に設立したマタシン協会に起源を持つ。当初、彼らは、自分たちを病気や精神障害ではなく性差別的で異性愛主義的な社会に抑圧されているマイノリティと捉えるラディカルな視角を有していたが、マッカーシズムの嵐のなかで改良主義的な運動体へと変質していった（Ashley 2015: 29）。ホモファイル運動は、雇用差別問題の一環として軍隊の同性愛差別にも取り組んだが、こうした保守的な運動のあり方に若いゲイたちは反発した。彼らは、軍隊における同性愛差別撤廃をたんなる雇用差別撤廃と同等に扱うことをよしとせず、反戦運動にコミットしていったのである（高内 2015：10）。

当初は、反戦運動内の同性愛嫌悪《ホモフォビア》ゆえにカミングアウトを躊躇していた彼らだが、一九六九年のストーンウォール暴動をきっかけとしたゲイ解放運動が変化をもたらした（高内 2015：11－12）。彼らはゲイのバナーを掲げて反戦デモに参加し、軍隊の同性愛禁止を訴えるより、ベトナム戦争への抵抗を主張していった（D'Emilio and Freedman 1997: 321）。

当時、異性愛者たちが徴兵カードを燃やすことで「抵抗」を示したのに対し、ゲイ解放戦線（ＧＬＦ）

のようなゲイ解放運動は、軍の同性愛排除を逆手に取り、あえてカミングアウトすることで軍に加わらないという戦略をとった（高内 2015：15－16）。だが、このやり方には、同性愛者は軍隊に不適格で、異性愛者より劣った存在だという偏見を強化してしまう危険性があり、すでに軍隊にいる同性愛兵士が経験している差別的状況を問題化できないという点で限界も有していた[*12]（高内 2015：17）。ちょうど、フェミニズムが反戦・反軍の立場を貫こうとすると、軍隊を通じた国民のジェンダー化された序列を肯定してしまい、すでに入隊している女性兵士の差別や暴力に立ち向かえなくなるのと同じジレンマを抱えていたのである。

一九八一年一月一六日、国防総省は「同性愛は軍事任務と相容れない」と宣言した（Cohn 1998: 130）。ソドミー法の撤廃や同性愛の脱病理化、ヘイトクライム立法等を求めて闘っていた運動は、次第に、主流社会の制度への包摂を求めるようになっていった（D'Emilio and Freedman 1997: 368）。一九八〇年代から政治活動のために基金集めをし、全米最大のLGBT権利擁護団体となったヒューマン・ライツ・キャンペーン（HRC）はその象徴的な存在と言える。彼らは大企業の支援を求めながら、「許容可能」なゲイ・イメージをつくり出していき、そのなかで黒人、ラティーノ、貧困者とトランスジェンダーが次第に周縁化されていった（Ashley 2015: 31）。

一方、軍隊における同性愛の従軍禁止撤廃を求めて、軍務を求める運動（Campaign for Military Service, CMS）も結成された（高内 2015：20）。CMSのメンバーでゲイ＆レズビアン勝利基金（Gay & Lesbian Victory Fund）の理事であったウィリアム・レイボーンが「この国ではみな職業の権利を有し、それは軍隊も例外ではない」と述べたように、入隊はふたたび職業選択の一つと捉えられた（Mixner and Bailey 2000）。

彼らの交渉相手であったクリントン大統領が、同性愛者の従軍禁止解除とひきかえに一九九三年に導入したのがDADT（「聞かない、言わない」）政策である。当時はゲイ・フレンドリーな政策として提起されたものだが、この政策は、軍隊が性的指向を尋ねることだけでなく、当事者自らがそれを表明することも許さぬものだったため、軍隊の同性愛兵士は自らの性的指向を隠さねばならなかった。実際、一九九三年以来、約一・四万人もの兵士たちが「風紀を乱す」という理由で除隊となっている。

軍の同性愛差別として長らく問題化されてきたこのDADT政策の撤廃をオバマ大統領が決定し、ようやくこれが廃止されたのは二〇一一年のことだった。HRC代表のジョー・ソルモニーズはこの決定が発表された時、「軍隊を傷つけ、何千人もの才能ある愛国的なアメリカ人を除隊させ、さらに何千人もの人びとがこの国に奉仕することを妨げてきた恥ずべき法を除去した歴史的な日」としてこれを歓迎した。[*13]

二〇一三年には遺族給付金や軍隊施設の利用等の特典が同性カップルにも開かれることになった。二〇一五年に同性婚を認める最高裁判決が出ると、住宅ローン等のすべての退役軍人特典が同性カップルに適応可能になった。[*14]

一方、DADT政策撤廃からトランスジェンダーは除外された。トランスジェンダーの権利擁護団体によれば、推計一三・四万人の退役軍人がトランスジェンダーであり、一・五万人が軍に勤務しているが、トランスジェンダーはひきつづきオープンに軍務に就くことを許されなかった。[*15]だが、二〇一三年にウィキリークス機密漏えいで禁固三五年の判決を受けたブラッドリー・マニングが、トランスジェンダーであるとカミングアウトし、軍刑務所で女性としての扱いを求めたことをきっかけに米軍はこの問題への対応を余儀なくされた。さらに、陸軍のピーター・キングが二〇一四年に現役のままトランスジェンダーであることをはじめてオープンにし、パトリシアと名前を変更し勤務を開始した。[*16]

こうした動きを受けて二〇一五年七月、カーター長官はジェンダーやセクシュアリティに基づく軍務への最後の障害の除去に向けて、ワーキンググループに政策見直しを指示した。[*17]訓練や体力テストの基準、住居、トイレ、制服等、これまで人種・ジェンダー・性的指向での統合において行ってきたのと同様の検討を経て、二〇一六年にはトランスジェンダーの軍務解禁が発表された。

だが、トランプ大統領が就任するとふたたびまき返しがはじまった。「とてつもない医療コストと混乱」を理由として、二〇一九年四月よりトランスジェンダーの入隊を禁止。すでに入隊していた約九〇〇〇人の人びとは職務を継続できたが、新規入隊は不可能になった。二〇二一年にバイデンが大統領に就任すると、ただちにこの措置を取り消す大統領令に署名がなされ、ホワイトハウスは「トランスジェンダーの軍人が、性自認を理由に除隊や分離される可能性はなくなる」との声明を発表した。*18

3　米軍における「平等」と「多様性」の内実

前節では、アメリカにおける黒人・女性・LGBTの軍隊への包摂の歩みを概観してきた。この歴史は包摂を求めて闘ってきた人びとにとっては「勝利」であるが、一方では運動そのものの「軍事化」の歴史として見ることもできる。バイデンがトランプのトランスジェンダー入隊禁止を反故にした際、「アメリカの強さはその多様性のなかに見出される」と言われたが、トランプ以前のオバマ政権下の米軍は、「多様性」を言祝ぎ「機会均等」を謳う言説であふれかえっていた。「平等」や「多様性」といった理念が、強さや優秀さを競いあい、軍や国を魅力化するための資源として使われうることを念頭に、以下では、そうした言葉の背後にある現実を批判的に捉え返してみよう。

大学生と高校生

先に述べたＤＡＤＴ政策の撤廃には思わぬ余波があった。アメリカの大学には一八六八年以来、将校養成のための予備役将校訓練課程（ＲＯＴＣ）があるが、一九六〇年代末の反戦運動の高まりのなか、特にエリート大学がキャンパスからＲＯＴＣを閉め出していった。一九八〇年代後半から九〇年代には、軍の同性愛差別が排除の理由とされるようになったが、オバマ政権下でのＤＡＤＴ政策の撤廃を受け、ハーバードやコロンビア大学等でＲＯＴＣの復活が進んだのだ。九・一一後の新ＧＩビルの奨学金給付制度によって、大学で学ぶ退役軍人が増加してきたことも軍学の関係修復を促したという（河野 2013：405－6）。二〇一四年には五・三万人の大学生がＲＯＴＣを受講していた。修了後四年間の現役勤務に加え四年間の予備役勤務等に合意すれば、四年分の奨学金を受けられる。二〇一二年度は約九〇〇〇人がＲＯＴＣから米軍に入ったと言われており、就職難のなかで将校の身分が約束されることも魅力になっていたとされる。[19]

一方、高校生向けには一九一六年に年少者予備役将校訓練課程（ＪＲＯＴＣ）が設けられている。一九九二年のロス暴動以来、ＪＲＯＴＣの導入校は急増し、学習困難や落ちこぼれて学校に居場所のない生徒ほどこの課程に登録すると言われている。受講した生徒の四割が卒業と同時に軍に入隊し、その八割が真っ先に前線に送られていく（堤 2008：116－7）。

九・一一後は愛国心に燃える若者が一時的に入隊する現象が起こったが長くはつづかなかった（USGAO 2005: 5）。二〇〇二年にブッシュ政権が打ち出した「落ちこぼれゼロ法（No Child Left Behind Act）」は、教育改革の体を装いながら、生徒の個人情報を軍のリクルーターに提出することがもりこまれ、州からの助成金に運営を頼らざるをえない貧しい地域の高校がターゲットとなった。やはり、大学の学費負担、[20]職業訓練、医療保険といったメリットが魅力になっているようである（堤 2008：100－2）。

先住民と移民

一八九八年の米西戦争でアメリカの植民地となったグアムは、一九五〇年にアメリカ合衆国自治的・未編入領域（organized unincorporated territory）とされて以来、今日にいたるまで島の三分の一を米軍基地が占めつづけている。グアムのチャモロ族の米軍への入隊は一九三〇年代にさかのぼるが、四四年にアメリカが日本から島を奪還して以降、数多くのチャモロ族の若者が入隊してきた。経済成長が妨げられ、軍隊か公務員くらいしか職業の選択肢がないためである（Camacho and Monnig 2010: 158）。アメリカ大陸では兵士集めに苦労して詐欺まがいの募集が横行する一方、グアムでは「アメリカ白人の中産階級的生活」に憧れて多くのチャモロ族の若者が入隊してくるため、募集局は新兵不足に悩むことがないという。一方で、朝鮮戦争以来、チャモロ族の犠牲者の割合は一貫して高いと言われている（Camacho and Monnig 2010: 159-63）。

グアムのチャモロ族にかぎらず多くの先住民が米軍に入隊しているが、それ以上にリクルートのターゲットになっているのが移民たちである。外国人の兵役には長い歴史があり、南北戦争でも外国生まれの兵士が北軍の二五％を占めていた。一九世紀末には、移民兵の存在を否定的に見る動きもあったが、二〇世紀の拡張主義のなかで米軍は移民兵への依存を高めていった（中野 2013：107）。

九・一一後に市民権取得が困難になるなか、ブッシュ政権は二〇〇二年の移民法で、入隊とひきかえに市民権取得を可能にするとして「グリーンカード兵士」を大量に発生させた（堤 2008：108）。一方で、国籍取得の前にアフガニスタンやイラクで戦死する移民も増大している。*21 二〇〇七年にはさらに、「夢の法律2007（Dream Act 2007）」が、ビザを持たない不法移民にも軍への門戸を開き、毎年八〇〇〇人が市民権のために入隊しているという（堤 2008：109）。このように、今日のアメリカには、黙っていても米国市民でいられる者と、軍に志願しないかぎり米国市民になれぬ者が存在するのである。

民間軍事安全保障会社の契約労働者

現在、アメリカでは帰還兵のホームレス、心的外傷後ストレス障害（ＰＴＳＤ）、自殺等が深刻な社会問題となっている。しかし、負傷しても死亡しても、国の統計数値に組みこまれることすらない「ホモ・サケル」が存在する。最後に見ておきたいのが、彼ら、軍の民営化によって生み出された民間軍事安全保障会社（ＰＭＳＣ）の契約労働者のことである。

国防総省に雇われて働くＰＭＳＣ労働者の多くは非米国市民だ。二〇一一年のアフガニスタンで、非武装で警備や兵站業務にあたっていた一〇・二万人のＰＭＳＣ労働者のうち七八％が米国市民ではなかったし、イラクにおける五・三万人のうち七〇％が米国市民ではなかった（USDoD 2011: 1）。一方、二〇一一年のアフガニスタンで、武装して警備業務にあたった二・二万人のＰＭＳＣ労働者のうち、九三％が地元民、四％が「第三国人」（ＴＣＮ）、イラクにおける一万人のうち八七％がＴＣＮ、四％が地元民である（USDoD 2011: 3）。

大半のＰＭＳＣ労働者はインド、バングラデシュ、スリランカ、フィリピン、ネパール、パキスタン等、グローバル経済の周辺・半周辺諸国の出身である（Eichler ed. 2015: 11）。米軍兵士の場合、一人につき、給与、福利、訓練等で年間約一〇万ドルがかかるが、非米国市民のＰＭＳＣ労働者に支払われるのは一日たった二〇ドル。[*22] アメリカの労働慣行は、当然彼らには適用されない（Barker 2015: 78）。衛生状態も悪く、勤務地が約束と違うこともあれば、到着後にパスポートを没収されて移動の自由すら与えられない奴隷状態に置かれることもある（Barker 2015: 91-2）。

その仕事が武装警備の場合、殉職率も高いが、不適切な武器使用や過剰攻撃による民間人の殺害、現地軍閥とのつながり等の問題行動も多く見られる（河野 2013：402）。だが、PMSCをフェミニスト安全保障研究の立場から分析したアイクラーらは、この民営化を国家の浸食や弱体化と見るべきではないとして次のように述べる。

PMSCは国民をまきこむことなく……軍隊のヒエラルキー的で中央集権的な構造を損なうことなく、民営化と市場化に依拠することで国家の暴力使用を可能にしているのだ。（Baggiarini 2015: 46）

民営化によって、保護は「権利」から「サービス」に変わり、人びとの手の届きにくいものとなってしまった。それは「男性化された保護する者」と「女性化された保護される者」、あるいは「保護の対象となる特権を有する人びと」と「保護の市場が見棄てる人びと」という二極化を招くことで、保護のジェンダー化された局面を部分的に浸食しつつ、部分的に強化しているのである[*23]（Eichler 2015: 65-6）。

一方で、その仕事が非武装の再生産労働の場合には、たんなるコスト削減という実利以上の象徴的な効果を持つ。女性化された再生産労働を貧しいアジア諸国の男たちが行うことで、人種、経済的階級、ジェンダーにかかわらず、米兵の攻撃的で男性的な「戦士」アイデンティティーを強化しうるのである（Barker 2015: 79）。

前節で述べたように、キャンプ・フォロワーの時代から、料理や洗濯をはじめとする再生産労働は軍にとって必要不可欠な仕事であった。二〇世紀に入り軍隊が近代化されると、戦場での再生産労働を兵士自身が担うようになる。人種差別・性差別を用いた割りあてができなくなると、軍はローテーションを組んだり、軽微な違反行為の罰として再生産労働を遂行させたりしてきた（Barker 2015: 81-2）。募集難に直面している現代の米軍にとって、この魅力のない仕事を除去する対処法としてアウトソーシングは機能しているのである（Barker 2015: 87）。フェミニスト政治学者のイザベル・V・バーカーはその効果を次のように述べる。

これ（自分のやっていること）は男らしくない者の仕事ではない。兵士はこのことを日常的に、一日数回思い出す。自分たちのためにピザやアイスクリームやハンバーガーを給仕する人びと、洗濯する人びと、便所掃除する人びとは、兵士ではない。たいていの場合、彼らは女性でもない。……誰がアメリカ人で誰がそうでないのかというジェンダー化された境界線をひくことに加え、この象徴政治は、そうでなければバラバラで潜在的に対立しあう軍人集団のあいだに、アメリカ国民であるという共通性を強調することで、均質化する効果を生み出している。[*24]（Barker 2015: 88-9）

アメリカの軍隊を構成しているのは、地理的には南部・西部の田舎の出身で、経済的には低・中産階級（USGAO 2005: 4, 88-9; Barker 2015: 89）、学歴は高卒が大半で、大学に行く者はごく少数である（USGAO 2005: 12）。しかし、そのような彼らが再生産労働を遂行する低賃金移民労働者に相対する時、さまざまな亀裂が粉飾され、中産階級的なライフスタイルを享受するアメリカ市民としてのアイデンティティーが以下のように構築されるのだ。

軍事基地において、価値を剥奪された女性化された再生産労働を遂行する非米国人の低賃金労働者という存在は、アメリカ市民という共通の地位を持つ者として、米軍人を日々再生産する重要な場として機能する。……軍人のあいだの潜在的な対立は……あらゆる軍隊の構成員が共通に持っているもの――彼らが、中産階級的なライフスタイル、フードコート等々の見せかけを享受するアメリカ人であること――を強化するのに役立つような象徴政治によって希釈される。このライフスタイルはアメリカ人ではない有色の移民男性の低賃金労働によって可能になっている。……以前は自分の家族（たいていは女性――妻や母）が行っていた再生産労働の大半を遂行する低賃金の移民労働者階級がいることで、非エリートの「帝国の歩兵たち」はこうしたサービス労働者に相対するとエリートと位置づけられるのだ。……皮肉なことに、移民の糧食サービス労働者たちは……軍に勤務していなければたいていは本国アメリカで、顧客である兵士たちが行っていたであろう低熟練のサービス業を遂行しているのである。[*25]（Barker 2015: 90-1）

4　おわりに

本章では、アメリカにおける黒人・女性・ＬＧＢＴの軍隊への包摂の歴史をたどり、この「勝利」が到達した「平等」と「多様性」の内実を批判的に検討してきた。

軍事任務と市民権とのあいだの深いつながりは、アメリカのさまざまなマイノリティを、軍隊へと向かわせてきたし、今もなおそうでありつづけている。包摂を求めた闘いが勝利の装いを呈する一方で、巨大な軍事組織は今日、変容しつつも不均衡なかたちで担われていた。

一方、脱軍事化されてスタートした戦後の日本には、「一流」市民を求めて軍事任務をはたそうとするマイノリティの目立った運動はいかなるかたちでも顕在化してこなかった。とはいえ、本書第Ⅲ部で見てきたように、自衛隊もまたさまざまな思惑を持ちながら、女性活用を着々と進めてきたのだし、学生と生徒のターゲット化は現に進行中の出来事としてある。*26 二〇一八年一〇月には任期制隊員の年齢上限を二六歳から三二歳にひきあげたが、二一年度からはさらに、任期満了後に大学進学する自衛官に年額二四万円の奨学金を支給する制度も試行的にはじまった（布施 2021：140）。軍事任務のアウトソーシングの展開もさまざまなかたちで考えうるし、自衛隊への入隊と経済的動機に密接な関連のあることはすでに指摘されてきたところである（佐藤 2004, 2022；布施 2015, 2021）。

人材の獲得に苦戦するなか、「平等」や「多様性」が軍を魅力化する資源となっていくという事態を、今まさにわたしたちの足もとで進行中の出来事として、考えてみることは十分に可能ではないだろうか。

第Ⅴ部　戦争・軍隊と性

第Ⅴ部「戦争・軍隊と性」では、戦争・軍隊と性の多様で複雑な関係を考察するために、レイプ、売買春から恋愛まで、さまざまな性的関係を連続線のなかに置き、論じていこう。

戦争・軍隊と性は深く絡みあい、人類の歴史のなかにさまざまな痕跡を残してきた。戦闘集団を奮い立たせ結束力を強めること、権力のありかを知らしめ兵士に優越感を与えること、敵の社会的紐帯を破壊し不安定な状態に置くこと。古今東西、戦争において性暴力は軍隊のさまざまな戦略として利用されてきたのである。

だが、戦時性暴力は長いこと、軽視され、不可視化されてきた。それが、女性に対する人権の問題とされるようになったのは一九九〇年代以降のことであり、等閑視されてきたこの問題が国際社会によって解決すべき重要課題となるまでには、はかり知れぬほど多くの悲しみと苦悩、努力と闘争が存在した。

性暴力は、戦時レイプのみならず、性奴隷、強制売春、強制妊娠、強制不妊など、さまざまなかたちを取ってきた。そして、軍事化された性暴力は、けっして過去の悲惨な出来事というわけではない。ロシアのウクライナ侵攻ではまたしても集団レイプが報じられている。また、平和や人道支援の任務で軍隊が駐留する先々で発生する性的関係が地域の経済構造を大きく変えてしまうことも、たびたび問題になってきた。

一方で、戦争・軍隊と関連して紡がれる性的関係は、さまざまなグラデーションから成り立っている。兵士との恋愛が成就して結婚にいたることもあれば、交際していた兵士に置き去りにされて売春に参入していくこともある。食べるために兵士と結婚して海をわたることもあれば、レイプをきっかけに金銭を得ようと売春婦になることもある。

戦争・軍隊と性の一筋縄ではいかない関係を考えるにあたっては、こうしたさまざまな性的関係のヴァリエーションのなかで思考すること、そして、戦時のみを切り出すのではなく平時との連続性のなかで事象を見つめることが不可欠だ。

以上のことを念頭に、第12章では、ノルマンディー上陸作戦以降、米兵とフランス人女性とのあいだに紡がれた関係から、アメリカの第二次世界大戦の英雄物語を揺るがせたジェンダー史の成果である『兵士とセックス』の読解を通じ、戦争・軍隊と性の複雑な関係を見ていく。さらに、第13章では戦争・軍隊をめぐるさまざまな性的関係の語りが、どのような文脈において抑圧されたり増殖したりするのかを考えたい。

第12章　戦争・軍隊と性――『兵士とセックス』を読む

1　はじめに――『兵士とセックス』を読む

本章では、ウィスコンシン大学マディソン校の歴史学者メアリー・ルイーズ・ロバーツによる『兵士とセックス――第二次世界大戦下のフランスで米兵は何をしたのか』の読解を通じて、戦争・軍隊と性の複雑な関係を見ていこう。

わたしが監訳者として訳出にかかわった『兵士とセックス』は、米仏の公文書館や軍隊・警察の膨大な一次史料を用いて、第二次世界大戦下のフランスで米軍兵士たちが何をしたのかを、ジェンダーとセクシュアリティの視点から読み直した労作である。米兵とフランス人女性との性的な関係が米仏関係といかに密接にかかわっていたのかがこの本を貫くテーマであり、ロバーツはその関係を恋愛《ロマンス》、売買春、レイプという三つの位相にわけて記述している。

第一部「恋愛《ロマンス》」は三つの章からなる。第一章「兵士、解放者、旅行者」は、ノルマンディー上陸作戦をDデイに先立つ連合国の爆撃にさかのぼり、現地のフランス人の視点もまじえて捉え直そうとする章である。

米兵はフランスで武器を携え膨大な権力を行使する一方、土地の地理や言葉や習慣に不慣れな旅行者でもあった。権力と依存、支配者と弱者のあいだを行き来する彼らは、フランス人を遅れた存在としてまなざすことで自らの不安や動揺を抑えようとした。一連の性的習慣は特に、フランス人が未開の人間で、社会的・政治的に統制が必要だという揺るがぬ証拠になった。こうして、アメリカは自治能力の欠如したフランスにかわって、自らの統治を正当化できたのだ。

フランスの女性たちに熱狂的に迎えられた笑顔の救済者としての米兵は、解放を象徴する偶像《アイコン》だった。第二章「男らしいアメリカ兵（GI）という神話」は、フランスの解放時に大量生産されたこのイメージが生み出した神話を解析する章である。写真のなかのフランス人女性は「自国の男たちに見捨てられた国」をあらわす。アメリカの使命は「救出」として表象され、フランスを「女々しく」従属的な国として描くことで、自らの新たな支配権を正当化した。

さらに、こうした写真は兵士の性的幻想を満たし、戦争の目的をエロティックなものにした。上陸作戦はロマンスのチャンスに仕立てられ、米仏関係は単純化され、脱政治化された。この神話はまた米兵がフランス市民に犯した凶悪犯罪を、故郷の人びとの目から隠す役割もはたした。戦争が終わった後でさえ、アメリカ人の心に深く刻みこまれつづけたのは、女性的な国の幸福な救出というイメージだったのである。

一方、突如として二流国家として生きることを強いられたフランスの人びとにとって、解放は屈辱的な瞬間でもあった。第三章「一家の主人《あるじ》」では、家長としての自身の役目を失い、自国の女性に対する性的所有権を失ったのではないかと危惧していたフランス人男性に焦点があてられる。

米軍が駐屯していた地域では、米仏の男性間のセックスをめぐる緊張関係が深刻な問題になっていた。

戦時には、地元女性への性的なアクセスが勝利や敗北を象徴する。米兵が女たちをあさる光景は、すでに戦争で傷ついていたフランス人男性の威厳をさらに貶めた。そして、この「女性問題《ガール・プロブレム》」は征服者たるアメリカへのフランスの新たな従属の前兆だった。米軍が自国の使命を神話化するために異性間のロマンスを用いたとすれば、フランスの男性は、戦後の新たな世界と折りあいをつけるための手段として、こうしたロマンスにこだわったのだ。

第二部「売買春」には三つの章がおさめられている。第四章「アメリロットと売春婦《ハーロット》」では、米兵と売春婦との私的な関係が、米仏という国際関係に影響した様子が描かれる。アメリロットとは、何でも大量《ロット》に持っているように見えた米兵をフランス人が呼んだ名称である。軍の余剰品がアメリカの豊かさを象徴したのと同じように、売春婦もまたフランスの不道徳の象徴として国民化された。

商品としてのセックスは、それを買う米兵たちに、尊大な、帝国主義的とさえ言える態度を育んだ。一方、売春婦が彼らにサービスを提供するのを目にしたフランス市民は屈辱をおぼえた。こうして売春婦は、その身体を享受する者と、それを見て恥辱に耐えるしかない者とのあいだにはっきりと特権の境界をひいたのである。

一九四六年四月に公認の売春宿の閉鎖を宣言するまで、フランスには公娼制度が存在し、売春婦は定期的に性病検査を受ければ合法的に商売ができた。だが、解放後のパリでは、米兵による非合法売春の需要が合法売春の供給をうわまわり、もぐりの売春が繁盛していく。第五章「ギンギツネの巣穴《シルバー・フォックスホール》」では、アメリカ軍の侵攻と、それによってひき起こされた性労働の変化が、フランスの公娼制度の消滅に多大なる貢献をしたことが明らかにされる。

売春宿のなかでも最上級のものは連合国軍将校用とされ、兵士用の「愛の工場」は、一日一〇〇〇人から一五〇〇人の客を一人の女性が六〇人近くさばく大量生産方式だった。だが連れこみホテルはそれ以上に繁盛し、売春婦は、わたり労働者としてパリをはじめとする米軍駐屯地をまわり生計を立てていた。若く貧しい女性労働者と、ポケットに現金と拳銃を持った男性客との売買春は、アメリカ人とフランス人の力の不均衡をいっそう強めた。

一九四四年から四五年の冬のパリは、多くの兵士にとって夢に見た場所、女たちのいる性の楽園だった。パリと戦地はあらゆる面で真逆の世界である。一方は光と快楽の巨大娯楽施設、もう一方は闇と死、恐怖と苦悩の世界。戦時について書き記した兵士たちの切なる願いからは、戦争が性を意味あるものとし、性が戦争を耐え忍べるものにする、その濃密な関係がにじみ出ている。「気持ちがほぐれるものなら何でもいい。ほんのつかの間、一、二時間でいいから忘れたいのだ。戦争が今も続き、明日には戦死者登録係に札をつけられるかもしれないことを」(Roberts 2013 = 2015: 203)。

一九四四年九月、一人の将軍が部下の兵士のために売春宿を設けるよう指示を下した。現地のぽんびきを使ってつくられた「畜舎《コラール》」は営業開始後わずか五時間で閉鎖されている。だが、フランスで設立されたGI用売春宿はこれだけではなく、一九四三年から四五年のあいだにフランスとイタリアでおよそ一二の師団が自前の売春宿を開設した。

将校たちは兵士の性的活動を制御することはできないと判断し、表向きはこれを非難しつつも裏では大目に見ていた。陸軍省がGI用売春宿を禁じたのは、商業的な売買春を抑止するという公式の方針に抵触するという以上に、母国のメディアが大騒ぎするのが目に見えていたからだ。軍はこうした無分別な性行動からアメリカの一般大衆を「守る」ことを望んでいた。第六章「危険で無分別な行動」が扱うのは、片方の国民が守られたその結果、フランスの町中でもう片方の国民が目にすることとなる米兵の乱交のさまである。市民の生活を守ろうとしたル・アーヴルの市長は一九四五年八月、米軍に一般市民を立ち入り禁止にした軍専用の売春宿を設けてはどうかと提案した。この提案は取り立てて新しいものではなかったし、アメリカに対してはじめてなされた提案でもなかったが、米軍は耳を貸そうとはしなかった。「アメリカ軍当局は「軍公認の売春宿」と呼び得るものの創設には断固反対である」(Roberts 2013＝2015: 236)。

将校たちは性病の責任をフランスという国そのものに転嫁した。そうすることで、フランス人女性の身体の管理を米軍が担うことが正当化され、さらには兵士たちの行動に対する責任を回避することができたのだ。加えて、米軍はフランスで性的・社会的規範をこれ見よがしに無視することにより、自分たちにとって、フランス人は礼儀正しい態度を取るに値しない存在であるというメッセージを送ってもいた。セックスを見せつけられることは、セックスを抑圧すること以上に、アメリカによるフランス支配を示す印だったのである。

最後のカテゴリーである第三部「レイプ」は二つの章からなる。一九四四年から四五年にかけて、ヨーロッパ戦域ではレイプの罪による二九件の絞首刑が公開で執り行われたが、うち二五人がアフリカ系アメリカ人の兵士だった。第七章「無実の受難者」が扱うのはレイプの人種化の問題である。

レイプは、アメリカという国を解放者から征服者に変え、男らしい米兵を騎士から性暴力加害者に変え、フランスの救出物語を略奪と暴力の物語へと貶めるものである。その代償ははかり知れず、なんとしてもこれを抑える必要があった。政治的な影響を弱めようとして、米軍が行ったのがレイプの人種化だ。白人米兵の容疑を晴らし、黒人米兵を公開で絞首刑にすることで、アメリカの権威を傷つけず、フランス市民を安心させようとしたのである。

多くの場合、黒人兵士のレイプ告発は、人種的偏見によるうわさや「目撃」に基づくものだった。米軍はその告発を十分に調査することなく、レイプを黒人の計画的な性暴力だと決めつけた。フランスとアメリカは人種差別において忌むべき同盟を結んだのである。

フランスは人種に寛容な国だという評判にもかかわらず、多くのフランス人は根深い人種差別的感覚を有していた。だが、人種差別だけでこのレイプ告発を十分に説明することはできない。第八章「田園の黒い恐怖」は、レイプ・ヒステリーが都会ではなく田舎のものであったことに注目する。「レイピストとしての黒人兵」は、フランスの威信が敗北と占領によって傷つけられ、勢力関係が逆転され、歴史が書きかえられたことを突きつけるものだった。レイプする黒人兵は、地元フランスの人びとにとって、戦後の怒りや不満、恥辱の投影対象としてのアメリカの兵士であった。一方、米軍はレイプをアメリカのではなく黒人の問題にすることでその影響力を弱めようとして、人種的スケープゴートを立てたのである。

「おわりに　二つの勝利の日」では、戦争の歴史が身体の歴史と不可分であることがふたたび強調される。性的関係を戦闘の歴史の枝葉末節と片づけることを退け、国民国家の枠組みを離れた視点で歴史を語ることを呼びかけ、「よい戦争」の記憶が自らの破壊のつめ跡を忘却することでもあったことに注意を促すことで、『兵士とセックス』は閉じられる。

2　『兵士とセックス』に対する反響

「兵士とセックス」——この一見私的でミクロな性的関係が公的でマクロな国際関係と密接不可分に絡みあっていることは、これまで数多くの研究が明らかにしてきた。[*1] この意味でロバーツの研究は、未知の領域を開拓したというより、第二次世界大戦下フランスを事例に、この系譜の研究にさらなる貢献をしたものとしてある。

この本は、二〇一三年五月にアメリカで刊行されるや否やただちに反響をひき起こした。当月のあいだに*New York Times*[*2]をはじめ、*Guardian Liberty Voice*[*3]、*Prospect Magazine*[*4]、*Times Higher Education*[*5]、NPR[*6]等で広く報じられ、学術誌においても*Dissent*[*7]、*American Historical Review*[*8]、*Reviews in American History*[*9]、*Chicago Journals*[*10]といった主要ジャーナルが書評を掲載。なかでも*Journal of Women's History*では五人の評者のレビューにロバーツ本人のリプライを含む特集が組まれるなど、反響の大きさをうかがわせる。[*11]

キャロル・グラックが言うように、公式の記憶はつねに自らの過去の見苦しい部分から目を逸らしてきた（Gluck 2007a＝2002）。記憶の書きかえがつねに争いにさらされ、公然と拒絶されてきたように、第二次世界大戦の記憶から取りこぼされてきたものを突きつけた『兵士とセックス』もまた、英雄物語への挑戦として強い反応をひき起こした。海軍に所属した父を持ち、「愛国的」な家庭に育ったというロバーツは、米兵の勇敢な行動や犠牲への感謝の気持ちを口にし、自らの意図は兵士を非難したり侮辱したりすることにはないと語っている。[*12]だが、試みにAmazon.comを見てみれば、そこでは学術書としては異例の数のコメントがついており、この本が「よい戦争」としての記憶を書きかえるものとして一部のアメリカ人にかなりの感情的な反応をひき起こしたことがうかがえるのである。[*13]

実は日本でも、ＡＰＦ通信の日本語による国際ニュース配信サイトがこの本を五月のうちに取りあげ、一部の人びとのあいだで注目を集めていた。[*14]なぜかと言えば、これが「慰安婦」問題を抱える日本の人びとにもさまざまな示唆に富む研究成果であったからである。この本の出版は橋下徹大阪市長（当時）が二〇一三年五月に「慰安婦制度ってのは必要だということは誰だってわかる」[*15]と発言した直後のことであり、実のところわたしがこの本の存在を知ったのも、橋下発言をめぐる騒動がきっかけだった。[*16]

大阪市の姉妹都市であるサンフランシスコ市の市議会が六月に「慰安婦制度正当化」を非難する決議を出すと、橋下市長は市議会に反論の公開書簡を送った。そのなかで彼は「戦場において、日本だけでなく、世界各国の軍によって、女性が性の対象とされてきたこともまた、厳然たる歴史的事実です。メアリー＝ルイーズ＝ロバーツ（引用ママ）教授の研究が明らかにしたノルマンディー上陸作戦時における米兵の蛮行や、朝鮮戦争やベトナム戦争の時に米兵が利用した慰安所などの例を見れば、アメリカ軍も決して例外ではありません」と綴ったのである。[*17]

わたしは一体彼の背後にはどんなブレインがいるのかと驚嘆しつつ、優れた研究成果がこのようなかたちで使われることに陰鬱な気持ちを抱いていた。おそらくこの願望（『兵士とセックス』を、日本だけが「慰安婦」問題で責められるのは不当だという証拠として用いたい）は橋下氏一人のものではないだろうから、この「陰鬱な気持ち」のありかを以下で記してみようと思う。

3　兵士とセックス——普遍性と特殊性

先にあげた*Journal of Women's History*では、評者たちから、ロバーツの本で描かれるフランスの事例を日本やドイツと比べた場合についての疑問が出されている。[*18] フランスの特殊性を強調するよりも、「無力な女性を救う男らしい男性」というレトリックの利用やセックスによる兵士の恐怖心の克服など、政治的イデオロギーにかかわらず世界中のリーダーたちの抱いていた考えとの共通性が示唆され（Frühstück 2014:

143）、戦時の歴史的文脈に位置づけつつ、現代にもくり返しあらわれる「兵士とセックス」をめぐる諸現象の普遍性へと目を向けさせようとするのである（Meyerowitz 2014: 137）。

日本軍「慰安婦」問題の解決を目指す研究者のあいだでも、その特殊性はおさえつつ、比較史へと問いを開いていくような動きはすでにはじまりつつある。[*19] たとえば、永原陽子は「戦時中の日本の「慰安婦」制度が強制性の度合と規模や組織性において一つの極にあることは間違いない。しかしその中には、諸外国の、とりわけ植民地における管理売春との共通性もまた多く見出される」（永原 2014：77）として、「慰安婦」を含む戦争と性暴力の比較史を提唱する。[*20]

こうした研究動向を参照しながら、まずはこの本の当事国でもあるフランスを見てみよう。[*21] フランスでは、一九世紀初頭のナポレオン時代から、性病の統制を目的として、国家による娼婦の登録許可と強制的な性病検診を基軸とする管理売春の制度がはじまった。

一八三〇年、アルジェリアの侵攻と同時にフランスはメゾン・ド・トレラーンスを設けた。既存の売春宿を軍が管理することもあった。戦地やサハラ砂漠地帯の占領地には「軍用野戦売春宿」（ＢＭＣ）が設けられた。ＢＭＣは軍と契約を結んだ経営者が指定地域から娼婦を募集して運営したが、彼女たちへの支払いは軍が直接行った。第一次世界大戦がはじまるとＢＭＣ制度は植民地からフランスに移転された。

フランスの管理売春制度のもとで働く公娼は貧しい女性たちであったが、娼家に対する独立性は強かった。公娼制度といっても、親を連帯保証人として金を借り、前借金を返済するまで廃業の自由なく抱え主に隷属するような奴隷的状態を国家が公認していた日本の公娼制度との違いに留意する必要がある（小野沢 2013：51）。

その後の制度廃止の顛末は『兵士とセックス』第五章で述べられているが、一九四六年のマルト・リシャール法の後、ＢＭＣは公式には廃止されたとはいえ、アルジェリア独立戦争やインドシナ戦争で活用されつづけたし、ベトナム戦争時にもフランス軍はアルジェリアから女性を動員・従軍させた。

次に、第二次世界大戦時に日本と並び、軍が組織的かつ大規模に慰安所を開設・利用したと言われるドイツである。[*22]

ドイツ軍は第二次世界大戦時に慰安所の設置をはじめた。設置の目的は性病対策、スパイ防止の他、混血防止もあったとされる。フランスなどの西部占領地では既存の売春宿をそのまま利用し、ソ連やポーランドなどの東部占領地では慰安所を新設した。ナチス・ドイツはポーランド侵攻の際にユダヤ人女性を大量にレイプし、ロシア人女性を慰安所に強制連行するなど、占領地での女性集めを暴力的なかたちで行った。既存の売春宿を利用したフランスやオランダ以外の占領地では、国防軍用・親衛隊用の慰安所とも、施設の設備、監督、物資供給を現地軍司令官が担当し、占領地のすべての兵站に軍付属として置かれた。占領下のフランスでは住民女性全体を強制売春の対象としたような例もあったとされるが、『兵士とセックス』では女性の強引なナチスの制度への組み入れにもなお、「東南アジアで日本が設立したものほどの強制性はなかった」と述べられている（Roberts 2013＝2015: 177）。

つづいて、この本のもう一方の当事国アメリカであるが、ヨーロッパ諸国と異なりアメリカは公娼制度を持たずにきた国であり、軍が兵站として管理売春を行うことを公式に禁じていた。[*23]

『兵士とセックス』でも、パリ入りした米軍がフランス警察と一緒にやってきて売春宿を人種・階級別にわけてまわったその直後、すべての売春宿を米兵の立ち入り禁止にしたという話（Roberts 2013＝2015: 180）や、地元のぽんびきに仕切らせてサン・ルナンにＧＩ用売春宿を開設するも、従軍牧師の勧告を受けてわずか五時間で閉鎖された話（Roberts 2013＝2015: 206）が書かれている。これらが女性の人権を慮《おもんぱか》ってのことではなく、本国アメリカ人にこの不祥事が発覚することを恐れてのことであったとはいえ（Roberts 2013＝2015: 239）、社会と軍隊のなかにブレーキがあり抑制が働いた点は日本との大きな違いであろう。

一方、陸軍省は米兵と売春婦の接触を禁止する方針をとりながら、現地部隊は民間の売春宿を指定し、売春婦の性病検査を行った。つまり、中央レベルでは売買春を原則禁止としながらも、出先の部隊レベルでは黙認ないし容認されていたのだ。『兵士とセックス』でも述べられているとおり、陸軍省は指揮官に売春をそそのかしてはいけないと言いながら、コンドームを配ることを命じた（Roberts 2013＝2015: 219）。売春宿に行くことを想定し、コンドームを支給され、性病予防所を用意された兵士に、何が合法で何が非合法かの区別がつかなかったのは当然だろう（Roberts 2013＝2015: 221）。

しかし、それでもなお、アメリカ軍が主導して売春施設を設置・運営したわけではなかったし、管理の目的や対策は性病予防に集中しており、経理に介入したり女性を物理的に拘束したりといった強権的な監督統制をともなっていたのではない。この点で、日本軍「慰安婦」制度とは大きく異なるのである。

占領下の日本に目を転じれば、敗戦直後から日本は自発的に占領軍向け慰安施設の設置をはじめた。フランスの場合と同じように、アメリカは最初は黙認、後に禁止という表向きの姿勢をとりながら、実質的には黙認をつづけたし、なかには設置の要請や奨励もあったとされる。それでも、慰安所のもとになっていると見做した公娼制を、民主主義の理想と、個人の自由に反すると考え、一九四六年には公娼制度を廃止させ、慰安所は閉鎖されたのである[*24]。

このように、軍の管理売春を認めずにきた米軍だが、周囲を住民に囲まれ外出もままならなかったベトナム戦争では数カ所の売春施設を設置している。管理したのはもっぱら衛生面で、人員の調達や利用料金などはベトナムの民間人にゆだねられていたが、施設は基地内で軍の監督下に置かれた。

では、これらの諸国に対し、日本軍「慰安婦」制度の特徴とはいかなるものであったのか？　林博史によれば、その特徴の第一は設置理由にあり、他国では主に性病予防を理由に軍が関与したのに対し、日本の場合には、日本軍将兵による地元女性へのレイプを減らすという理由で組織的に慰安所がつくられたことだった。[*25] だが、慰安所をつくってもレイプが減ったわけではなかった。むしろ、慰安所内での性暴力の許容と助長が、慰安所外での性暴力の凶暴性を増すという補完関係があり、女性を拉致・監禁しレイプする「慰安所もどき」がつくられるなど、組織的な慰安所の設置がかえって兵士の性的欲望を歪め、肥大化させたことが指摘されている（林 2015：60－1, 321；高良 2015：200）。

日本軍の特徴の第二は、慰安所設置計画の立案から、業者選定・依頼・資金斡旋、女性集め、女性の輸送、慰安所の管理、建物・資財・物資の提供にいたるまでの過程がすべて軍の管理下に置かれ、それらがしばしば軍により直接実施されたことである[*26]（林 2015：61, 321－2；高良 2015：200）。軍の命令により設置された慰安所で、軍もしくは軍の命令を受けた業者により暴力や詐欺的手段で集められ、辞める自由のなかった女性たちの境遇は、一応は廃業の権利を明記した娼妓取締規則のもとにあった公娼制度下の女性たちとも異なっている（小野沢 2013：48－9）。軍慰安所の女性に自由廃業の権利はなかったし、特に中国や東南アジアの占領地では文字どおりの強制連行、拉致・監禁・輪姦があった。このような日本軍「慰安婦」制度は、公娼制度の非人道性をふまえながらも、それと区別して論じる必要がある[*27]（小野沢 2013：52）。

第三の特徴は、軍が公然と慰安所を設置・運営していたことである。日本軍「慰安婦」制度は、日本の公娼制を土台として形成され、設置地域が広範で数も多く、「慰安婦」として犠牲にされた女性の数、出身地も広範囲におよぶ点で際立っていた（高良 2015：194；田中 2007：95－6）。占領地の売春宿利用では到底足りず、売春にかかわりのなかった女性・少女をも植民地だった朝鮮と台湾から大量に「慰安婦」として動員し、戦場に連れていった（林 2015：328）。先述のとおり、第二次世界大戦時にこれほど組織的かつ大規模に軍慰安所を開設・利用したのは、日本軍とドイツ軍だけだと言われている（林 2015：322）。占領地で暴力的・強圧的な徴集方法がしばしばとられた点においても、侵略戦争で占領地を一気に拡大していった日本とドイツが突出していた[*28]（林 2015：328）。

それにしても、そもそも兵士はなぜこんなにもセックスを必要とするのか？　軍隊が男性兵士の性を鼓舞することで彼らを戦わせようとするからである。大越愛子は、「常時死の危機にさらされている兵士は、無化されるかもしれない男性性を誇示するために、必要以上に暴力的になる」と言う（大越 1998：113）。そして、この暴力性が戦場で求められるからこそ、多くの軍隊が買春を通じた兵士の女性に対する暴力的性行為を看過してきたのだ。

また、田中利幸は、上官の命令への絶対服従という軍の厳格な階級制度と「敵を支配し従属させる」という兵士の責務との矛盾に注目する。実戦の場とは「数分先の自分の命がどうなるかわからない、自分で自分の命と運命をコントロールできないという非常に不安な「自己無力感」」を感じる場面であり、この矛盾が激化するなかで、多くの兵士が「支配力」を渇望し、攻撃的なセックスに向かい女性を支配しようとするのだ、と（田中 2007：104－6）。こうした説明は、『兵士とセックス』で綴られた売春婦の凄惨な殺害事件のみならず、すでに引用した買春へと突き動かされる兵士の叙述とも響きあっている――「気持ちがほぐれるものなら何でもいい。ほんのつかの間、一、二時間でいいから忘れたいのだ。戦争が今も続き、明日には戦死者登録係に札をつけられるかもしれないことを」（Roberts 2013＝2015: 203）。

4　恋愛《ロマンス》・売買春・レイプ――連続と断絶

『兵士とセックス』が兵士とのあいだに紡がれた性的関係の形態を三つのカテゴリー――恋愛《ロマンス》・売買春・レイプ――にわけて叙述したことに対しては、恋愛と商売、同意と暴力のあいだにしばしば境界は明確にひけないという批判がなされている*[29]（Frühstück 2014: 144)。

まず、第一部「恋愛《ロマンス》」では、ノルマンディー上陸作戦がエロティックな冒険のごとく喧伝され、ナチスの邪悪な手からフランスの女性たちを救い出す任務として神話化され、疲れて萎えた男らしさを奮い立たせ、兵士に世界のリーダーたる「大国」の立場を学ばせるお手軽で魅力的な方法として用いられたこと、すなわち恋愛の象徴的な機能についてもっぱら紙幅が割かれている。一方、現実問題として、米兵とフランス人女性がどのような恋愛を享受したのかはあまり伝わってこない。

欧米の帝国列強による植民地支配から今日の国際平和活動にいたるまで、兵士が現地の売春宿を利用するだけでなく、地元女性を「現地妻」にするケースは多々あり、そこでは恋愛と売買春の境界は時に流動的なものとなろう。

『兵士とセックス』では、一九四四年のパリ解放時には解放者の兵士の気をひこうと躍起になっていた女たちとの合意によるセックスを無料《ただ》で堪能できたのに、売春が栄えるにつれ「無料《ただ》で手に入ったものになぜ金を払わなければならないのか」と憤る兵士についての記述がある（Roberts 2013＝2015: 179)。ここには恋愛から売買春への移行がほのめかされている。けれども、恋愛が成就し、結婚にいたった何千ものケースには不思議なほどに言及がないのである*[30]（Kovner 2014: 148)。

第二部「売買春」では、戦闘を戦うべくかき立てられた兵士の性衝動が容易には抑えられず、米兵がフランスのありとあらゆる場所で買春におよび、性病罹患率が上昇したこと、にもかかわらず、アメリカ側がその責任をフランス人女性（と地方自治体）に押しつけたことが記述される。

恋愛から売買春への移行はこの第二部にも垣間見える。売春女性のなかでも「ボニシュ」と呼ばれた女性たちのなかには、恋人や婚約者としてアメリカ兵と交際していた者も多かったと言われているし（Roberts 2013＝2015: 169）、アメリカ兵との結婚を夢見て町に出てきた農村の娘たちが、「恋人」の出航後に売春に手を染めるようになるといった記述があるからだ（Roberts 2013＝2015: 242）。

米兵と関係を持った「ボニシュ」は日本の「パンパン」と同じく、敗北と堕落の象徴として蔑まれたとされる。日本の場合にはレイプをきっかけに「パンパン」になった女性たちが少なくなかったことが知られているが（平井 2014；茶園 2014）、『兵士とセックス』では売買春とレイプのあいだを行き来するような事例についての記述も不足しているように思われた。

第三部「レイプ」では、救出に駆けつけた戦士を乱暴な侵入者に変えてしまうレイプがアメリカにとって売買春をうわまわる脅威であり、自身のプロパガンダが煽動した過剰なセックスへの対応を迫られて、米軍がアフリカ系アメリカ人をレイプ犯としてスケープゴートにしたことが暴かれていく。

黒人兵士のレイプ事件では女性は罪なき犠牲者で、自ら性的関係を選ぶことなどありえないとされたのに対し、白人兵士が関与する事件では女性は売春婦と見做され、抵抗したという主張も加害者特定の試みも疑いの目を向けられた。第七章の「証人の信頼性の問題」という節で、ロバーツは、売春婦が黒人兵士に高額の料金をふっかけて断られた腹いせに警察へ通報したり、自ら進んで黒人兵士と寝た女性が自らの「体裁」を保つためにレイプの罪で兵士を訴えたりすることもあったと述べている。

レイプの人種化にフランスの女性たちも加担したことを示すため、ロバーツは七六件の訴訟のうち、証拠や被告の特定、原告の信頼性に疑問があるように見えた一五件の軍法会議裁判記録を選んで第七章を書いた。本人が、検証した事例にバイアスがかかっているため、これが代表的なものだと主張するつもりはないと述べてはいるものの、この章には「セカンド・レイプ」に該当するような記述が多く、読んでいてつらかった。[*31] レイシズムの問題の重要性は認めつつ、この第三部ではなぜかジェンダーの問題が後景に退き消えかかっていることも気にかかる。

売買春とレイプの境界がしばしば曖昧なものであるのはたしかなことだが、その区別の基準は自由意思の有無にあるはずだ。たとえ、原告が売春婦であったとしても、どんなに過去の性の経歴が「派手」であったとしても、当該の性行為が自由意思に反してなされたものならばそれはレイプだ、とフェミニズムは訴えてきたのではなかったか。

売春婦だったからレイプを告発するにふさわしくないと見做す発想は、女性を、レイプ被害を訴えることの許される善良な淑女と、救済に値しない汚れた売春婦に二分化する発想に極めて近い。そして、売春を商売とするような女性ならば何をされても仕方ないというこの見方こそ、前身が「売春婦」だった日本軍「慰安婦」の女性を、そうではない「慰安婦」被害者と区別することにつながるものである。[*32] それは当時の軍部や内務省が日本人「慰安婦」候補者として最初に芸妓・娼妓・酌婦の女性たちをターゲットにしたのと同じ発想だ（「戦争と女性への暴力」リサーチ・アクションセンター編 2015：259）。売春婦であろうがなかろうが、国家が女性を「慰安婦」にして人権を蹂躙してよいことにはならないし、売春婦だったとしてもその意思に反して性行為を強制すればそれはレイプであること（林 2015：338）、このことを何度でも確認しておきたい。

5　おわりに

前述した橋下氏のサンフランシスコ市議会への書簡の引用文の前には、「戦時という環境において、日本を含む世界各国の兵士が女性の尊厳を蹂躙する行為を行ってきた、という許容できない普遍的構造自体をこそ、私達は問題にすべきなのです。日本を含む世界各国は、戦場における性の問題について、自らの問題として過去を直視すべきです」とある。そしてその後は「旧日本兵の慰安婦問題を相対化しようというような意図は毛頭ありませんが、戦場の性の問題を旧日本兵のみに特有の問題であったかのように扱い、日本だけを非難することによってこの問題を矮小化する限り、世界が直視しなければならない過去の過ちは正されず、今日においても根絶されていない兵士による女性の尊厳の蹂躙問題は解決されないでしょう」とつづき、「共同調査」が呼びかけられている。[*33]

この文章を額面どおり受け取るならばわたしには何一つ異論はない。だが、その後の彼の発言を聞けばやはり「相対化の意図はない」との言をそのまま信じることはできない。[*34] 二〇一四年九月一二日の登庁会見で、橋下氏は「慰安婦」問題が国連安保理決議一三二五号の第一一項における「人道に対する罪」にあたらないと考えるが、もしあたると言うのなら世界各国も同様だし、世界各国があたらないと言うのなら日本も「それでは申し訳ないけれど、うちもあたりませんね」と主張すべきだ、と言うのだから。[*35]

一九九一年の金学順《キム・ハクスン》さんの「慰安婦」としての名乗り出に端を発した「慰安婦」問題は、九〇年代の戦争における性暴力が国際法のなかでついにその「不可視性」を失うにいたる過程に寄与した（Gluck 2007a＝2002: 229）。一九九〇年代とは旧ユーゴスラビアやルワンダなど各地で凄惨な戦時性暴力がくり返され、「戦争につきもの」だと性暴力を放任しつづけてきたことがこうした事態を招いたのであり、厳しく処罰すべきだという認識が国際的に広まっていった時代であった。国際社会が戦時下の性暴力にきちんと対処してこなかったことへの反省が広がり、そのなかで日本軍の「慰安婦」制度の不処罰がクローズアップされるようになったのである（林 2015：64－6）。

「戦場における性の問題」はヴァリエーションを持ちながらも、橋下氏の言うとおり、世界各地に過去も現在も存在し、その克服は世界共通の課題である。[*36] そして、「兵士とセックス」をめぐる問題は軍隊や戦場を離れた平時の日常を生きるわたしたちの性をめぐるありようとも深く結びついている。偏狭なナショナリズムによる「慰安婦」バッシングのかわりに、性的搾取・暴力に苦しんだ人びとへの共感を育むこと、「日本だけが責められるのは不公平だ」と叫ぶかわりに、世界中で苦しむそうした人びとを支えているさまざまな運動の輪に加わること――『兵士とセックス』という訳書が日本社会にそのような動きをもたらすよう使われることを、監訳者として心から願っている。

第13章　戦争と性暴力——語りの正統性をめぐって

1　はじめに

戦時性暴力は、人類の歴史のうえに強い痕跡を残しつつ、輝かしき英雄の物語にはそぐわぬものと黙殺されてきた。あるいはまた、戦争の自然な副産物として長きにわたり黙認される一方で、恥辱の物語としてしばしば戦争遂行の口実に利用されてきた。本章では、戦時性暴力あるいは紛争関連の性暴力と呼ばれる、戦争にまつわる性暴力の経験が、いかなる文脈においてその語りを抑圧されたり増殖させたりするのかを模索してみよう。

性暴力は、当該性行為に関与しているうちの一方がその行為を望んでいない時、他方がその行為を強制するという事態である。性暴力には加害者と被害者が存在する。加害者と被害者は同じ行為にかかわっているが、加害者にとってたんなる「性行為」として経験されるものが、被害者にとっては「暴力行為」である。同じ行為を片方が「セックスの強要」という暴力として訴える時、もう片方は「恋の駆けひき」のような通常の性行為の範疇におさめようとする。性暴力はつねに出来事の解釈をめぐる争いのなかに置かれる。
被害者はそれが暴力であることから衝撃と恐怖におそわれると同時に、性的であることに由来する恥の感覚や周囲からの偏見によって、語ることが困難な状態に置かれる。加害者はこの困難に乗じて被害者が出来事を被害として語ろうとすることを全力で否定しにかかる。時には自分の方こそ被害者なのだと訴えることもある。状況の定義をめぐる争いにおいては、男の性欲本能論と被害者落度論の存在が、加害者を免責し、被害者に責任を転嫁することに長らく寄与してきた。

このような状況においては、被害者に行為の選択の余地がなかったと思われるほど、被害を語る正統性が認められやすくなる。具体的には、被害者が性交に同意することができないとされる年少者であったり、反抗できないほど深刻な暴行や脅迫を加えられたりしている場合である。そうでなければ、被害者は被害を訴えるにふさわしい人物であるかどうかを厳しく詮索される。実際どの程度の抵抗をしたのか、その時の服装は扇情的でなかったか、なぜ自ら危険を察知しなかったのか、これまでにどのような性体験を重ねてきたか――性暴力被害者にふさわしいと判断されなければ、その経験は無化ないしは矮小化され、被害者自身が望んだとか自業自得であると意味づけられる。すなわち、被害の語りはその正統性を奪われる。

本章では、このような性暴力という経験――解釈の闘争のなかで、被害者の語りがつねにその正統性を厳しく吟味されるような経験――が、戦時ないしは紛争に関連して生じた場合について考えていく。

2　構築される性暴力の語り

戦時性暴力のパラダイム・シフト

戦争にまつわる性暴力――その典型が戦時レイプである――は、長いこと、男性の性的欲望によって生じる偶発的な出来事とされ、戦争犯罪と認識されず、加害者を免責してきた。

もちろん、性暴力は古くから戦争の法規慣例により禁じられてきた。だが、その禁止は戦争遂行の正しさの問題とされ、女性の人権とは無関係であったし、かつ、十分に遵守されたとは言いがたい。たとえば、一九〇七年のハーグ陸戦条約や一九四九年のジュネーブ条約は、女性を家族や男性に所有されるものと位置づけ、その「名誉」を保護するものだった。そこには、性暴力が女性個人の身体や性的自由を侵害する重大な暴力であるとする発想はなかったし、加害者の処罰を徹底すべき重大な違反行為とも見做されてこなかった（申 2003：142；東澤 2008：180）。さらに、こうした規定は、超大国の政治にまきこまれ、法的効力を持てずにきた[*1]（Hirschauer 2014: 84）。

軽視され、不可視化されてきた戦時性暴力が、戦争犯罪であり女性に対する人権の問題とされるようになったのは一九九〇年代に入ってからのことである（秋林 2005：43）。もちろん、その前史には、七〇年代後半から国連を中心に高まった性差別の撤廃を求める国際的な運動によって、女性への暴力を人権侵害とする認識が普及したことがある。一九九〇年代初頭に起こった旧ユーゴスラビア紛争とルワンダ紛争における大規模で組織的な性暴力の発生は、この潮流に棹さした。紛争下の凄惨な性暴力が世界中に報道されたことで、これを規制する国際的な枠組みづくりの必要性が急速に認識されることになったのである。

こうして、一九九三年に設置された旧ユーゴスラビア国際戦犯法廷（判決は二〇〇一年）で、戦争犯罪および人道に対する罪としてレイプに初の有罪判決が下された。そして、翌九四年に設置されたルワンダ国際戦犯法廷（判決は一九九七年）では、ジェノサイドとしてのレイプに初の有罪判決が下されたのである（Hirschauer 2014: 193）。戦時性暴力が可視化され免罪符を失うにいたったこの歴史的過程に、日本軍元「慰安婦」の存在が一定の役割をはたしたことはよく知られている。国際社会では、過去から現在に連なる戦時性暴力の一環として「慰安婦」問題が取りあげられ、加害者処罰の必要性を知らしめることとなったのだ（申 2003：140）。

戦時性暴力はこうして、これまでと異なる意味づけのもとに可視化され、認識されるようになった。一九九八年には国際刑事裁判所（ＩＣＣ）のためのローマ規程が、性暴力を人道に対する罪、戦争犯罪と明記し、これに基づいて二〇〇三年にはオランダのハーグに常設のＩＣＣが設置された（東澤 2008：185）。また、二〇〇〇年には国連安保理決議一三二五号が採択され、紛争下の女性に対する暴力を戦争犯罪とし、加害者の確実な処罰を謳った。こうして、長らく等閑視されてきた戦時性暴力に対する重要な枠組みができあがり、その後の多数の関連決議とともに、「寛容と不処罰の歴史」に終止符を打つための強力なツールとなったのである（三輪 2011：38）。

性暴力は、戦争の副産物としての個人的逸脱行為から、戦争遂行のために用いる組織的戦術の一環へと、その意味づけを大きく変えた。軽視され不可視化されてきた戦時性暴力が国際社会の解決すべき重要課題となったその意義ははかり知れないが、いまだ不十分な点も残されている。以下ではそのいくつかの批判を見てみよう。

「戦争兵器としてのレイプ」パラダイムの「レイプ・スクリプト」

行為や経験が存在するとは、知覚や表象を通してはじめて可能になる事態なのだとするポスト構造主義的な観点からレイプを考察したフェミニスト研究者にシャロン・マーカスがいる。彼女が提起した概念が「レイプ・スクリプト」である。スクリプトとは、わたしたちが出来事や行動を組織し解釈するのに用いざるをえないと感じるような枠組み、解釈格子を意味する（Marcus 1992: 391）。レイプはただたんにそこにある／ないのではない。「レイプ・スクリプト」を通じて、すなわち、ある解釈・視座を排し、別の解釈・視座を特権化することを通じて、そこにある／ないことになる。*2

この「レイプ・スクリプト」概念を用いて、「戦争兵器としてのレイプ」という新たな解釈パラダイムの確立を批判的に検討したのがフェミニスト国際法学者のドリス・E・バスである。彼女は、ルワンダ国際戦犯法廷において「戦争兵器としてのレイプ」パラダイムが確立したことにより、戦時レイプが人道に対する罪および虐殺の手段と位置づけられ有罪判決が下されたその意義と成果を十分に認めながらも、この解釈パラダイムの負の側面——知ることが不可能になったもの、被害者と認識できなくなったカテゴリー、追究されることのない質問ができたこと——にも光をあてようとする（Buss 2009）。

「証言」が語り手と聞き手との対話によって構築されるというのは、オーラルヒストリー研究の重要な知見であるが、「証言」の共同構築は裁判記録のような公的資料の分析からも浮かびあがってくる（上野・蘭・平井編 2018）。バスが提示したのは、まさに、女性たちの被害が共同体の苦難の語りを意味するよう、彼女たちが特定の種類の被害者としてつくられていくプロセスであった（Buss 2009: 146）。「戦争兵器としてのレイプ」は、性暴力が組織的で広がりを持つこと、あるいは公的に画策されていること、つまり、無作為の行為ではなく計画的な政策として実施されていることを強調した（Niarchos 1995: 658; Buss 2009: 149）。

このため、法定では、罪となる性暴力が大規模性ないし組織性を要件とし（申 2003：143）、レイプを「集団に対する罪」として提示することを要した[*3]（Buss 2009: 150）。単発のレイプでは構成要件を満たさず、民族全体、共同体全体への脅威が存在してはじめて、人道に対する罪となるのである。

そして、「集団に対する罪」としてのレイプという法廷の認識枠組みは、ルワンダのツチとフツの男女を「レイプ・スクリプト」の特定の位置に置くことになった。すべての性暴力／レイプはフツ男性という加害者によるツチ女性という被害者に対するものとされ、その共通パターンと影響の持続性（共同体の破壊）が強調されることになった（Buss 2009: 156）。その結果、不可視にされた性暴力／レイプ——それが、被害者が男性だったり、あるいはフツ女性であったりする性暴力／レイプである。「レイプ・スクリプト」は、語りの一貫性を損なうようなレイプ被害者を消去することになったのだ（Buss 2009: 160）。

加えて、バスは、「レイプ・スクリプト」が被害者の生存可能性を左右するような要素——脆弱性の程度や利用可能な資源、本人や周囲の勇気ある行為や機転——をも消し去りがちであることに着目した（Buss 2009: 156）。結果、当初、戦争の副産物であるという自然化を乗り越えるようなラディカルさを持っていたはずの「戦争兵器としてのレイプ」概念が、またしても「戦時レイプは不可避である」という問題含みの想定を蘇らせてしまっていることに彼女は警鐘を鳴らすのである。あらゆる不一致と複雑性を明らかにしなければ、戦争にまつわるレイプが不可避ではない状況を想像することはできない、というバスの指摘は傾聴に値するだろう（Buss 2009: 161）。そして、女性を個人としてではなく、家族や男性、民族や共同体に属する存在と見做す発想を残したままでは、戦時性暴力の意味づけがいくら変わったとしても、暴力を生み出す構造への挑戦は十分とは言えないのである。

性暴力の「安全保障化」と「フェティッシュ化」

フェミニスト国際関係論のサラ・メガーは、さらに、「戦争兵器としてのレイプ」パラダイムによって、性暴力が「安全保障化」され、そのことが「フェティッシュ化」[*4]をもひき起こしていることを批判的に考察している。

「安全保障化」とは、国際関係論におけるコペンハーゲン学派が、リアリストのオルタナティブとして提起した理論である。この学派は「安全保障」を客観的な実在と捉えるかわりに、言語行為によってそれが「実存的脅威」として構築されていく政治的プロセス——「安全保障化」——として理解しようとする (Meger 2016: 151)。

オーレ・ヴェーヴァとバリー・ブザンらの提唱する「安全保障化」プロセスとは、一般に次のような段階をふむ[*5]。

① 安全保障化のアクターによってある問題が実存的脅威として提示されること。
② 信頼できる聴衆によってこの脅威が受容されること。
③ この脅威に対処し取り組むための非常措置が展開されること (Buzan et al. 1998: 26; Hirschauer 2014: 27)。

メガーの言う性暴力の「フェティッシュ化」は、この「安全保障化」プロセスにほぼ対応するかたちで次のようなプロセスをたどっていく。

① 戦争にまつわる性暴力が権力関係と暴力連続体から脱文脈化され、分離した現象として均質化され

る。日常とは別個の現象として、多様な性暴力がひとまとめにされる一方、安全保障上の脅威となるかどうかによって新たなヒエラルキーが生み出される。武力集団の戦略目的に直接結びつけられないような日常のレイプをはじめ、ジェンダーに基づく多種多様な暴力が排除される。文脈から切り離されて、性暴力は対立しあう集団／国家のあいだの出来事となる。[*6]

② メディア、運動、政策、学問の言説において戦争にまつわる性暴力がおぞましい事態として対象化（objectify）され、国際安全保障のアジェンダと実践に影響を与える。文脈と意味を剥ぎ取られた性暴力は熱狂の対象となり、国際政治における「商品」となる。[*7] 善人と悪人、被害者と加害者をはっきりとわける「戦争兵器としてのレイプ」の物語は、その野蛮さが競われて、関心は暴力の規模や強度へと焦点化する。

③ 戦争にまつわる性暴力がグローバルに対象化された結果として、ローカルな安全保障のアクター、加害者、被害者に予期せぬ影響がもたらされる。意図せざるネガティブな結果として、交換価値が生まれ、性暴力が商業的価値を持った「スペクタクル」と化す。国際援助や政策アジェンダの焦点が偏ることで、組織や個人にインセンティブが生み出される。たとえば、コンゴ民主共和国では、ドナー国が関心を持つことを知った戦闘員が性暴力を「効果的な取り引きのツール」だと思うようになったり、コミュニティワーカーが資源へのアクセスを求める女性に性暴力を利用するよう奨励したり、という意図せざる結果を生むことになった（Meger 2016: 151-6）。

メガーはこのような考察を経て、「戦争兵器としての性暴力」へのパラダイム・シフトはフェミニストが当初想定していたほどラディカルな移行ではなかったと結論づける。なぜならば、先述のとおりこのパラダイムがジェンダーに基づく他のさまざまな暴力を覆い隠し、日常のレイプや市民の犯す性暴力より戦時性暴力を悪いものとするようなヒエラルキーを強化してしまっているからだ。バスの警告同様、これでは、紛争を根絶し、性暴力の根源に取り組むことはできない、とメガーは考えるのである（Meger 2016: 156)。

以上のように、戦争にまつわる性暴力の新たな解釈パラダイムとして登場した「戦争兵器としてのレイプ」スクリプトにおいては、集団カテゴリーにそったかたちで加害者と被害者が配役されている。物語の受け手が、被害者にとって外集団である加害者からの安全保障上の脅威としてのレイプに熱狂する一方で、被害者にとって内集団に属する加害者の犯すレイプはこぼれおち、安全保障上の脅威と見做されない日常の性暴力の数々は許容可能なものとして軽んじられつづけてしまうのである。所属集団に影響があるかぎりにおいて性暴力を問題化するのでは、内集団と外集団を善悪二元論で把握する紛争の論理に切りこむことはできないし、ジェンダーに基づく日常的な暴力の文脈を離れて戦時性暴力だけを括り出すことでヒエラルキーの構築をつづけたままでは、性暴力を生み出しているジェンダー構造を揺るがすことはできないのである。*8

3　戦時の性的関係の連続性

エイジェンシーと語りの正統性

「戦争兵器としての性暴力」は、解釈パラダイムとしては新しくとも、出来事それ自体が一九九〇年代に突如発生したわけでないことは言うまでもない。第V部冒頭で述べたように、戦闘集団を奮い立たせ結束力を強めること、権力のありかを知らしめ兵士に優越感を与えること、敵の社会的紐帯を破壊し不安定な状態に置くこと――これらは歴史的にくり返し行われてきた性暴力の戦時利用である。こうした戦術的意図のなかで考える時、レイプを戦時の多様な性的関係の連続性のなかで考えてみる必要のあることが見えてくる。*9

軍隊には強固な「男性神話」があり、ジョージ・パットン将軍の「連中はファックしなけりゃ戦闘《ファイト》しない」(Roberts 2013＝2015: 206)を典型的なフレーズとするように、多くの軍隊は女性とのセックスを戦士たる男性の戦闘意欲の「燃料」として利用してきた。*10

このような実利的機能に加えて、性的関係は、誰が支配権を握っているのかを明確にするという象徴的機能もはたす。商品としてのセックスは、それを買う兵士たちに権力を自覚させ尊大な態度を育む一方、女性を奪われてなす術もない地元の男たちは屈辱に身を震わせるのだ。戦後の荒廃のなかで売買春の光景が敗者の男たちにとって屈辱となりうるのは、領土のシンボルである女たちの身体をほしいままにする勝者の男たちが、自らの劣位を否応なく突きつけるからである。それでも経済的必要に迫られた、やむにやまれぬ売春ならばまだ同情の余地もあるだろう。しかし、ぜいたくがしたいとか楽がしたい、モノがほしいといった経済的必要によらない売春はさらなる怒りをかき立てようし、金ももらわぬ自由恋愛となれば言語道断とされる。

実際には、他国の軍隊が駐留する社会において、兵士と地元女性とのあいだに紡がれる性的関係はさまざまな形態を行きつ戻りつするものである。恋愛が成就し結婚にいたることもあれば、兵士と交際していた女性が恋人・婚約者の出国後に売春に参入していくこともあり、レイプをきっかけに売春婦になること

図1　受難物語におけるエイジェンシーと語りの正統性

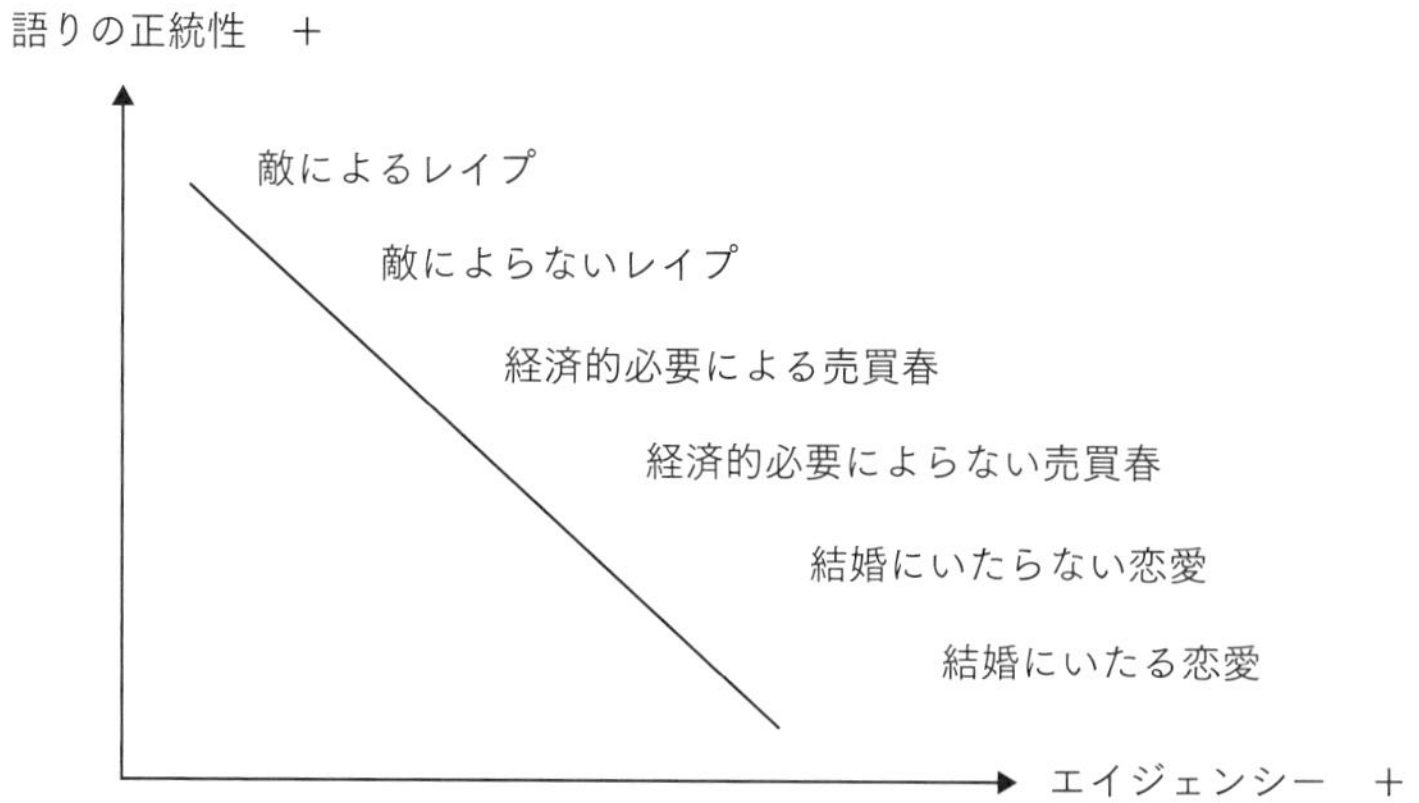

出典：筆者作成

もある。

このようなグラデーション上にある関係性を、女性の側のエイジェンシーを軸として並べてみるならば、レイプ、売買春、恋愛という性的関係は、図1のような連続線上に捉えることができるのではないか。

「エイジェンシー」とは、ポスト構造主義の思想的潮流のなかで、自己決定権を備えた自律した個としての主体概念が解体された後に登場した重要な概念である。ミシェル・フーコーが示したように、人が主体（subject）になるとは既存の秩序への服属（subject to）の過程であるが、主体を言説実践に先立つものとしてではなく、言説実践の遂行により事後的に構築されたものと位置づけたうえで、まったき能動性もまったき受動性も回避するために使われるようになったのがエイジェンシー概念だった。言説実践の媒体であるエイジェンシーには、既存秩序の再生産のみならず、撹乱や変革の可能性もが含意されている。

既存の秩序のなかに生きる人びとは諸々の社会的条件によって否応なく制約を受けつつも、そうした社会的条件に働きかける存在でもある。エイジェンシーは、被害者の生存戦略の発露としてあり、これを認めることは構造的暴力の存在を否定も免責もしない（上野・蘭・平井編 2018）。人は構造に対しなす術もなく受動的であるわけではなく、どのような状況下においてもそれに働きかける力をいくばくかは有する——こうした含意がこめられた概念として、本章もエイジェンシーを用いよう。

図1の横軸は、当該社会が性的関係の当事者である女性のエイジェンシーをどう認識するかをあらわしている。すなわち、横軸に並べられたレイプ／売買春／恋愛という性的関係は、右側にいくほどに女性のエイジェンシーを当該社会から読みこまれることになる。レイプより売買春、売買春より恋愛に、女性の自由な意志の働く余地があるものと見做されるのである。そして、このエイジェンシーにちょうど逆相関するかたちで、当該社会は「語りの正統性」を配置しているのではなかろうか。すなわち、図1の縦軸は、当該社会がその性的関係についての語りに与える正統性を意味する。[*11] レイプ／売買春／恋愛のうち一番高いところにくるのが「敵によるレイプ」についての「語りの正統性」だ。共同体の記憶において、戦争が、犠牲になった被害者の受難の物語[*12]に支配されており、かつ被害者のスティグマと差別をうわまわるほどにそれを問題化しようとする集合的意志が働く場合には、この「敵によるレイプ」の語りこそ、もっとも正統なものとして受容されることになる。

先に見た「外集団による内集団へのレイプ」という語りのパターン化と横溢は、ルワンダやコンゴにのみあてはまる現象ではない。たとえば、ドイツでは、第二次世界大戦末期にソ連軍兵士にレイプされた女性たちの経験の言語化が、語りのステレオタイプ化と軌を一にして可能になったとし（Mühlhäuser 2010＝2015: xiv)、歴史学者のレギーナ・ミュールホイザーは次のように述べている。[*13]

被害者の個人的な語りは、その解釈枠組みが社会で共有されている場合にのみ、耳を傾けられ、正当性《ママ》を認められる。被害者の物語として通用しているものと矛盾するような女性の経験には、恥というイメージや共犯者という非難が浴びせられる。（Mühlhäuser 2010＝2015: xxiii）

ドイツでは、ソ連兵による女性の受難がステレオタイプ化された語りとして登場したのは一九九〇年代のことだった。アティナ・グロスマンは、その背後にあった動機を厳しく指摘した歴史学者であるが、彼女によれば、この受難の物語こそ、新たな苦難の国民共同体を構成し、「民族」の統一を再正当化し、「病んだ」ドイツに「回復」の基盤を提供するという政治的な機能をはたすことになったのである（Grossmann 1995＝1999: 155）。

同じ敗戦国であっても日本の場合には、戦争にまつわる性暴力という女性たちの受難に対し、語りの正統性が付与されることはなかったと言ってよい。満州でソ連兵による性暴力を受けたり、共同体から人身御供として「接待」を強要されたりした女性たちの存在は、長らく公に語られないままであった。*[14] 受難の集合的記憶に召喚された女性の指定席とは、貞淑な母・妻のものであり、性暴力被害者の女性たちにその場所は与えられなかったのである。*[15]

戦争にまつわる性暴力の新たなパラダイムに道を拓いた日本軍の元「慰安婦」たちもまた、公的な問題として被害を語る正統性を付与されるまでには、スティグマを恐れて長い沈黙を強いられた。その悲劇が「民族の受難」と解されたことは、共同体のなかで彼女たちが語ることを可能にする一方で、日本人「慰安婦」を不可視化させる反作用もともなったのである（木下 2017）。中国におけるメディア言説を調査した宋少鵬《そうしょうほう》は、「慰安婦」についての集合的記憶が民族主義の枠組みのなかにあることを指摘して次のように述べている。

> 「慰安婦」は国家の損失として国家の歴史記述に組み込まれたばかりでなく、民族が「落後し打たれた」証拠と象徴として国民の民族抑圧の集団記憶にも組み込まれ、また民族復興の愛国主義の推進力ともなった。（宋 2016：222）

こうした民族的な記憶の背後にある「犠牲者意識《ヴィクティムフッド》ナショナリズム」を問題化しようとしているのが林志《イム・ジ》弦《ヒョン》である。[*16] 林《イム》によれば、戦後のナショナリズムの言説において、受動的な「被害者」から能動的な「犠牲者」へと記憶を昇華する過程で「犠牲者意識《ヴィクティムフッド》ナショナリズム」は生成される。事実か否かを問わず「犠牲者」という崇高な歴史的地位を歴史的行為者に付与し、その記憶を通じてナショナリズムを正当化するメカニズムが「犠牲者意識《ヴィクティムフッド》ナショナリズム」である（林《イム》 2017：70－1）。

先の例で言うならば、ソ連兵によってレイプされたドイツ人女性、日本軍によって「慰安婦」にされた中国人女性という、「敵によるレイプ」のまったき受動的「被害者」に語る正統性を付与し、その存在を能動的な「犠牲者」へと昇華させることこそが「犠牲者意識《ヴィクティムフッド》ナショナリズム」のなせるわざと言えるだろう。

ふたたび図1に戻ろう。縦軸のもっとも高い位置にくる「敵によるレイプ」とは、当該社会がその「語りの正統性」を最大限認めるのと裏腹に、横軸にある女性のエイジェンシーをもっとも低く見積もる位置にあった。このため、「犠牲者意識《ヴィクティムフッド》ナショナリズム」によりひとたび能動的な「犠牲者」の地位を授けられた女性たちは、被害を語る正統性とひき換えに、「被害者」としての自分に自由な裁量で行動できる余地がどの程度あったのかを語ることは許されないことになる。元「慰安婦」証言集・第六集を率いた韓国の研究者・金明恵《キムミョンヘ》の言を借りるなら、「犠牲になった自分というステレオタイプの物語」と矛盾する記憶には存在の余地がほとんどなくなっていくのである（Kim 2008: 189; Mühlhäuser 2010＝2015: x）。個人の記憶の形成・変容の過程が国の歴史の構築過程と酷似するという記憶研究の成果に触れながら、キャロル・グラックは以下のように指摘する（グラック 2007b: 293）。

> どのような私的な過去なら人前に出せるかは、社会的に決められる。時代とともに風潮が変わると、それにつれて人前に出せることも変わってくる。いま、なにが期待されるかに気を配りながら、人々は自分の過去を「思い出す」のだ。……かつて大文字の歴史は国家という形態をとって人々を戦争へと駆り立てた。今そのおなじ大文字の歴史が、戦後の装いのもとに、個人の記憶の細部における修正を誘発しつつ、かなり異なる基準でそれらの行為を裁くのだった。（グラック 2007b：294）

戦争にまつわる性暴力の被害がスティグマ化され、恥とされ、長いこと沈黙を強いられる状況に置かれてきたこと、このことは何度でも確認しておく必要があるだろう。だが、ひとたび、共同体が戦時の受難物語のなかで被害を語る正統性を認めると、被害者にエイジェンシーの発揮の余地がないと見做される「敵によるレイプ」被害を頂点とする、語りの序列がつくられるのだ。こうして、「敵によるレイプ」に対し「敵によらないレイプ」、「経済的必要による売買春」に対し「経済的必要によらない売買春」が語りがたいものとなり不可視化されていく。さらには「結婚にいたらない恋愛」に対し「結婚にいたる恋愛」は最大限のエイジェンシーが認定されるがゆえに、犠牲の物語において語りの正統性の位置を持ちえない。

戦争花嫁がわたった先において経験するDV等の悲劇の数々は、共同体の受難物語とは切り離されて個別化されるのである。

物語の違いにより反転する語りの正統性

だが、語りの序列とは固定的なものだろうか？　戦争にまつわる性暴力の語りとは当該社会の文脈に規定されるものであり、図1に掲げた語りの正統性の序列とは、語られる戦争を共同体のいかなる物語が枠づけるかによって大きく変わりうるのではなかろうか。具体的に言うならば、図1の序列はあくまで共同体の物語が受難の物語に覆われている場合に限定されたものではないだろうか。

戦争が犠牲になった被害者の物語ではなく、勇敢に戦った英雄の物語を前景化して語られる場合、これに見あわぬ記憶もまた同様に抑圧されよう。本書第12章で紹介したように、ノルマンディー上陸作戦以降のフランスでの米兵の蛮行を暴き出した『兵士とセックス』の著者、メアリー・ルイーズ・ロバーツはアメリカの一般市民、特に退役軍人たちからおおいなる反発を受けた。これはアメリカにおいて「よき戦争」とされてきた第二次世界大戦の英雄たちの加害性が本書において生々しく暴かれたからと言えるであろう。

グラックは、第二次世界大戦の記憶をめぐる争いを、位相の異なる記憶領域にわけて分析してみせた（グラック 2007b：349－84）。彼女はハーバート・バターフィールドに依拠し、善と悪、加害者と犠牲者を明確に区別し、敵の側にけっして想像力を働かせないような単純なナラティブのことを「英雄物語」と呼び、その執拗さを各記憶領域における作用に求める（Butterfield 1951: 10-1；グラック 2007b：502）。公式の記憶領域では、強いられることがないかぎり、自らの過去の見苦しい部分から目を逸らすため、「英雄物語」

が持続する（グラック 2007b：358）。大衆文化やマスメディアにおけるヴァナキュラーな記憶は時に公式の物語から逸れていくが、一方で承認や補償を求める数多くの「記憶活動家」が自らの記憶を「英雄物語」に編入することを求めてせめぎあう（グラック 2007b：359－61）。さらに、より私的で系統だってはいない各個人の記憶は、ヴァナキュラーな記憶からイメージを吸いあげながら、時に公的な語りのモデルにあわせて構築された（グラック 2007b：361－2）。「英雄物語」への挑戦が困難を極めるのは、これら異なる位相すべてにおいて、物語への執着とそれを破壊されることへの拒絶・抵抗が存在するためである。

拒絶と抵抗は「英雄物語」に挑む戦時性暴力被害者を黙らせようというかたちであらわれるばかりではない。ちょうど、性暴力の加害者が、それは被害者が自ら望んだことだと思いたがるのと同じように、戦時性暴力の加害者もまた、自ら進んで身を捧げた被害者の像にすがる。ロバーツが引用している兵士の回想録――「今日のヨーロッパは人生で一度は一塊のパンの値段で股を広げたことのある、ご立派なプチブル女たちであふれている」（Roberts 2013＝2015: 164）――は女性蔑視《ミソジニー》に満ちあふれてもいるが、それはうしろめたさのあらわれでもあるだろう。罪悪感を希釈するためにこそ、彼らは「一塊のパンの値段で股を広げ」る女性の側にエイジェンシーを読みこむ。そうすることで彼らは「英雄物語」を傷つけず、その登場人物としての名誉を守るのである。

ここでは、当該の性的関係にかかわった女性にエイジェンシーを見出すことで、やましい感情が薄められ、語りを可能にしているのではなかろうか（恥ずべきは自分ではなく「股を広げた」女のほうだ、と）。図1の受難の物語と異なって、当該社会が戦争を英雄主義的コードで語る場合には、図2のように「敵によるレイプ」こそ、もっともその語りを秘匿すべき恥ずべき経験と位置づけられる。レイプを売買春と取り繕うことは、当該行為に対する罪悪感を希釈して、語る正統性を高める方向に働くと考えられる。「語り

図2　英雄物語におけるエイジェンシーと語りの正統性

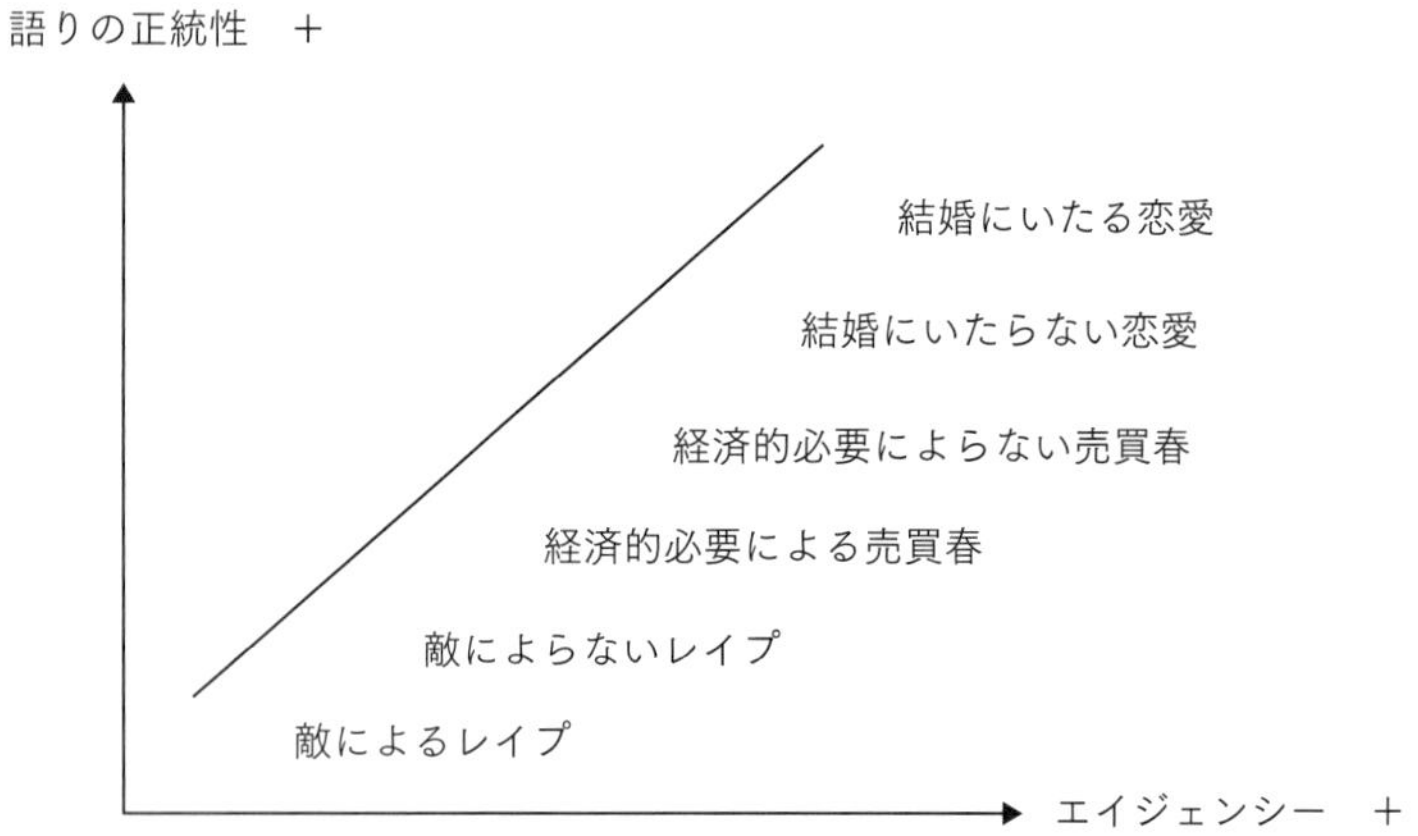

出典：筆者作成

の正統性」をあらわす図2の縦軸が示すとおり、「経済的必要によらない売買春」は「経済的必要による売買春」よりも気安く語ることが可能だし、「恋愛」にいたっては加害／被害の文脈と無縁なかたちで公に語りうるハッピーエンド・ストーリーとなるだろう。過酷な性労働を強いられた朝鮮人「慰安婦」が、特定の男性からは「遊興代金」を取らぬ「スーチャン関係」を結んだとされているが（平井 2018：127）、その関係性に強い情緒的絆を読みこむ兵士の解釈は、それ自体が語りを可能にする機能をはたしていることだろう。

　ここで、図1と図2の差異を、語る主体の差異――図1は被害者女性の語り、図2は加害者男性の語り――として解すべきではない。くり返すが、横軸は、「性的関係の当事者である女性のエイジェンシー」に対する当該社会の認識を、縦軸は、当該社会がその「性的関係についての語りに与える正統性」を意味するのだった。図1と図2の差異とは、語り手が被害者か加害者かではなく、その性的関係を生起させた戦争について、当該共同体がいかなる集合的記憶を有しているのか、という戦争物語の質的差異に由来するのである。*17

このことを明確にするために、図1同様、図2でも女性の語りを取りあげてみるのがよいかもしれない。宋が民族による「忘却」の記憶としてあげた、抗戦女性兵士の捕虜としての性暴力経験はその一例である。抗戦女性兵士は中国の民族的英雄であるが、彼女たちが自決によって示した忠誠や酷刑に耐えた頑強さが英雄の証とされるのに対し、性暴力被害は秘匿されてきた。宋は「受けた暴力の残酷さは英雄の光輝を増すというのに、なぜ性暴力だけが英雄にとって口にしがたい恥辱になるのか」と問い、そこに中国男性による女性への所有意識が忍びこんでいると見る（宋 2016：230）。中国の抗日戦争が英雄物語を前景化して語られる時、そこに、エイジェンシーの発揮の余地なき「敵によるレイプ」を語る正統性はない。抗戦女性兵士が民族的英雄だからこそ、家父長制社会は彼女たちに被害を語る正統性を与えないのである。

このように、戦争が英雄物語に枠づけられる場合には、共同体が「性的関係についての語りに与える正統性」は、戦争が受難物語に枠づけられる場合の語りの序列とは反転されたかたちで配されるのだ。女性たちの「生存戦略」の数々――レイプ後の交渉における金銭の要求、売買春の相手に身受けされること、取り引きを持ちかけて「妻」となること――と、そこで発揮されている女性のエイジェンシーは、受難物語において抑圧され不可視化されるのとは対照的に、英雄物語のなかでは性暴力とほど遠い関係であることを示す証拠として機能しながら無邪気にあるいは淡々と語られるのではあるまいか。語る主体が問題なのではない、被害者の語りであれ、加害者の語りであれ、ある語りに正統性を与え、そこから逸脱する語りに耳を傾けようとしないのは、その共同体における戦争のマスター・ナラティブの規定力なのである。

4　おわりに

同じ集団の内部で発生する性暴力よりも異なる集団からの性暴力を重大なものとして扱い、日常に生じる性暴力を些末なものとしながら非常時のそれを安全保障上の脅威と見る。このような経験の分断と凡庸な犠牲のヒエラルキーがどのような論理のもとに生じるものなのかを考えてみるために、戦争において生起する性的関係をレイプ、売買春、恋愛という連続線上に把握し、考察してきた。最後にその意味をフェミニズムの歩みのなかに確認しておこう。

かつてリブの女性たちは、一方に守られるべき女としての「主婦」を置き、他方に蹂躙されてもかまわない女としての「娼婦」を置くという女の二分化こそ、家父長制のなせるわざだと批判して、両者を架橋しようと奮闘した。また、フェミニズムのなかには性の売買をめぐるジェンダー非対称性に注目し、これ自体を家父長制下の性暴力として批判する流れもあった。

男性に権力と資源を多く配分する家父長制という構造のもとでは、直接的な物理的暴力としてのレイプのみならず、労働市場における女性の脆弱性を背景として性売買が生じ、さらには自らを守る手段として女性に結婚が選択されていく。本章が提示した見取り図は紛争に関連して生じる多様な性的関係を、家父長制下のジェンダー関係として考える思考実験でもあったのだ。

逸脱ではなく日常のなかに生起するものとして性暴力を捉えようとする試みは、リズ・ケリーが「性暴力連続体」概念として提起して以降（Kelly 1987＝2001）、グローバルな運動として展開され、一九九三年の女性に対する暴力撤廃宣言に結実していった。*18 連続体の描き方にはさまざまあれど、DVや夫婦間レイプではないたんなる結婚をここに含めることにはなお抵抗を感じられる読者もいるかもしれない。そこで、もう一つ導入したいのが「保護ゆすり屋（protection racket）」という概念である。[*19]

フェミニストは「保護」が女性の従属と密接に結びついており、保護する者／保護される者というジェンダー化された二元論こそ、公私を貫く不平等なジェンダー関係を正当化してきたのだと批判してきた。[*20]「保護ゆすり屋」は、漠然とした敵からの保護を対価をもって提供する者であり（Stiehm 1982: 373）、ここでは、女性が、自分のことを守ると称する男性によって保護を約束される、という状況を指す。「ゆすり」のアナロジーは、人びとの置かれた場と選択を形づくっている構造を解明し、力とその脅威が構造的依存の生産・再生産に加担していることを明らかにすべく持ちこまれたのだった（Peterson 1992: 53）。

保護する者は、保護に失敗すると狼狽し、不満をおぼえるため、保護対象者の行動を制約しようとする。保護される者は、彼にとって足手まとい、重荷、最終的には恥となる。というのも、保護されない保護対象者こそ、失敗のもっとも明白な証拠となるからだ（Stiehm 1982: 373-4）。

この概念を早くから用いて保護者のジレンマを分析したジュディス・ヒックス・スティームは、本当の脅威とは、「敵」よりも、保護を提供すると称する者が故意に人を搾取したり、よりよい管理や安全のために人を操ったり害を与えたり、保護を組織化することで暴力をひきよせてしまったり、突然攻撃してきたりすることのほうだと言う（Stiehm 1982: 373）。

こうした「保護ゆすり屋」を構成しているのは個々の男性だけではない。国家もまた、さまざまなかたちの保護――プライバシー権の保護、所有権の保護、他の市民や外部の脅威からの保護――を約束する「保護ゆすり屋」として機能している。[*21] 人びとは国家のもとで実際に保護の必要性をさまざまに経験しながら、安全保障という名の「保護」をやむにやまれぬものと解するようになっていく。「安全保障」のオルタナティブを欠いているからこそ、人びとは国家の保護形態への参加を強いられるのである（Peterson

1992: 50-1)。

フェミニストの視点から見れば、国家は男性を「保護ゆすり屋」として支えており、保護とひきかえに政治的・個人的自律を女性に断念させてきたことになる。そして、V・スパイク・ピーターソンが言うように、結婚もまた「保護ゆすり屋」を支える装置としてある。結婚は女性に対するさまざまな脅威からの保護――他の男性からの暴力や、労働市場における脆弱性からの保護――を約束し、女性たちはかぎられた選択肢のなかで、結婚という選択を強いられるのだ（Peterson 1992: 51）。

以上のようなフェミニストの古典的な考察に立ち戻るなら、ジェンダーのヒエラルキーと構造的暴力の再生産に絡みあっている結婚を性暴力連続体のなかに置くことはさほど突飛なこととは言えないだろう[*22]。だが、こうした拡張主義的な性暴力把握が、なお、ある種の危険を孕んだものであることもたしかである。本書第3章でも触れた韓国のフェミニスト研究者 鄭《チョン》・喜鎮《ヒジン》は、家父長制下での異性愛・性暴力・性売買は質的に区分できないとする性暴力連続体概念は、中産階級の女性の抑圧を説明するための概念にすぎなかったと批判し、こうした類の思考とは「複雑な現実を単純化する〝実在〟に対する欲望、西欧近代的思惟の暴力」であると指弾する（鄭《チョン》 2007：55）。

鄭《チョン》の批判は、自らが経験していないことを当事者になりかわって語ることが「声の簒奪」であることへの自覚を促す。わたしたちは性暴力連続体の連続性のみならず、その差異に敏感になり、「声の奪いあい」に陥ることを避ける必要がある。そして、現象のあいだに関連性を見出そうとする「欲望」の「暴力」を自戒しつつも、「レイプ的売春」「売春的レイプ」「恋愛的売春」「売春的恋愛」といったグレーゾーンを消去せず、戦時の暴力的な構造のなかで被害者がかすかに発揮したエイジェンシーの痕跡を毀損することなく掬いあげるべきだろう。

「敵からのレイプ」をエイジェンシーの発揮の余地なき正統なる受難と見做す社会（図1）も、「結婚にいたる恋愛」に暴力など微塵もないと見做す社会（図2）も、語りの正統性と女性のエイジェンシーの認定を関連づける点で、同じ家父長制の論理に基づいている。フェミニズムはこのような論理にこそ抗い、たとえどれほど構造的強制があろうともエイジェンシーは発揮されうるのだということを、そして、女性がエイジェンシーを発揮しているからといってそこに構造的強制がないことにはならないということを、主張してきたはずだ。戦争にまつわる性暴力の複雑で多様なありようを理解するには、いかなる状況下でも発揮されうる女性のエイジェンシーと、いかなる状況下でも発生しうるジェンダー関係の構造的暴力、その双方を視野におさめた考察が必要であり、それこそが、戦時と平時にまたがる性暴力根絶のための闘いにとって不可欠なのである。

戦争と性暴力の比較史を志そうとする営みは、自らの論理の正しさを説こうと、遠く離れた地域の事例を脱文脈化して流用する「否定論者たちのインターナショナル」（林《イム》 2017：65）の一例だと受けとめられるかもしれない。だが比較史は、「正典化された物語を回避する道」を提供し、歴史家を「ナショナルな視角に自らを閉ざすことが身に染みついた習慣から解放する」ような、トランスナショナルな営みともなりうるはずだ（グラック 2007b：10）。

さまざまな経験と英知を集結し、戦時と日常の性暴力とをつなげながら、さまざまな性的関係のヴァリエーションのなかで考えること。戦争を根絶し、性暴力の根源に取り組むために、大きな見取り図を描くこと。本章がその一つの叩き台となることを願っている。

終　章　戦争・軍隊の批判的ジェンダー研究のために

本書は、「ジェンダーから問う戦争・軍隊の社会学」と題し、戦争・軍隊を批判的に考察するうえでジェンダーの視点を持つことが重要であることをさまざまに示してきた。

第Ⅰ部「ジェンダーから問う戦争・軍隊の社会学」では、英語圏で蓄積されてきた先行研究を概観し、研究に必要な基礎概念を整理することで、戦争・軍隊とジェンダーがどのように密接不可分な関係にあるのかを見た。

第Ⅱ部「女性兵士という難問」では、フェミニズムにとっての難問である女性兵士の存在を「加害者」にも「被害者」にも削減することなく、「女性兵士は是か非か」といった議論を超えて批判的に理解する必要があることを主張した。

第Ⅲ部「自衛隊におけるジェンダー」では、日本の軍事組織・自衛隊のジェンダー化された歴史を紐解き、日本特殊性論の文脈で語られてきた自衛隊を、ポストモダンの軍隊の先駆けとして批判的に把握する見方を提示した。

第Ⅳ部「米軍におけるジェンダー」では、グローバル政治において覇権を握る大国アメリカの軍隊を取りあげ、「平等」と「多様性」をますます拡大していくように見える動向を、たんなる進歩史観で把握するのとは異なる批判的視角を示した。

第V部「戦争・軍隊と性」では、レイプ、売買春から恋愛まで、さまざまな性的関係のヴァリエーションを連続線上に位置づけ、戦争・軍隊と性の複雑な関係を批判的に捉える視座を提起した。

「ジェンダーから問う」というフレーズが意味するところは、本書第I部の冒頭で説明したが、本書を貫くもう一つのキーワードである「批判的」は、国際政治学／国際関係論で言うところの批判理論に依拠したものである。*1 国際政治学者のロバート・コックスは、世界を所与のものとし、理論は世界をあるがままに記述しているのだとする実証主義的認識論のもとで、問題を特定しその解決を模索するアプローチを「問題解決理論」と呼び、世界の秩序を構築されたものとして把握し、その起源や変化をたどることで疑問に付そうとするようなポスト実証主義的アプローチを「批判理論」としてこれに対置させた（第1章の表も参照）。「問題解決理論」が自らの理論や調査研究を価値中立的と見做すのに対し、「批判理論」は知と権力の関係に敏感で自らの理論の政治的・規範的含意を強く意識する（Cox 1986: 128-30, Whitworth 2004: 25-6）。

わたしたちの生きている世界を所与のものと捉え、その世界観のもとで問題を突きとめ、解決を模索するのとは異なるオルタナティブな知への志向性——こうした含意をこめて本書では「批判的」という言葉を多用してきた。最後に、本章で、戦争・軍隊の批判的ジェンダー研究のために、三点の提言をすることで、本書を閉じよう。

提言1　エンパワーメントの空間づくり

第一に、戦争・軍隊の批判的ジェンダー研究のためには、同じような問題意識と視点をもって研究する人びとが集う空間が不可欠だ。わたしにとっては、二〇一一年から参加するようになった国際関係学会（ISA）が、そのような場として大きな意味を持ちつづけた。第1章でも少し言及したが、ISAは、年次大会の会場となる北米のホテルに世界中から五〇〇〇人を超える参加者が集い、パネルの数が一〇〇〇以上にもなる巨大な学会である。毎年、どのパネルをのぞきに行こうかと迷うほどの報告があり、たとえば、二〇二一年の大会では「フェミニスト理論とジェンダー研究」（FTGS）が七三、「女性コーカス」（WCIS）が一〇、「レズビアン・ゲイ・トランスジェンダー・クィア・アライ・コーカス」（LGBTQA）が八つのパネルを開いていた。

考えてもみてほしい。日本の政治学系の学会の大会で、ジェンダー視角を用いた報告にいくつ出会えるだろうか。あるいは、ジェンダー系の学会の大会で、戦争・軍隊をテーマにした報告をいくつ聞くことができるだろう。国内でそうした場を得ることのできない研究者にとって、ISAのような国際学会が持つ意味は、はかり知れないほど大きいのである。

もちろん問題がないわけではなかった。たとえば、二〇一二年の大会では、開催ホテルが二手にわかれたのだが、その従たる会場の方にほぼすべてのFTGS、WCIS、LGBTQAパネルが集中していた。おそらくは、参加者の便宜を図ってのことだったろう。二つのホテル間の移動にはおよそ一五分の時間を要したし、雨でも降ろうものなら、セッションのあいだの三〇分の休憩時間に会場を移動するのは困難であるに違いなかったから。つまりは、ジェンダー系のパネルに参加する人びととそれ以外のパネルに関心を持つ人びとは重複しないだろうと判断してこそのプログラムだ。このことが何を意味するかは明白だろう。

二〇一六年には、西欧中心的なフェミニストの知をテーマに話しあう場が設けられ、ＩＳＡにおいてもなお見られるジェンダー・セクシュアリティ問題の周縁化やゲットー化についても話題がおよんだ。フロアにいた若い大学院生たちからは、ジェンダー研究やフェミニズム研究の学会で報告するより、ＩＳＡで報告することが自分の履歴書をゴージャスにするのだとか、ファーストオーサーとして論文を書くことを急き立てられているなかで、一体どうやってサバイブしていけばよいのかわからない、といった悲鳴にも似た率直な声もあがった。そんななか、「それでもわたしにとってここはホームであり、こういう場があることに感謝している。なぜなら、わたしの母国にこのような場所はないから」と静かに語った参加者がいた。わたしもまったく同じ気持ちだった。

対ゲリラ活動を通した男性性／女性性の構築や、安保理決議一三二五号が軍隊の効率性の道具と化していることを批判した報告。兵士の自伝からイラク・アフガン戦争以降の軍事的男性性を探った報告。ＢＢＣによるインドの女性平和維持者の映像を素材に彼女たちのジェンダー化された表象を考察した報告。ＰＭＳＣの登場が軍事任務と市民権の関係をどのように変質させ、それがジェンダー秩序にどう影響しているのかを考察した報告。「保護する責任」論が軍事介入を正当化する時に性暴力が前景化されることを問題化した報告。「戦時レイプはセックスではない」という言説のなかにある戦時と平時の二項対立や「合意の有無」を基準とした両者の弁別を再考しようとする報告。九・一一後に急増した米軍のサポーターとして活動する市民の模倣的男性性についての報告、あるいは退役軍人のタトゥーをトラウマ的戦争体験を癒す身体実践として分析した報告。オバマと対比されながら構築されるプーチンの異性愛主義的で男性主義的な表象、あるいは、アラブ世界においてＩＳＩＳと対比されながら女性戦闘員を通じてリベラルでフェミニスト的なクルド人を構築するジェンダー化された表象を分析した報告……。

日本でその著書や論文から多くを学んできた研究者を目の前にし、自分と関心を同じくする人びとが世界中に存在していることを知る。そのこと自体にわたし自身が勇気づけられてきた。本書で展開した論点の多くは、このような場に参加することを通じて培われたものである。最近、日本で初となる『批判的安全保障論』のテキストが刊行されたが（南山・前田編 2022）、後進育成にはこうした良質な教科書や訳書の刊行も必要不可欠であるだろう。そのようなエンパワーメントの空間づくりの末端に本書が連なるものとなっていることを願っている。

提言2　ケアの倫理を超えて

一方、日本政治学会にはジェンダーと政治研究会があり、二〇一八年の大会では、「安全保障とジェンダー――フェミニズム・批判理論・ジェンダー主流化」と題されたパネルが開かれた。[*2] わたしは非会員だが、この画期的な集まりにコメンテーターとして参加する幸運にあずかった。戦争・軍隊の批判的ジェンダー研究のための第二の提言は、この時のコメントをもとにしたもので、ケアの倫理を超えたオルタナティブの模索を進めることである。

従来の軍事力中心の国家安全保障が、安心よりも不安を、秩序よりも緊張を、平和よりも戦争を生む一因となってきたことに対する問題意識から、そのオルタナティブとして、今日、ケアの倫理には大きな期待がよせられている（南山・前田編 2022：92）。「ケアの倫理」という、相互的な配慮と信頼関係の構築、多様で個別的なニーズへの注視や応答性を安全保障論に持ちこむことで、私的領域におけるケア関係から戦争に抗する実践や思考を鍛えあげることが模索されているのである（岡野 2019：76）。

しかしながら、本書第Ⅱ部や第Ⅲ部で確認してきたように、今日の国際安全保障が、すでに「ケアの倫理」を取りこみながら展開されていることを批判的に考える必要があるだろう。

本書第6章や第11章で見たように、ケア役割の経験や公権力からの歴史的な排除によって、女性には男性とは異なる平和との特別な関係があるのだという論理でもって軍事任務を語る論者は、一九八〇年代からさまざまなかたちで存在してきた。

女性兵士は男性兵士より生命に対する関心が鋭いため「男らしさの栄光」のために殺すのとは異なり、戦争の残虐性に対抗できるだろうと述べたベティ・フリーダン（Friedan 1981＝1984）、男女がともに「防御する者」としてリスクと責任を分有することで、「保護する者／保護される者」のジェンダー非対称性は破壊され、暴力は男性の軍隊によって軍隊のために行使されるのではなくなるだろうと述べたジュディス・ヒックス・スティーム（Stiehm 1982）、母的経験から生じる「保存的愛」に基づく女性文化が平和のための資源になると主張したサラ・ルディク（Ruddick 1983）など、著名なフェミニスト論客の例は枚挙にいとまがない。

このような議論は、一九八〇年代当時から、本質主義的で、軍事主義への対抗基盤としてはあまりに脆弱であると批判をあびてきた（Chapkis ed. 1981）。岡野八代は、ルディクの「母的思考」が単純な本質主義的平和志向ではないと擁護しているが（岡野 2019）、すべての女性がケアの倫理を身につけているわけではないこと、それが男性にも習得可能な倫理として開かれたものであることは議論の前提だ。問われているのは、「母的思考」と名づけられ——たとえ生物学的主張ではなく、社会的・文化的経験に根ざしたものだとしても——そこで培われるとされる「保存的愛」を、軍事的破壊への対抗の基盤とする思考様式の限界性である。*3

「女性・平和・安全保障」（WPS）アジェンダが確立するなか、安全保障はリベラル・フェミニズム的な男女平等論とラディカル・フェミニズム的な女性性の主張とを組みあわせながら進行してきた。本書第8章で見たように、このアジェンダの推進者には、従来、女性を軍隊には適さない理由としてきた性質――穏やかさや他者への共感、争いを調停する融和的なふるまい――を、平和任務に合致したものとして称揚する者もおり、ここから、もっと「女性化」を、もっと「女性的な兵士を」といった提言が導き出されてもいた。

そして、第7章や第9章で見たように、女性兵士には、駐留先での任務のソフト化や軍隊の悪評の解毒、作戦効果の向上などの過重な期待がかけられている。軍隊がもはや、殺し、傷つけ、破壊するのではなく、救い、ケアし、建設するとされる今日、「ケアの倫理」は女性兵士を範としながら軍隊のなかに内部化されるのである。そして、この「ケアの倫理」が「遠くの他者」を守るという任務をはたすポストナショナルな軍隊のあり方を肯定する基盤になる時、女性兵士はジェンダーのおとりとなって、ジェンダー化された人道主義と新たな帝国主義への批判意識を後景化させていく。そうであるならば、わたしたちに必要なのは、ケアの倫理を超えた、もっと十分に批判的なオルタナティブの模索であるだろう。

おそらく、その模索にあたっては、ジュディス・バトラーが「戦争の枠組」として論じた被傷性《ヴァルネラビリティ》を他者に転化し代行させる構造（Butler 2009＝2012）に共鳴し、内藤千珠子が鮮烈に打ち出した娼婦的身体の議論を参照することが役立つだろう（内藤 2021）。内藤は、他者化された「娼婦」的記号に恥辱を代理＝表象させることによって、主体の恥辱が隠匿される仕組みを論じた。自己の恥は「娼婦」的他者に肩代わりされることで、なかったことにされるのである（内藤 2021：48）。

ケアの倫理に基づくフェミニズムは、依存者としてのケアなくして、人間も社会も存続不可能であること、にもかかわらず、「母」的存在が他者化され、自らが依存者としてその存在を必要としたこと／していること／しつづけていることを忘却していることを批判してきた（Kitty 1999＝2010; Fineman 2004＝2009；岡野 2012, 2015, 2019）。だが、忘却されているのは依存だけではないし、他者化されているのは、依存を負わされた「母」的存在だけではない。脆弱な存在として経験された恥辱もまた忘却され、他者たる「娼婦」的存在に投影されていることを、わたしたちは、あわせて考えるべきではないか。そのことは、ケアの倫理がつねになげかけられてきた母性賛美の疑いから手を切るために不可欠なだけでなく、軍事主義への抵抗の基盤を補強するうえでも必須のことのように思われる。なぜなら、恥辱の隠匿と他者への投影こそが、軍事的暴力を駆動する原動力としてありうるからだ。

フェミニスト哲学者のボニー・マンは、九・一一から対テロ戦争へと突き進んでいったアメリカ社会を手がかりに、「主権的男性性」がいかに戦争・暴力を駆動していくのかを論じた。彼女が指摘したのは、恥辱の経験が女性性と結びつけられているために、個人的にも集合的にもその恥辱を権力へと転換していくプロセスがあるということである（Mann 2014: 116）。

暴力にさらされ、女のようにされることが男性にとって屈辱的な経験であるからこそ、彼（ら）はそれを何とかして埋めあわせようとする。辱められた経験は否認されねばならず、主権的男性性への渇望のもと、男性は、そして国家は、この恥を攻撃性へと転換することを迫られるのだ（Mann 2014: 117）。同様のことを、土佐弘之は、脅威や脆弱性をもって有徴化された「他者」を措定し、自らの脆弱性を否定するかたちで発動されるマスキュリニティの政治、主体化の暴力と表現する（土佐 2016：231）。

恥辱を権力に転換することこそが「主権的男性性」の核であるならば、軍事化された暴力の連鎖を食いとめるにあたって、「母」的他者のみならず「娼婦」的他者を、依存経験のみならず恥辱の経験を、オルタナティブの議論へと包含していくことが不可欠であるように思われる。

提言３　「取りこまれ」批判を超えて

戦争・軍隊の批判的ジェンダー研究のための最後の提言は、そのうえで、「取りこまれ」批判を超えたフェミニスト政治（学）を模索することである。

WPSアジェンダにおいて、女性は男性の持ちえない能力をはたすかぎりにおいて平和に貢献する主体として認められていること、「戦争のない平和な社会」のためというより「女性のために戦争を安全にする」ものであるかのようにWPSアジェンダが軍事化され、結果、伝統的な安全保障の目標達成にますます多くの女性を動員するものとなっていることなど、これまでにも多くの批判が積み重ねられてきた（土野 2017；本山 2019；佐藤 2021）。

本山央子は、WPSアジェンダにあらわれる二つの女性の形象——性暴力被害者としての女性、ピースメイカーとしての女性——が、ジェンダー化、セックス化、人種化された知識をつくり出していることを批判的に考察した。「進んだ／遅れた」という時間性のなかで、超男性《ハイパー・マスキュリン》的な他者としての「加害者」と、その野蛮な暴力から女性を守る「保護者」としての「主権者」の構築が見られることを指摘する彼女の議論は、「ケアの倫理」を組みこんだ安全保障論のなかにもなお、こうした植民地主義的なまなざしがあることをあぶり出すことに成功している（本山 2019）。

バトラーもまた、「保護」の対象とされる女性の被傷性《ヴァルネラビリティ》が、女性から権利を奪う権力体制を強化するためにこそ、不平等に配分されていることに注意を促す（Butler 2016＝2018: 185）。彼女は、国境を超えて「倫理的義務」を拡張する一方で、女性に対する被傷性《ヴァルネラビリティ》の不均等な分配を不正であるとし、「保護する責任」を主張するフェミニズムに懸念を示した。「標的にすることと保護すること」が、権力の同じ原理に属する実践であるとする彼女の指摘は重要なものであるだろう（Butler 2016＝2018: 187）。

権力の作動を敏感に察知したこうした批判的考察は不可欠であり、わたし自身もこれに連なるような仕事をしてきたつもりである（佐藤 2021）。その一方で、「これらはみな理論にすぎず、死体は積み重なっていく」（Zalewski 1996）とするような「現実の世界」派の人びとから「批判理論」に向けられる糾弾に対しては、正直、たじろがずにはおられない。

二〇二一年にタリバン統治下のアフガニスタンから米軍が完全撤退をはたしたことで、アフガニスタンの女性たちの苦境がふたたびクローズアップされるようになった。さかのぼれば一九七九年、ソ連がアフガンに侵攻した際、彼らは家父長制社会から女性を救済するのだと述べた。そのソ連の侵攻から女性を守ると言ったのがムジャヒディンだ。そして、台頭してきたタリバンもまた、ムジャヒディンの手によるレイプや虐待から女性を救うのだと主張した（Tickner 2002: 340; Fluri 2008: 144-5; Detraz 2012: 145）。ゆすり屋たちが入れかわり立ちかわりあらわれたその最後に、茶色い女たちをタリバンから保護するのだとして「対テロ戦争」がはじまったのだ。「標的にすることと保護すること」は、たしかに権力の同じ原理に属する実践である。

フェミニズムの知は、今日、覇権的な構造のなかに「取りこまれ」、女性の人権とジェンダー平等の名のもとに正当な暴力を発動させ、脅威を監視する装置となって、国際安全保障体制における不平等な関係を再強化させている。そのことはたしかだ。女性に対する抑圧をテロリストを生み出す土壌と捉え、アメリカの国家安全保障政策のなかに女性に対する暴力のグローバルな監視を位置づけた「ヒラリー・ドクトリン」（Hudson et. al. 2012）はこの好例であり、フェミニズムの知がグローバルな統治の武器へと変質しつつある、というフェミニストの警句はもっともなものである。だが、こうした批判的考察に対しては、「積み重なっていく死体」を座視するつもりか、という脅迫的な糾弾がただちにとんでくる。[*4]

フェミニスト政治学はその初期にしばしば「彼らとわたしたち」というフレームワークを多用し、国家を自分たちの外部にある均質な存在として把握し、女性を国家政策の対象物としてのみ捉える傾向にあった（Waylen 1998: 4; Bryson 1999＝2004: 130）。しかし、権力の源泉はただ一つではなく、国家が一枚岩のシステムですらないことをふまえるならば、ステイト・フェミニズムやフェモクラットの無邪気な称揚と同じくらい、「取りこまれ」へのたんなる冷笑は無意味なものとなるだろう。[*5]

わたしは、「批判理論」を捨てて「問題解決理論」へと逆戻りすべきだという提言をしたいのではないし、フェミニストの知の「取りこまれ」批判の重要性を否定するものでもない。だが、自らの理論の政治的な含意を自覚し、規範的コミットメントをひき受けようとする批判理論は、「取りこまれ」批判を超えたその先に、フェミニスト政治（学）の姿を示す努力をつづけるべきであると考える。

ISAのラウンドテーブルで、「テロとの戦い」におけるフェミニスト言説の利用、ジェンダー主流化の名のもとに行われる対ゲリラ活動の批判を通じて、一三二五号もまたフェミニズムの「流用」にすぎなかったのではないかと激論がかわされたことがあった。そこで、意見を求められたのが、採択に向けて尽力したなかで唯一、反戦とフェミニズムの立場を掲げた国際NGOのメンバーの一人だった。聴衆としてフロアにいた彼女は、フェミニズムの知が軍事化に「取りこまれつつある」という批判はまったく正しいが、一三二五号が女性NGOに平和・安全保障へ関与するきっかけを与えたというその意義を過小評価すべきではない、切り拓かれたのは両義的な空間なのだ、と静かに語った。本書もまた、この両義性を見据えることが重要であるという立場に立ちたい。

フェミニスト政治（学）がジェンダーを主流化する際に切り拓いた矛盾に満ちた空間は、平和で公正な世界を希求してきたフェミニストたちがたしかに闘い取ってきたものである。この空間をよりマシなものにすることが断念される時、事態がさらに悪くなることは確実ではないだろうか。わたしたちは、フェミニズムの知の「取りこまれ」批判のその先に、フェミニスト政治（学）の構想をつづけなければならないだろう。

註

はじめに

＊1　担当したのは「なぜ軍隊内部の女性に注目するか」という回で、このセミナー・シリーズの記録は『フェミニズムで探る軍事化と国際政治』として刊行されている（エンロー 2004）。

第1章　ジェンダーから問う戦争・軍隊の社会学

＊1　フェミニストが軍隊の女性をめぐって展開してきた議論については、前著『軍事組織とジェンダー』第一章も参照のこと（佐藤 2004）。

＊2　FTGSの他にも「女性コーカス」（WCIS）があり、また二〇一一年には「レズビアン・ゲイ・トランスジェンダー・クィア・アライ・コーカス」（LGBTQA）が新設されている。

＊3　このあたりの経緯については、概説が出ているので参照されたい（土佐 2000；林 2007；御巫 2009）。

＊4　一九八九年のUNICEFの報告によれば、戦争の犠牲者に占める民間人の割合は、第一次世界大戦時に五%、第二次世界大戦で五〇%、ベトナム戦争で八〇%にのぼり、レバノン内戦で九〇%を超えている（UNICEF 1986: 3）。

＊5　韓国で女性は志願により兵士以外の副士官・将校となり、その比率は二〇一九年現在約六・八%であるが、女性の徴兵を求める動きも出はじめている（『日経新聞』2021. 8. 10 夕刊）。*Indo-Pacific Defense Forum* 2020.4.4 の記事も参照のこと（https://ipdefenseforum.com/2020/04/opportunities-for-women-expanding-in-rok-military/）。

＊6　この傾向に変化が見られることについては本書第5章を参照。なお、男女双方を徴兵しているイスラエルでも女性の割

合は全体の三分の一程度で、結婚・妊娠・宗教的理由で軍務から外れることができ、服務期間も男性より短い（Sasson-Levy 2011a: 394)。

＊7　NATO諸国のデータについては本書第9章で言及しているので参照されたい。

＊8　リアリズムはアナーキーな国際システムと勢力均衡を求める国家の戦略、リベラリズムは独裁や権威主義といった国家体制、マルクス主義は搾取的な経済システムに戦争の原因を求めた。構成主義《コンストラクティビズム》は、紛争をアイデンティティーや差異の生産と関連づけて解釈する余地を持っていたが、問題にされるのはナショナル・アイデンティティーであってジェンダーのアイデンティティーではなかった（Hawkesworth 2008: 1)。

＊9　ナショナリストの政策において、集団の成員の生物学的再生産者、集団の成員と文化の社会的再生産者、シンボルマーカー、ナショナリズム闘争の参加者、社会成員一般として置かれる男女の異なる位置を考察したV・スパイク・ピーターソンの議論をあわせて参照せよ（Peterson 1999)。

＊10　同時に、集団内にジェンダー・ヒエラルキーを維持する手段である「私的」領域におけるDVや「公的」領域におけるレイプと、集団間の男性主義的暴力とを同一線上に考える必要がある（Peterson 1999: 41)。本書第V部も参照のこと。

＊11　元女性軍人で社会学者のメリッサ・S・ハーバートは、同性愛嫌悪《ホモフォビア》がジェンダー・イデオロギーと相互作用しながら、米軍を数的にもイデオロギー的にも男性支配的な制度でありつづけることを保証してきたと述べる（Herbert 1998: 79)。「女性的すぎる」と思われれば無能、「男性的すぎる」と思われればレズビアンと見做されるという環境が、トップパフォーマーの地位を男性に占有させてきた一因であるという彼女の分析は興味深いが、同性愛排除政策を撤廃した米軍の行方とともに、それを持たない他の軍隊でも同様に存在する男性優位とあわせて考えていく必要があるだろう。

＊12　ほとんどの軍隊で女性はたんに少数であるというだけでなく、トップの地位にのぼりつめることができない。イスラエルでは、女性が准将より上に昇進することができないが、実際にはさらに下の中佐どまりであった（Sasson-Levy 2011a: 394)。女性の昇進に公式の制限がほぼないNATO諸国でも、戦闘排除や性別分業が結果的に女性の昇進の天井をつくり出してきた（Carreiras 2006: 110-2)。アメリカでは、二〇一三年に戦闘制限を解禁し二〇一六年より女性は全職種に就くことができると発表したが、これはすでに女性が戦闘に関与している実態を認め、排除規定によって被ってきた給与や昇進などの不利益を是正するための措置であった。*The Washington Post* 2013.1.23の記事を参照のこと（http://www.

washingtonpost.com/world/national-security/pentagon-to-remove-ban-on-women-in-combat/2013/01/23/6cba86f6-659e-11e2-85f5-a8a9228e55e7_story.html)。

＊13 フランツィネ・ダミコとローリー・リー・ワインスティーンは、軍隊が社会におけるジェンダー関係をたんに反映しているのではなく、男女のふるまいの境界線を定めるうえで、ジェンダー構築の重要な場となっていると述べる（D'Amico and Weinstein eds. 1999: 5）。軍隊の社会的位置づけが相対的に低い戦後の日本についてはさらなる検証が求められる。拙稿も含め、以下を参照のこと（Frühstück 2007＝2008；佐藤 2022）。

＊14 今日の志願制の軍隊をトータル・インスティテューションとして分析するのは適切でないと考える論者もいる（Caforio 2003: 20）。たしかに、海上の船のような例外を除けば、今日、軍人が外部の市民世界にアクセスすることは（時に難しいとしても）トータルな意味でほとんど禁じられてはいない。だが、フェンスで囲まれ、ゲートには歩哨が立ち、人の出入りが厳密に管理されるこの世界は、現代もそれを取りまく社会とは物理的に区別されている。軍隊の民営化や民間職員の雇用に関する近年の動向が、基地の外での居住傾向ともあいまって、軍民を隔てる境界を曖昧にしているとしても、ここで述べたような軍隊における社会化と軍隊文化の独自性を考えるにあたって、トータル・インスティテューションという概念はなお有益であろう。

＊15 「他者」は、必ずしも生物学的女性とはかぎらず、異人種／民族や同性愛者なども含まれるが、いずれの「他者」も女性化される。

＊16 ただし、ハリソンが指摘するように、これは、軍隊外の一般社会でも見られる現象でもある（Harrison 2003: 75）。本書第2章のレビューも参照のこと。

＊17 平和維持活動の貢献に消極的だと言われてきたアメリカですら、国防総省が一九九五年三月に発表した国家軍事戦略のなかで軍隊の役割に平和の支援を加えている（De Pauw 1998: 299）。クリストファー・ダンデカーは、純粋な戦闘機能は副次的なものとなり、「保護し、助け、救う」ことが二一世紀の軍隊の任務になると述べた（Dandeker 1999: 60; Higate 2005: 442）。

＊18 ポストモダン軍隊論、および九・一一以降の変化に注目したハイブリッド軍隊論については、河野仁の説明を参照のこと（河野 2007, 2013）。

＊19　一九九二年の第一次国連ソマリア活動（ＵＮＳＯＭＩ）に派遣された米軍兵士の態度の変容を観察したローラ・Ｌ・ミラーとチャールズ・モスコスは、現地で人びとの敵対的態度に直面した兵士たちの対処法がジェンダー・人種・特技（ＭＯＳ）によって異なっていたことを発見した。男性・白人・戦闘職の兵士は「戦士の戦略」をとる傾向にあり、ソマリア人に対し弱腰であることをよしとしなかった。一方、非戦闘職に多い女性と黒人男性は「人道的戦略」をとる傾向にあり、ソマリア人を地元の文化のなかで理解しようとつとめ、仲間を説得しようとしたと報告されている（Miller and Moskos 1995）。

＊20　平和維持活動に高い評価を得てきたカナダ軍兵士が一九八三年にソマリアの少年を殴り殺した事件に着目し、軍事行動を期待して送られた兵士たちがソマリア人を「他者化」することで暴力をまねいたプロセスを追ったサンドラ・ウィットワース『男性、軍事主義、国連平和維持』の第四章を参照せよ（Whitworth 2004）。

＊21　「ジェンダー主流化」は一九九五年の第四回世界女性会議で確立した概念で、ジェンダー平等に到達する手段として、あらゆる法律・政策・プログラムなどが男女に与える影響を評価し、男女の関心と経験を等しく組み入れるプロセスを指す。

＊22　二〇〇二年一〇月三一日の国連安全保障理事会における議長声明は、「平和維持と人道的任務のなかで、トラフィッキングを含む女性と少女の性的搾取が起こりつづけていることを遺憾に思い、そうした搾取防止のために行為規則と規律措置の展開および完全なる実施を求める。安全保障理事会はすべてのアクター、特に、部隊派遣国に、監視メカニズムを向上させ、申し立てられた不品行の効果的な調査と訴追を行うよう奨励する」と述べた（UN 2003: 22）。

＊23　この論点についてはウィットワースの第五章を参照せよ（Whitworth 2004）。またこの新たな流れのなかで紡ぎ出されているジェンダー化された言説の批判的考察として、本書第7章を参照のこと。

＊24　保護をめぐるジェンダー化された神話とその再編については本書第13章および拙稿も参照のこと（佐藤 2021）。

＊25　さらに、女性のジェンダーとセクシュアリティが、男性の士気を維持するのにも使われていることから、フェイツとナーゲルは、彼女たちの存在をある種の「持ち運び可能なＲ＆Ｒ（休養と娯楽）資源」になったと表現している（Feitz and Nagel 2008: 213）。

＊26　米軍の二〇〇六年調査によれば、現役の女性兵士の六・八％、男性兵士の一・八％がレイプを含む望まない性的接触を

経験しているが、組織に報告した者は女二一%、男二二%にすぎない。報告しなかった理由は、「不安」(女五八%、男五一%)、「トラブル・メーカー」と思われたくない(女五六%、男四一%)、「知られたくない」(女五六%、男四七%)、「何もしてくれないと思った」(女五三%、男四四%)、「報復への恐れ」(女五〇%、男三八%)、「報告するほど重要ではない」(四八%、男六〇%)、「信じてもらえないと思った」(女四一%、男三五%)、「時間とエネルギーを要するだろうから」(女三六%、男四六%)、「どうしたらよいのかわからないから」(女一八%、男二六%)(Lipari et. al. 2008: vi-vii)。本書第4章も参照のこと。

＊27 元米軍指揮官がイラクで勤務していた三人の女性兵士の死因を粉飾したとして告訴された時、ジャニス・カルピンスキー大佐(元准将)は、彼女たちが夜トイレに行くことで男性兵士にレイプされることを恐れ、水分をとることを拒否して脱水症状になって亡くなったのだと証言した(Eisenstein 2007: 36)。*urknet.info* 2006.1.30 の記事も参照(http://www.uruknet.info/?p=20112)。また、英軍の事例は *The Guardian* 2006.5.26 の記事を参照のこと(http://www.guardian.co.uk/uk/2006/may/26/gender.military)。

＊28 *The Seattle Times* 2003.11.9の記事(https://web.archive.org/web/20121021193648/http://seattletimes.com/html/nationworld/2001786800_shoshana09.html)および *The Harvard Law Record* 2003.11.6 の記事(http://hlrecord.org/?p=11074)もあわせて参照のこと。

＊29 各国の軍隊・戦争と女性の関係について、日本語で読めるものとして以下を参照(佐々木 2001;Aleksievich 1987＝2008;林田 2013;久保田 2022;岩田 2022)。また、沖縄における女性たちの軍事化された経験については、以下を参照されたい(高里 1996;宮西 2012;富坂キリスト教センター編 2017;ワイネク・佐藤 2019;Johnson 2019＝2021;玉城 2022)。

＊30 軍隊をそのホスト社会の縮図と考えれば、軍事領域の重要性が相対的に低い日本社会における軍事的男性性には固有の考察の意義がある。本書第2章および第Ⅲ部も参照のこと。

第2章 戦争・軍隊の男性(性)研究

＊1 本章では言及できなかったが、この領域にはドイツ史の重要な翻訳がある(Kühne ed. 1996＝1997; Mosse 1996＝2005)。

また、アメリカおよびドイツの男性史についてのレビューも参照（兼子［2008］2010；石井 2008）。なお、近刊の『男性学基本論文集』の第四部で軍事的男性性を扱っているのでその解説もあわせて参照されたい（海妻他編 2022）。

＊2　二〇二一年には、大統領府ウェブサイトに女子徴兵を求める請願が出され、三〇万件もの賛同署名が集まった（『日経新聞』2021. 8. 10 夕刊）。大統領選で勝利した尹錫悦《ユン・ソクヨル》が約束した兵役期間中の給与増額はこの兵役特権の復活であり、二〇代の男性たちのあいだで強く支持を受けた。春木育美による解説を参照のこと（春木 2022）。

＊3　二〇〇八年の映画『ハートロッカー』が描き出した主人公で、爆弾処理班長のウィリアム・ジェームズ軍曹の破天荒さに対する仲間の拒否反応も、このパターンにあてはまる。この映画を論じたものとして、フェミニスト哲学者のボニー・マンによる『主権的男性性』の第四章も参照せよ（Mann 2013）。

＊4　ベルキンは、この矛盾した構造を認めることが、軍隊文化の中心を占めるスケープゴート化と利他的な装いを持つ帝国との関係を考えるうえで重要だと主張する（Belkin 2012: 173）。

＊5　徴兵制以降の米軍募集広告を分析素材として各軍隊がその人員ニーズや文化にあわせて多様な男性性を構築してきた過程を論証した研究としてメリッサ・T・ブラウンを参照せよ（Brown 2012）。

＊6　除隊後の退役軍人の経験を通して、軍事的男性性を「もとに戻す」過程を研究したサラ・ブルマーとマヤ・アイクラーらの論文も参照のこと（Bulmer and Eichler 2017）。

＊7　この軍隊は軍事社会学者から「ポストモダンの軍隊」と呼ばれている。本書第8章を参照のこと。

＊8　一方、こうした悲観論を批判するフェミニストIRの新世代もすでに登場している。平和維持者の男性性を研究するクレア・ダンカンソンは、ヘゲモニックな男性性の変化を、結局のところ家父長制を維持するためのヴァリエーションにすぎないと見做す悲観論を退けている（Duncanson 2015）。

＊9　レビュー論文も参照のこと（渋谷 2001；多賀 2002）。また、『新編 日本のフェミニズム12 男性学』では巻頭の伊藤公雄による解説が二〇〇〇年代後半までをカバーしている（天野他編 2009）。

＊10　本文でも触れた男性（性）研究の理論的支柱であるコンネルの『ジェンダーと権力』には、国家が家族・街頭と並ぶジェンダー体制とされ、そのなかで軍隊への言及も見られるし（Connell 1987＝1993）、『男性と男性性研究ハンドブック』のような教科書でも、「政治」のパートに「戦争と軍事主義と男性性」がおさめられている（Kimmel et al. eds. 2005）。一方、

多くの日本の男性（性）研究が乗り越えの対象としている伊藤公雄の最初の男性研究は、小説を題材にイタリアのファシズム期の男らしさイデオロギーを読み解くものであり（伊藤［1984］1993）、その後も、戦後日本の男の子のミリタリー・カルチャーの変容を追うといった文化研究を行っている（伊藤 2004, 2017）。

＊11　たとえば、『男性史』で戦前期を扱った一・二巻はたしかに軍隊・戦争に関する論文の比重が大きい（阿部他編２００６）。小野沢あかねは、軍隊史の蓄積のうえに「男性史」を構想することができるとしても、軍隊を論じるだけで「男性史」と言えるのだろうかと疑問をなげかけている（小野沢 2008）。なお、ジェンダー史叢書では「暴力と戦争」をテーマに論集が編まれ（加藤・細谷編 2009）、男性史と軍隊をテーマに含んだ論集（木本・貴堂編 2010）や帝国期日本の男性性を分析した博士論文（内田 2010）の刊行もあった。また、ミリタリー・カルチャー研究会や戦争社会学研究会から自衛隊を射程に入れた研究成果も出はじめているが、男性性への着目はいまだ手薄である（吉田編 2020；蘭他編 2022）。

＊12　地域研究としては、韓国や台湾の軍隊と男性性の関係についての研究がある（春木 2000, 2011；佐々木 2019；福永 2022）。

第３章　軍事主義・軍事化・家父長制

＊１　近年では戦時性暴力における男性被害も可視化されるようになってきた。その過程で生じてきた脱ジェンダー化をはじめとする問題については別稿を参照のこと（児玉谷・佐藤 2022）。

＊２　コウバーンの暴力連続体については、別稿で詳述したので参照されたい（佐藤 2021）。

＊３　本書第Ⅴ部に収録した論文は、そのような模索の一例である。

第４章　女性兵士を取りまく困難

＊１　ローラ・ブッシュはラジオ演説で「テロリストとの戦いは女性の尊厳と権利を守るための戦いです」と訴え、シェリー・ブレアは「世界中の虐げられた女性に会ったけれど、タリバンほどの残酷さは記憶にない」とこれに応えた（『朝日新聞』2001. 11. 8 朝刊；11. 21 朝刊）。テロ後のフェミニズム言説の動員については、すでに多数の批判的分析がなされている（Tickner 2002；前田 2002；Shepherd 2006＝2020; Riley et al. eds. 2008；清末 2014）。

＊2　ベトナム戦争で男性七三％対女性五九％、湾岸戦争で男性六〇％対女性四五％。実際には九・一一後の一年は一割程度の男女差が見られたが、その後、女性の支持率の上下によって男女差が消失したり再浮上したりをつづけた。*Gallup* 2002.11.29 の記事を参照（https://news.gallup.com/poll/7243/gender-gap-varies-support-war.aspx）。

＊3　全米最大のリベラル・フェミニズム組織NOWは、一九七一年の全国会議「女性と戦争」において、軍隊と女性を対立的に捉えていたが、八一年の全国委員会「徴兵と登録への反対」では女子徴兵登録容認へと姿勢を変えた。これと並行して、一九八〇年代からは組織の主要なセクションに軍隊の女性を入れはじめ、九〇年代初期には空軍退役のカレン・ジョンソン中佐をそのメンバーに加え、軍隊の女性との絆を深めていった（Feinman 2000: 219）。

＊4　「教育・訓練機会」については、黒人五七％、ヒスパニック四八％、アジア系／太平洋諸島系四〇％、先住民／アラスカ先住民三八％、白人三八％が「軍隊のほうがよい」と答えた（DMDC 1999: xvii）。

＊5　一九九九年度の国防総省報告によれば、社会経済階層を四分割した中の下が入隊割合としては最多で、最上位・最下位層の出身者は二五％以下であった。なお、国防総省は、世帯収入が正確に申告されているのか懸念があるということで、社会経済的地位の情報収集をやめてしまった（USGAO 2005: 89）。

＊6　加えて、軍事組織をめぐるジェンダー・イデオロギー闘争が活発であり、その闘争の結果がダイレクトに女性兵士の処遇へとつながるという政治状況も大きい。たとえば、イラク戦争の最中には下院軍事委員会が直接地上戦を支援する部隊に女性を就かせることを禁止しようとしたが、NOWは二〇〇五年二月、イラク戦争に反対を表明し、米軍の早期撤退を主張しつつも、この禁止にはすばやく反対の意を表明した。

＊7　防大を選ぶ時、もっとも重視した項目では、①経済的理由（二二・一％）、②親からの自立（二一・八％）、③心身を鍛えたい（一八・四％）、④幹部自衛官になりたい（一〇・七％）、⑤学びたい学科がある（七・七％）、⑥国防の任を担いたい（七・一％）、⑦男女平等である（一・八％）、⑧その他（一〇・四％）、重視した項目では、①五九・二％、②五二・三％、③五一・一％、④二八・四％、⑤二八・七％、⑥二一・八％、⑦七・三％、⑧一七・五％であった（佐藤 2004: 276, 425）。

＊8　この事件は、告訴された軍曹がみな黒人男性で、原告がみな白人の下士官女性だったことで、陸軍が人種差別的なセクシュアル・ハラスメント調査を行ったのではないかとの疑惑もひき起こした。

＊9　東ティモール以降、女性自衛官の海外派遣が実施されるようになった日本でも、いずれは同種の調査が求められることになるだろう。イラク復興支援群派遣隊員第一号となった看護班の女性の次のような総括からも、その必要性がうかがえる。「宿営地内で多くの男性隊員の中、性的対象として誤解を生むような言動は慎む必要があり、妊娠を含む健康管理への注意も必要。体力、精神両面で油断のない「ハードターゲット」たれ、が今回の教訓だ」（『朝雲』2005.3.17）。

＊10　*Ms. Magazine* 2004.6.4の記事を参照のこと（https://web.archive.org/web/20040810165436/www.msmagazine.com/news/uswirestory.asp?id=8482）。

＊11　*Ms. Magazine* 2004.12.16の記事を参照のこと（https://web.archive.org/web/20041229180559/www.msmagazine.com/news/uswirestory.asp?id=8801）。

＊12　Joseph E. Schmitz による Memorandum For Secretary of Defense 2004. 12. 3 (Subject: Evaluation of Sexual Assault, Reprisal, and Related Leadership Challenges at the United States Air Force Academy (Report No. IPO 2004 C003)) を参照。

＊13　たとえば、「性的なからかい・冗談等」、「容姿・年齢・結婚等を話題」、「女性（男性）ということでお茶くみ、後片付け等を強制された場合」、「裸・水着ポスターの掲示」、「女性（男性）ということでお酌を強要」、「女性（男性）ということで服装・髪型・化粧等で注意・批判」、「カラオケでデュエットの強要」、「『女の子』『男の子』等と呼ぶ」などをセクハラと認識する割合は、防衛庁の女性のほうが一般職の女性に比べ、八％から一七％程度低くなっていた。

＊14　たとえば、二〇〇〇年に幹部自衛官が民間人に射撃をさせた事件では、この民間人は駐屯地内の体育館で開催された夏祭り前夜祭にストリップ・ショーを手配した見返りとして射撃を行ったという（『朝日新聞』2000. 3. 22 朝刊、2000. 3. 30 朝刊）。射撃をさせた群長が「隊員の士気を維持するため」にストリップ・ショーを企画したということの事例からは、「セクハラ環境の常態化」と呼びうるような職場環境が垣間見えるだろう。

＊15　たとえば、調査の自由回答欄における「職場の上司や同僚の言葉をいちいち気にして「セクハラ」だと言っているようでは、自衛官を辞めた方がいいと思う。私自身、職場に水着カレンダーがあったり、猥談があったりするが、笑って聞き流せるし、気にならない」（二〇代女性）といった記述など。

＊16　たとえば、テイルフック事件の際には、著名な保守派の女性であるフィリス・シュラフリーが「テイルフックでわが身を酔っ払いから守れなかった女性たちが、セルビア人やイラク人と戦うために送られるとはわけがわからない」と皮肉た

っぷりに述べた。女性兵士のセクハラ告発後に、彼女たちの存在の正当性をおびやかすこうした言説が待っていることは、告発をいっそう困難にしてしまうのである（Feinman 2000: 166）。

＊17 藤田は、女性自衛官たちが性差を認めたり、職場での男女差別を容認したりする「ジェンダー分離型」戦略を採用することを、「男性を基準にすれば「二流の自衛官」になりかねないという婦人自衛官の不安な思いを解消し、「一流の婦人自衛官」としての自信を与えるもの」として位置づけた（藤田 2000: 98）。

＊18 議会の動きとは正反対に、この配置制限は男女を問わず、また下士官と士官とを問わず、現場の兵士たちには意味のない制限として不評であった。*The Washington Post* 2005.5.13 の記事を参照のこと（https://www.washingtonpost.com/wp-dyn/content/article/2005/05/12/AR2005051202002.html）。なお、本書第Ⅳ部で説明するように、地上戦闘制限は二〇一三年に撤廃され、二〇一六年以降、米軍の女性兵士はすべての戦闘任務に就けるようになった。各軍の足跡と現状は以下に詳しい（岩田 2022）。

＊19 一九八五年に加納実紀代は、資本主義が女性を安価な労働力として搾取することに対抗するため、女性の労働市場からの総撤退を主張、これを批判した江原由美子らとのあいだで論争が起こった（小倉・大橋 1991）。わたしと加納の対談においてもこの論争に言及している（佐藤・加納 2008）。

第5章　女性兵士は男女平等の象徴か？

＊1 *AFP* 2013.6.15（https://www.afpbb.com/articles/-/2950463）。

＊2 『産経ニュース』2014.9.20（https://web.archive.org/web/20140920074622/http://sankei.jp.msn.com/world/news/140920/kor140920094900003-n1.htm）。

＊3 NATO諸国の女性軍人の統合パターンを分析したヘレナ・カレイラスのモデル（Carreiras 2006）に依拠した本書第8章を参照。軍隊の女性についてのデータは、ジョニ・シーガーもまとめている（Seager 2018＝2020）。

＊4 NHKは二〇一八年一一月八日の「くらし解説」で女性自衛官をテーマにし、わたしも番組制作に協力した（https://www.nhk.or.jp/kaisetsu-blog/700/308859.html）。また、*Reuter* 2018.9.18（https://www.reuters.com/article/us-japan-ageing-military-recruits-idUSKCN1LZ14S, 日本語版は https://jp.reuters.com/article/japan-selfdefenseforce-recruit-idJPKCN1LZ19X）、*The Economist*

2002.6.25でも自衛隊の人材難を扱った（https://www.economist.com/asia/2020/06/25/japans-soldiers-are-greying-time-to-draft-robots）。

＊5　執筆の時期によってエンロー自身の比重の置き方は微妙に異なっている。ここでの整理の仕方は、日本での講演記録およびその英語版にあたる著書を参照のこと（エンロー 2004: 79-84; Enloe 2007: 78-83）。

第6章　戦争・軍隊とフェミニズム

＊1　訳文は西川祐子による（西川 2000：付録1）。

＊2　樺太では、ソ連軍の侵入によって国民義勇隊は軍の指揮下に入り、日本刀、猟銃、竹槍などを武器として実際の戦闘支援に従事した（加藤 2009：207）。わたしにこの重要な情報を教えてくださった石原俊さんによる以下も参照のこと（石原 2022）。

＊3　同様に、軍隊の同性愛嫌悪《ホモフォビア》に抗い、性的指向以外のどんな資質をとっても愛国的なアメリカ軍人として自己呈示する当事者の闘いの歴史も存在する。本書第11章で扱うが、アメリカではクリントン大統領時代に導入された「聞かない、言わない」（Don't ask, Don't tell, DADT）政策が、軍隊で性的指向を尋ねることだけでなく、彼らが自らそれを表明することも許さぬものだった。軍隊の同性愛差別として長らく問題化されてきたこの政策は、二〇一〇年オバマ大統領のもとでようやく撤廃され、一三年には遺族給付金や軍隊施設の利用などの特典が同性カップルにも開かれた。

第7章　カモフラージュされた軍隊——自衛隊とグローバルなジェンダー主流化

＊1　詳細は本書第8章で論じるが、たとえば、ステファニー・ガットマンなどを参照（Gutmann 2000）。

＊2　ストックホルム国際平和研究所のHPを参照（http://www.sipri.org/research/armaments/milex/milex_database）。

＊3　現在、防衛省は「第五世代機」と呼ばれるF-35戦闘機の導入を進めている。

＊4　朝鮮戦争以降、日本は外交的・政治的・経済的に、そして、後方から、すべてのアメリカの戦争を支援してきた一方で、一九九〇年以前は、自衛隊の海外派遣を慎重に控えていた。

＊5　憲法九条は「第一項　日本国民は、正義と秩序を基調とする国際平和を誠実に希求し、国権の発動たる戦争と、武力に

よる威嚇又は武力の行使は、国際紛争を解決する手段としては、永久にこれを放棄する。第二項　前項の目的を達するため、陸海空軍その他の戦力は、これを保持しない。国の交戦権は、これを認めない。」としている。

＊6　第二次世界大戦では推定五万人以上の看護婦が軍隊で働いた。しかし、彼女らは軍隊の民間雇用者であった（内藤 2005：70）。

＊7　第一三回参議院内閣委員会四〇号、一九五二年六月一一日。

＊8　「婦人自衛官」の呼称は、二〇〇三年に「女性自衛官」へと変更されている。

＊9　海原は、この在米防衛駐在官が自衛隊の女性活用へと同僚を説得したことを、「洗脳」という言葉で表現した（C・O・E・オーラル・政策研究プロジェクト 2001：259）。

＊10　フォートリーのアメリカ女性軍人記念館所蔵、"Foreign Officers Trained at U.S. WAC School"。

＊11　フォートリーのアメリカ女性軍人記念館所蔵、"Foreign Officers Trained at U.S. WAC School"。

＊12　フォートリーのアメリカ女性軍人記念館所蔵、"Proposed Remarks for the Commandant on Foreign Student's Holiday, 1 November 1967"。

＊13　*The New York Times* 1942.4.17 の記事を参照のこと（https://www.nytimes.com/1942/04/17/archives/freedom-of-press-seen-on-trial-now-byron-price-warns-editors-at.html）。

＊14　陸上自衛隊の人事政策担当者へのインタビュー、一九九九年一〇月二九日。

＊15　この「改革」の結果、女性の職域開放率は三九％から七五％になった（第一〇七回衆議院内閣委員会四号、一九八六年一〇月二八日）。しかし、実際に女性の就いた職域の割合を示すデータは入手できない。

＊16　第一一八回衆議院内閣委員会六号、一九九〇年五月二四日、自民党・鈴木宗男。他にも、公明党の黒柳明による「先頭に立って兵隊さんを指揮するだけが将校さんの任務じゃないですな」、民社党の抜山映子による「一般論から言えば、肉体的に女性はそういう軍事行動には適さないという面もございますが」などがある（第一〇二回参議院外務委員会一六号、一九八五年六月六日）。

＊17　防衛庁人事第二課（案）「従来慎重に対処してきた理由と検討結果」、一九九〇年五月九日。

＊18　防衛省のＨＰを参照（https://warp.da.ndl.go.jp/info:ndljp/pid/8718261/www.mod.go.jp/j/approach/kokusai_heiwa/list.html）。

＊19　第一五四回衆議院武力攻撃事態への対処に関する特別委員会　二〇〇二年五月七日、内閣総理大臣・小泉純一郎。

＊20　第一五九回参議院外交防衛委員会二号　二〇〇四年三月一六日、自民党・舛添要一。

＊21　第一六一回参議院イラク人道復興支援活動など及び攻撃事態等への対処に関する特別委員会　二〇〇四年一一月一三日、防衛庁長官・大野功統。

＊22　第一七四回衆議院安全保障委員会四号　二〇一〇年四月九日、防衛大臣・北澤俊美。

＊23　この写真は二〇〇七年に最優秀写真賞に選ばれている（『朝雲』2007. 2. 22）。

＊24　これはポストナショナルな軍隊においても同様である（Kronsell 2012: 13-4）。

＊25　アメリカは一九七三年に徴兵制を廃止し、多くの国がこの後につづいている。たとえば、スペインとフランスは二〇〇一年、ポルトガルとイタリアは〇四年に徴兵制を廃止した。外務省のＨＰを参照（http://www.mofa.go.jp/mofaj/area/）。

＊26　ＦＥＴに関しては本書第一〇章でも触れている。アフガニスタンに展開した国際支援治安部隊のＨＰ等を参照（http://regionalcommandsouthwest.wordpress.com/about/female-engagement-team-usmc/）。

＊27　サンドラ・ウィットワースの「平和の戦士王子」を修正した用語である（Whitworth 2004: 12）。

＊28　防衛省のＨＰを参照（https://www.mod.go.jp/j/publication/shiritai/saigai/index.html）。

＊29　「友だち作戦」はもちろん公平無私で、慈悲深い軍事任務ではない。この任務は国際的・国内的にアメリカと日本の友好関係を誇示する目的を持っている（半田 2012: 26-30）。

＊30　二〇一一年に内閣府が行った世論調査によれば、九七・七％が大震災の際の自衛隊の活動によい評価を与えており、自衛隊によい印象を持っている数値は歴大最多の九一・七％を記録した。「友だち作戦」については七九・二％がこれを成功と評価した（https://survey.gov-online.go.jp/h23/h23-bouei/index.html）。

＊31　内閣府大臣官房政府広報室のＨＰを参照（https://warp.da.ndl.go.jp/info:ndljp/pid/9283589/www.gov-online.go.jp/pr/media/magazine/ad/284.html）。

第８章　ジェンダー化される「ポストモダンの軍隊」――「新しさ」をめぐり動員される女性性／男性性

＊１　二〇〇七年の防衛庁から防衛省への移行にともない、翌〇八年には防衛省人事教育局に「男女共同参画推進企画室」が

設置されている。本書第7章表1も参照のこと。

＊2　「婦人自衛官」という呼称は、防衛庁男女共同参画推進本部により見直しが検討され、二〇〇三年以降「女性自衛官」と変更されている。

＊3　「一般」という但し書きは、看護等の衛生分野ではない、という意味である。目標であった女性自衛官（一般）一万人体制は二〇〇五年度末に達成された。

＊4　制服を着た女性隊員が派遣されるまでには、防衛庁女性事務官の国連兵力引き離し監視隊（UNDOF）輸送への同行（一九九九年）、内閣府に事務官として出向中の女性自衛官のUNDOF連絡調整要員派遣（二〇〇一年）など、背広女性のPKO派遣があった（『Securitarian』2001. 9. 41-5）。二〇〇〇年には、ゴランPKO第一一次隊に女性自衛官を派遣予定というニュースが流れたものの（『読売新聞』2000. 1. 26 夕刊）、これは実現しなかった。

＊5　「防衛省における男女共同参画に係る基本計画」（二〇〇六年七月一二日）においても、災害派遣および国際平和協力活動における女性自衛官の活用を図ることが謳われている。

＊6　本書第7章を参照。

＊7　この見直しの理由として、ジュネーヴ条約等の的確な実施を確保する「武力攻撃事態における捕虜等の取扱いに関する法律」が二〇〇四年に成立したことがあげられている。

＊8　比較したNATO諸国は、カレイラスの調査時点で、制限なし（ベルギー、チェコ、デンマーク、ルクセンブルク、スペイン、ノルウェー）、直接地上戦闘制限（フランス、アメリカ）、潜水艦などの制限（カナダ、オランダ、ポルトガル、イギリス）、歩兵・砲兵などの制限（トルコ、イギリス）、全戦闘職制限（ドイツ、ギリシャ）と、多様であった（Carreiras 2006: 130-1）。

＊9　一方、男女共同参画の本気度を問われる事態も発生した。二〇〇七年にはじめて現職の女性自衛官がセクシュアル・ハラスメント裁判を起こしたが、彼女の上司は「Aは男だ。おまえは女だ。自衛隊がどっちを残すかと言ったら男だ」と言い放ったという。実際、被害者は再任用を認められぬまま二〇〇九年度末で職場を追われ、加害者は停職六〇日の処分を受けて自衛隊に残った（佐藤 2009）。その後、被害者は国に損害賠償を求め、二〇一〇年に勝訴している。事件については、三宅勝久による第六章も参照のこと（三宅 2008）。

＊10　検討の結果は、①募集に関する事項、②在職期間中における事項、③援護・退職後の措置に関する事項、④その他の事項に区分されてまとめられている（防衛力の人的側面についての抜本的改革に関する検討会 2007）。

＊11　「ジェンダー主流化」は一九九五年の第四回世界女性会議で確立した概念で、ジェンダー平等に到達する手段として、あらゆる法律・政策・プログラムなどが男女に与える影響を評価し、男女の関心と経験を等しく組み入れるプロセスを指す。

＊12　決議一三二五号の採択にいたる過程は女NGOや国連の報告を参照のこと（Hill et.al. 2003; UN DPKO 2004；秋林 2006）。なお、決議の全文は、採択にも尽力した国際NGOである女性国際平和自由連盟（WILPF）のHPにおいて各国語に翻訳されている（http://www.peacewomen.org/resolutions-texts-and-translations）。

＊13　コロンビア、イスラエル、フィジーなどでは既存の政策や法律に決議が組みこまれ、デンマーク、イギリス、ノルウェー、スウェーデン、カナダ、スイスなどでは新たにWPSの行動計画がつくられた。また、国連の軍縮局（DDA）、人道問題調整事務所（OCHA）、平和維持活動局（DPKO）をはじめ、EUや政府間開発機構（IGAD）などの超国家組織においても、WPSに関する行動計画が策定された（UN INSTRAW 2006: 3）。

＊14　二〇〇五年の第二次男女共同参画基本計画で、すでに「国連安全保障理事会の一三二五号決議の内容を踏まえつつ、軍縮、紛争地帯における平和構築及び復興開発プロセスへの女性の参画を一層促進する」と謳われていた。

＊15　二〇〇四年三月時点で平和任務に従事している文民職員のうち女性は二四％（UN DPKO 2004: 70）。一方、軍人職員については、二〇〇三年一〇月で一・五％でしかなかった（UN DPKO 2004: 121）。また、二〇〇八年までに展開した平和維持活動で女性をトップに据えたのは国連リベリア・ミッション（UNMIL）のみだった。

＊16　『軍事組織とジェンダー』では、第一の立場を「アンチミリタリスト差異あり平等派」、第二の立場を「ミリタリスト平等派」、第三の立場を「アンチミリタリスト平等派」と呼んだ（佐藤 2004）。

＊17　冷戦期、PKO派兵国は「中間」・「弱小」国に偏っていたが、それは国連が派兵国になす補償が、こうした国軍の常設を手助けしたことを示している。冷戦後には、日本以外にも、アルゼンチンやドイツなどが、国軍を再構成し、グローバルな行為者として自らを国際社会のなかに位置づけるための手段として、平和維持活動に積極的に参加してきた。サンドラ・ウィトワースが鋭く指摘するように、平和維持はこうした諸国の軍隊を正当化し、同時に軍隊を持つことで彼らを国

家として正当化する役割をはたしてきたのである（Whitworth 2004: 33-5）。

＊18　「ポストモダンの軍隊」論を含め、軍事社会学の秀逸なレビューとして河野仁を参照のこと（河野 2007a, 2007b）。本章は、わたしが「ジェンダー主流化」の視点を看過しているとする河野からの批判に応答したものでもある（河野 2007b）。

＊19　「ポストモダンの軍隊」論はチャールズ・C・モスコスが提起した（Moskos 1992）。なお、この論に対しては、「ポストモダンの軍隊」論が扱っている組織的変化の根源は近代にあるとしてその継続性を重視し、「ポストモダン」のネーミングはミスリーディングであるとする批判がある（Booth et. al. 2001）。

＊20　先駆けというわけでなく、いくつかの相反する特徴にも言及しているが、河野も自衛隊の役割と組織内の変化を「ポストモダンの軍隊」論の枠組みで考察している（河野 2007a）。

＊21　「特別職」とは、公務員のうち、選挙によって就任する職、任命権者の裁量により政治的に任命することが適当とされている職、任命に国会・地方議会の議決もしくは同意が必要とされている職、権力分立の原則に基づき内閣の監督から除かれるべき立法や司法の各部門における職、職務の性質から特別の取り扱いが適当な職を指す。特別職公務員の服務条件等は、原則として国家公務員法や地方公務員法が適用されず、個別に定められている。

＊22　フリューシュトゥックは、自衛隊が軍民関係をどうにか良好なものにしようと格闘してきたアリーナとして記憶・大衆文化とともにジェンダーをあげた。これらは、憲法第九条の「改正」により自衛隊を正当化＝「普通化」しようとする大きな目的のための技法でもあった（Frühstück 2007＝2008）。

＊23　自衛官の理想像としてどれほどの支持を得ているか不明ではあるが、元防衛庁長官の中谷元衆議院議員や佐藤正久参議院議員など自衛官出身の政治家、森本敏拓殖大学教授や志方俊之帝京大学教授など自衛官出身の学者の活躍は、「ポストモダンの軍隊」論の軍人政治家・軍人学者に匹敵する例と言えよう。

＊24　同性愛の包摂について、自衛隊ではこれを制度的施策として公けに論じてこなかったが、二〇一七年の「女性自衛官活躍推進イニシアティブ」では、「性別や性的指向・性自認のみを理由として隊員がチャレンジする機会を排除することは、受け入れられない」とはじめて明記された（防衛省 2017：3）。なお、防衛大学校教官による幹部自衛官への調査（河野・彦谷 2006）や現役自衛官によるダイバーシティ・マネジメントの観点からの研究も参照せよ（望月 2018）。

＊25　時には人材不足で、軍隊が女性比率の目標値を設定する場合もあった（Carreiras 2006: 199）。

＊26　本書第9章図1には二〇一七年のデータを掲載しているので参照のこと。

＊27　この相関分析はいくつかの重要な知見を導き出しているが、なかでも、女性の「たんなる参加」と「実のある参加」とを区別する必要があるという指摘は注目に値する。分析によれば、女子労働力率のような「たんなる参加」は、女性の代表性とも包摂度とも無関係であるが、ジェンダー・エンパワーメント指数（GEM）のような「実のある参加」の方には強い相関があった（Carreiras 2006: 200）。わたし自身も確認しているが、カレイラスも女性兵士比率とGEMに有意な相関関係はないと述べている（佐藤 2004：328；Carreiras 2006: 125）。

＊28　世界経済フォーラムが毎年発表しているジェンダーギャップ指数は二〇二一年で一五六カ国中一二〇位である（https://www.weforum.org/reports/global-gender-gap-report-2021）。

＊29　ただし、防衛大学校・防衛医科大学校の門戸開放は「国連女性の一〇年」を背景に女性議員から要請されたことに端を発し、女性差別撤廃条約の批准に向けた国家公務員の受験制限解消の一端として検討が促されていった（佐藤 2004）。

＊30　この点で、河野仁と彦谷貴子による日本の幹部自衛官と文民エリートの意識調査は興味深いデータを示す。たとえば、女性自衛官への職域開放への賛否には民軍ギャップが見られ、文民エリートの賛成（七三・七％）に対して幹部自衛官の賛成（四六・五％）は有意に低い（河野・彦谷 2006：69）。

＊31　「トークン」は印の意で、形式的な方針遵守のために、少数派が名目的な「お飾り」の位置に置かれる事態を指す。

＊32　オルソンは国連で「ジェンダー主流化」政策に携わった経歴を持ち、トリュッゲスタードは現役の国連平和維持プログラムのコーディネーターだった。

＊33　一九九〇年代後半の英軍募集広告は、まさにこの局面をクローズアップしたものだった。カメラは爆破されたビルの片隅にしゃがみこむ女性を映し、次のようなナレーションが入る。「彼女はたった今兵士たちにレイプされました。この兵士たちは夫を殺しました。彼女はもう兵士を見たくもありません。その兵士が女性でないかぎり」（DeGroot 2001: 37）。

＊34　ただし、これを九・一一以降の新たな現象と見るのは適切でないかもしれない。男性性研究においては、泣くという行為のように、感受性を適切に公けにすることは、ヘゲモニックな男らしさを再構築しようとする「ニューマン」の戦略と見るべきで、フェミニズムが求めるジェンダー関係の変化にはいたらないかもしれないと一九九〇年代に指摘されている（Hodagneau-Sotelo and Messner 1994）。

＊35　たとえば、ペンタゴンに突っこもうとしたハイジャックされた飛行機の乗客のなかにいたゲイ男性のことをメディアは語ろうとしなかったし、女性消防士など、九・一一のフロントラインにいた女性たちも不可視化されてしまった。

＊36　一方、女性は――アメリカの女性だけでなくアフガニスタンの女性も――「他の」男性のふるう攻撃の犠牲者として描かれ、「女性の犠牲者化」は報復戦争の強力な動員力となった。

＊37　ただし、ここで引用したダウラーとフリューシュトゥックは「ポストモダンの軍隊」が依然として「男性的」な領域となっていることを批判的に指摘しているのであって、これを「男性的」領域に保つべきだと考えているわけではない。

＊38　彼のこの「少年は少年だろう」式の態度はただちに抗議行動をひき起こし、UNTAC職員のセクハラ、性的暴行、女性と売春婦に対する暴力、売春とHIV／AIDSの劇的増大の責任を追求する署名つきの公開質問状が送られた。明石は、職員を配置して、カンボジアの人びとの不満について調査を行うことを約束した（Whitworth 2004: 71）。

＊39　平和と安全保障について根本的な問題提起をしない「ジェンダー主流化」を批判するウィットワースも、批判的問いを立てること自体が、現実にある暴力に目をつぶり、責任から逃避する行為として憤りを持たれてしまう困難に言及している（Whitworth 2004: 186）。

＊40　④で言及したエンロー（Enloe 1993＝1999, 2000＝2006）やウィットワース（Whitworth 2004）の仕事はその筆頭である。

＊41　本書第7章・第9章で記述した、PKOに参加する女性を利用した「先進性」のアピールや任務のソフト化はこの視点からの考察に値する。アメリカのアフガニスタン攻撃を正当化するために動員されたジェンダー化された言説を分析したフェミニスト国際関係論のローラ・J・シェパードも、女性兵士と女性化された男性平和維持軍の表象が、軍事化された治安軍の象徴的な力を減ずる作用を持ったことを指摘している（Shepherd 2006＝2022）。

＊42　わたしのこの考えは、WPS推進派の「ジェンダー」概念が批判的用語から問題解決の道具へと変質してしまうことで、問われるべき根本的な疑問――平和維持活動は本当に軍隊が担うことでもっともうまくいくのか、その活動は帝国主義的な実践とどのように違うのか――が封じられてしまうことに警鐘をならしたウィットワースに大きな影響を受けている（Whitworth 2004）。

＊1　「人道的介入」にあたっては、①甚だしい人権侵害が存在し、②武力行使が最後の手段であり、③介入目的が人権侵害の停止に限られ、④講じられる手段が状況の深刻さに比例したものであり、⑤相応の人道的成果が期待できることが要件とされる（最上 2001：103）。だが、実際には、特定の国の独断や支配のための介入になることとつねに紙一重である（藤岡 2014）。

＊2　ストックホルム国際平和研究所のＨＰを参照（http://www.sipri.org/research/armaments/milex/milex_database）。

＊3　自衛官募集・地方協力本部ポータルサイト「〝チホン〟のポスター」のＨＰを参照（http://www.mod.go.jp/gsdf/jieikanbosyu/chihon/vol07.html）。

＊4　自衛隊茨城地方協力本部のＨＰを参照（http://www.mod.go.jp/pco/ibaraki/poster.html）。

＊5　滋賀地方協力本部が人気アニメ「ストライクウィッチーズ」とコラボして二〇一八年に作成したポスターは、下着が見えるようなデザインに批判が殺到し、翌一九年に陸上幕僚監部が撤去を指示する事態となった。

＊6　防衛省自衛官募集のＨＰを参照（https://warp.da.ndl.go.jp/info:ndljp/pid/9104317/www.mod.go.jp/gsdf/jieikanbosyu/sp/cm/index.html）。

＊7　よい印象とは「良い印象を持っている」に加え、二〇〇六年調査まで「悪い印象は持っていない」、〇九年調査から「どちらかといえば良い印象を持っている」を加えた数値である（https://survey.gov-online.go.jp/h26/h26-bouei/zh/z07.html）。内閣府政府広報室のＨＰもあわせて参照のこと（https://survey.gov-online.go.jp/h29/h29-bouei/gairyaku.pdf）。

＊8　ＵＮウィメンのＨＰを参照（http://www.unwomen.org/en/news/stories/2015/6/un-women-announces-bold-commitments-to-gender-equality-from-20-new-partners）。

＊9　一例として、シリアの内戦に関わった四組織におけるジェンダー・イデオロギーの役割を分析したオラ・セーケリの研究を参照（Szekely 2019）。

＊10　防衛省のＨＰを参照（https://warp.da.ndl.go.jp/info:ndljp/pid/11402418/www.mod.go.jp/j/press/news/2017/11/30b.html）。なお、ジェンダー・アドバイザーの機能については、国際平和協力センターでジェンダー課目を担当した経験を持つ中林健らの論文を参照のこと（中林・佐藤 2015）。

＊11　ＦＮＮニュースによる（http://www.fnn-news.com/news/headlines/articles/CONN00268736.html）。
＊12　安倍内閣総理大臣二〇一四年五月一五日記者会見。内閣府のＨＰを参照（https://nettv.gov-online.go.jp/prg/prg9798.html）。
＊13　日本政府が女性自衛官を都合のよいトークンとしていることは、ある一人の女性自衛官の扱いを見ることからも明らかである。日本とＮＡＴＯの協力関係をさらに強めることを期待されたその女性は、元国連人権委員会特別報告官のラディカ・クマラスワミとの会合を「光栄だ」と表現したことで激しい非難をあびた。ジェンダー平等の先進性のＰＲを期待される女性たちは、政府の意に反する言動をとれば、いとも容易《たやす》く脱エンパワーメントされ、エイジェンシーを奪われるのである。
＊14　防衛省のＨＰを参照（https://www.mod.go.jp/j/approach/agenda/guideline/pdf/security_strategy.pdf）。
＊15　防衛省（二〇〇六年までは防衛庁）は一九七六年以来、毎年『防衛白書』を刊行しているが、二〇〇五年からは英語、ロシア語、中国語、韓国語に翻訳している。多くの広報素材を多言語発信する姿からは、日本が「普通の」国になり、世界の平和と安全保障にコミットする意志と決意を国際社会に知らしめる用意があることがうかがえる。
＊16　防衛省動画サイト英語版の動画を参照（https://www.youtube.com/watch?v=ldixySdPIlw&list=PLSXvqOBfN9pJYwEixGRBxBP2ECtWELgbW）。
＊17　防衛省の英語版『防衛白書』を参照（https://warp.da.ndl.go.jp/info:ndljp/pid/11637018/www.mod.go.jp/e/publ/w_paper/pdf/2017/DOJ2017_feature3_web.pdf）。

第10章　アメリカにおける軍隊の女性の今

＊1　*The Wall Street Journal* 2013.10.24 の記事を参照のこと（http://online.wsj.com/article/SB10001424127887323539804578260123802564276.html）。
＊2　*National Geographic* 2013.1.26 の記事を参照のこと（https://www.nationalgeographic.com/history/article/130125-women-combat-world-australia-israel-canada-norway, 日本語版は https://natgeo.nikkeibp.co.jp/nng/article/news/14/7460/）。
＊3　米軍に関するこのニュースの後、一部メディアでは、日本でも女性自衛官の前線配置を検討しはじめていると報じられた（『毎日新聞』2013. 3. 1 朝刊）。その後の職域開放については本書第Ⅲ部で見てきたとおりである（第7章表1）。

＊4　ＷＲＥＩの「軍隊の女性」プロジェクトの創始者は元陸軍士官で海軍次官補も務めたキャロリン・ベクラフトである。二〇一三年一二月末をもってプロジェクトは終了した（ディレクターを務めていたローリー・マニングによる二〇一三年一二月一二日私信）。

＊5　ＳＡＰＲＯ報告書によれば、二〇一二年度にレイプや不当な性的接触を含む性的暴行を届け出た二九四九人は、実際の被害の推計値二万六〇〇〇人の一一％でしかない（DoD SAPRO 2013: 25）。

＊6　二〇一二年度には六八％に上昇している（DoD SAPRO 2013: 70）。

＊7　*The Washington Post* 2013.1.29 の記事を参照のこと（http://www.washingtonpost.com/blogs/the-fix/wp/2013/01/29/most-back-women-in-combat-see-no-harm-to-military-effectiveness/）。

＊8　実際、実務家たちは兵士からの反発を避けることに腐心しており、「フェミニズム」という言葉も避けたほうがよいとされている（Kleppe 2008）。

＊9　この論点についてはサンドラ・ウィットワースの第五章を参照（Whitworth 2004）。なお、日本でも、ジェンダー概念が保護主義的言説や男性中心主義言説と親和性を持つように変質しているジェンダー主流化の現状に批判をなげかける阿部浩己や、「効率性」言説を巧みに用いながら実施されるジェンダー訓練をフーコーの「統治」概念に依拠して批判的に検討した和田賢治、「女性・平和・安全保障」アジェンダがフェミニズムの知をグローバルな統治の武器へと変質させつつあることを批判した本山央子らの批判的研究がある（阿部 2010；和田 2009；本山 2019）。

＊10　二〇一二年二月、ＦＯＸテレビの女性コメンテーターが、軍隊内性暴力の対策に費やす支出の増大に苦言を呈し、「彼女たちは何を考えていたのか」と被害者にも落度があるかのような発言を行った（https://mediamatters.org/sexual-harassment-sexual-assault/foxs-liz-trotta-sexual-assault-military-what-did-they-expect-these）。女性軍人のために活動しているＳＷＡＮ（Service Women's Action Network）のような団体がただちに抗議活動を行い、コメンテーターが釈明を迫られたことは、この一例を示す出来事であったと言えよう。

＊11　二〇〇六年九月、北海道の航空自衛隊基地において一人の女性自衛官が、勤務中の飲酒で泥酔した男性自衛官から呼び出され性暴力を受けた。事件後、被害者は上司からパワハラを受け再任用を認められず職場を追われた（佐藤 2009）。被害者は国に損害賠償を求め、二〇一〇年七月、札幌地裁は五八〇万円の支払いを命じた。事件については、三宅勝久によ

る第六章も参照のこと（三宅 2008）。

＊12　近年は、ジャーナリストや元職員による出版物がこうした問題に切りこんでいる（三宅 2008；泉 2012）。また、医療者や研究者らによって「海外派遣自衛官と家族の健康を考える会」のような支援団体も発足している（https://kaigaihakensdf.wixsite.com/health）。

＊13　*IPS* 2003.1.24 の記事を参照のこと（http://www.ipsnews.net/2013/01/ending-ban-u-s-hopes-to-reduce-sexual-assaults-in-military/）。

＊14　ＳＡＰＲＯ設立直後の二〇〇六年のジェンダー関係調査によれば、現役女性の六・八％、男性一・八％がレイプを含む望まない性的接触を、女性三四％、男性六・八％がセクハラを受けていたが、やはり被害者のほとんどがあえて報告しないという選択をしていた（Lipari et al. 2008: vi-vii）。

＊15　いまだ不十分なものではあるが、その検証の手がかりとして男性自衛官のインタビュー調査を実施した拙稿を参照のこと（佐藤 2022）。

第11章　軍事化される「平等」と「多様性」——米軍を手がかりとして

＊1　差別的方針にもかかわらず、約一〇〇名の黒人兵が将校に昇進し、黒人部隊の兵士一〇数名が名誉勲章を授与された（Freedman 2008＝2010: 17）。

＊2　HistoryNet.com のＨＰを参照（http://www.historynet.com/black-history）。

＊3　一九一八年に対象者は一八歳から四五歳の男性に拡張された。

＊4　訳文は中野耕太郎による（中野 2013：127－8）。

＊5　HistoryNet.com のＨＰを参照（http://www.historynet.com/black-history）。

＊6　HistoryNet.com のＨＰを参照（http://www.historynet.com/black-history）。

＊7　HistoryNet.com のＨＰを参照（http://www.historynet.com/black-history）。

＊8　HistoryNet.com のＨＰを参照（http://www.historynet.com/black-history）。

＊9　*The New York Times* 2015.12.4 の記事を参照のこと（https://www.nytimes.com/2015/12/04/us/politics/combat-military-women-ash-carter.html）。なお、米軍の女性包摂の歴史は以下にも詳しい（岩田 2022）。

＊10　*AP NEWS* 2015.12.4 の記事を参照のこと（https://apnews.com/article/archive-051710452d6f47388f0cf54f9726adf）。

＊11　歴史学者のマーゴット・キャナデイは、軍隊の統合が市民権を、誰かが得ると誰が失う「ゼロサムゲーム」のようにしているという（Canaday 2009: 212）。人種統合がなされると同性愛嫌悪《ホモフォビア》が強まるというだけでなく、女性統合の背後に黒人兵増大への恐れがともなっていたように、「新たな包摂には過去の排除が深く沈殿している」のだ。

＊12　加えて、この戦略の有効性は人種と階級によって異なったという（高内 2015：17－8）。

＊13　*YubaNet.com* 2010.2.10 の記事を参照のこと（https://web.archive.org/web/20100211171240/http://yubanet.com/opinions/Human-Rights-Campaign-on-Don-t-Ask-Don-t-Tell-U-S-Senate-Hearing.php）。

＊14　*Daily Caller* 2015.6.26 の記事を参照のこと（http://dailycaller.com/2015/06/26/scotus-decision-means-gay-military-couples-have-full-access-to-benefits/）。

＊15　*Los Angeles Times* 2015.5.15（https://www.latimes.com/nation/la-na-transgender-20150512-story.html）および *Stars and Stripes* 2015.6.9（https://www.stripes.com/new-protection-against-discrimination-of-gays-lesbians-in-the-military-1.351512）の記事を参照のこと。

＊16　*The Gazette* 2015.6.13 の記事を参照のこと（https://gazette.com/life/becoming-patricia-a-combat-veterans-story-of-transgender-life-in-the-army/article_207aca8e-75b2-552d-a681-0ee9565d2995.html）。

＊17　*The Gazette* 2015.7.13 の記事を参照のこと（https://gazette.com/military/pentagon-finalizing-plan-to-lift-ban-on-transgender-individuals-in-military/article_17d9fc0c-46f8-5db4-baa5-2d39fc12a195.html）。

＊18　*BBC* 2021.1.25 の記事を参照のこと（https://www.bbc.com/news/world-us-canada-55799913, 日本語版は https://www.bbc.com/japanese/55793515）。

＊19　『産経ニュース』2014. 2. 9 の記事を参照のこと（https://web.archive.org/web/20151222061659/http://www.sankei.com/world/print/140209/wor1402090019-c.html）。

＊20　ただし、一二〇〇ドルの前金納付が義務づけられているため、入隊後に学費を受け取る兵士は実際には三五％にとどまり、その額も約束された額を下まわるためアルバイトを余儀なくされて、卒業できる兵士は一五％ほどであるという（堤 2008：103－4）。

＊21　『日刊ベリタ』2006. 7. 19 の記事を参照のこと（http://www.nikkanberita.com/read.cgi?id=200607191235253）。

＊22　*NPR* 2007.10.11 の記事を参照のこと（https://web.archive.org/web/20071011015131/http://www.npr.org/templates/story/story.php?storyId=15124608）。

＊23　ＰＭＳＣ労働者が国家の要人や国際企業のビジネス・パーソンを保護するのなら、「保護される」彼らが女性化され、「保護する」ＰＭＳＣのほうが男性化されるのではないかと思うかもしれない。しかし「保護する」側に立つ彼らは野蛮で超男性《ハイパー・マスキュリン》的な存在と位置づけられることにより、「保護される」側の西洋エリートの男性性は無傷なままに維持される。アイクラーらの鮮やかな分析、とりわけ第五章と第六章を参照せよ（Eichler ed. 2015）。

＊24　カッコ内は引用者、強調は原著者による。なお、「帝国の歩兵たち」はロバート・Ｄ・カプランの書名から引かれている（Kaplan 2005）。

＊25　強調およびカッコ内は、ともに原著者による。

＊26　滋賀県の市立中学校で「自衛官募集中」と書かれたトイレットペーパーが配布されたり（『朝日新聞』2015. 10. 9 朝刊）、高知県の私立高校の普通科に「自衛隊コース」が新設されたりといった事例が報じられている（『毎日新聞』2015. 9. 8 夕刊；『朝日新聞』2015. 9. 9 朝刊）。就職中心の地方高校では、自衛隊の募集業務や職場体験が重点的に実施されているという（布施 2015）。

第12章　戦争・軍隊と性――『兵士とセックス』を読む

＊1　ロバーツ自身があげている諸研究を参照（Dower 1999＝2004; Goedde 2003; Höhn 2002; Koikari 1999; Shibusawa 2006）。この他にも、韓国における米軍基地の売春婦に焦点をあてた研究（Moon 1997）、第二次世界大戦から今日にいたる韓国、日本・沖縄、ドイツにおける米兵と女性たちとの関係を扱った論文集などがある（Höhn and Moon eds. 2010）。また、日本占領期における米兵と「パンパン」と呼ばれた女性たちの関係についての研究も参照のこと（平井 2014；茶園 2014, 2018）。

＊2　*New York Times* 2013.5.20（http://www.nytimes.com/2013/05/21/books/rape-by-american-soldiers-in-world-war-ii-france.html?_r=0）。

＊3　*Guardian Liberty Voice* 2013.5.30（http://guardianlv.com/2013/05/what-soldiers-do-an-american-wwii-gi-expose/）。

＊4　*Prospect Magazine* 2013.5.31（http://www.prospectmagazine.co.uk/arts-and-books/what-soldiers-do-review-france-second-world-war）。

＊5　*Times Higher Education* 2013.5.23（http://www.timeshighereducation.co.uk/books/what-soldiers-do-sex-and-the-american-gi-in-world-war-ii-france-by-mary-louise-roberts/2003931.article）。

＊6　*NPR* 2013.5.31（http://www.npr.org/2013/05/31/187350487/sex-overseas-what-soldiers-do-complicates-wwii-history）。

＊7　*Dissent*, 60(4): 107-111. 評者はリンダ・ゴードン。

＊8　*American Historical Review*, 119(3): 996-997. 評者はマーガレット・H・ダロー。

＊9　*Reviews in American History*, 43(1): 156-160. 評者はシャノン・L・フォッグ。

＊10　*Chicago Journals*, 87(2): 460-461. 評者はローラ・L・フレイダー。

＊11　*Journal of Women's History*, 26(3): 129-157. 評者はジュディス・サーキス、ジョアン・マイヤーオヴィッツ、エリザベト・ハイネマン、サビーネ・フリューシュトゥック、サラ・コブナーで、メアリー・ルイーズ・ロバーツの応答あり。

＊12　『兵士とセックス』における謝辞および本章注2、5、6におけるロバーツのコメントを参照のこと。

＊13　二〇一五年七月二六日現在、四二のカスタマー・レビューがついており、五点満点で平均は三・五点。評価は真二つにわかれており、低評価のレビューには「真実ではない」「わたしはそこにいた」「今まで読んだなかで最悪の本」「フェミニスト歴史修正主義者」といった文言が並んでいる。また、彼女のもとには人びと、特に退役軍人からすさまじい抗議のメールがきたという。彼らにとって、セックスとはエロスの解放、戦闘の犠牲に対する報い、生存者への報償であって、権力の概念ではない。ロバーツは、それをどう説得するかが課題だと語っている（Roberts 2014: 156）。

＊14　*AFP* 2013.5.27（http://www.afpbb.com/articles/-/2946474）。

＊15　SYNODOS に掲載された書き起こしを参照（http://synodos.jp/politics/3894）。

＊16　橋下発言には多くの批判がよせられたが、米占領期の売春女性を追いかけてきた平井和子は、発言の根幹にある「レイプ神話」「男性神話」、「狭義の強制」概念への矮小化に対する批判に加え、「なぜ日本だけが世界から非難されるのか？」「米軍もやっていたではないか？」という疑問に応答している（平井 2013）。

＊17　大阪市のＨＰを参照（https://warp.da.ndl.go.jp/info:ndljp/pid/9484236/www.city.osaka.lg.jp/keizaisenryaku/page/0000232705.html）。

＊18 これに対しロバーツは、特殊性を無視することは、かえって「兵士とセックス」の問題を自然化してしまう危険があると主張しており、この禁欲は意図的なものなのだということがわかる（Roberts 2014: 155）。実際、『兵士とセックス』においてドイツや日本についての記述はごくわずかであり、かつ、いずれも差異が強調された書き方になっている（Roberts 2013＝2015: 177, 192）。

＊19 「慰安婦」問題を、戦場における性暴力と女性の人権の問題に普遍化しようとする熊谷奈緒子、日本軍特有の制度であることを認めつつこれを戦時性暴力の視座で捉えようとする高良沙哉にも同様の志向性が見られる（熊谷 2014；高良 2015）。

＊20 こうした問題提起に応えたものとして、以下を参照せよ（上野・蘭・平井編 2018；林 2021）

＊21 フランスについては以下を参照（永原 2014；熊谷 2014；高良 2015；林 2015）。

＊22 ドイツについては以下を参照（永原 2014；熊谷 2014；高良 2015；林 2015；Brownmiller 1975＝2000）。

＊23 アメリカについては以下を参照（熊谷 2014；高良 2015；林 2015；平井 2014）。

＊24 ただし、慰安施設の閉鎖後には街娼があふれ、米兵の買春はやむことがなかったし、彼女たちへの「狩りこみ」と強制的な性病検診という暴力はつづいた（平井 2014；茶園 2014）。また、軍政下にあった沖縄はもちろんのこと、基地周辺でのレイプは今日にいたるまで継続的に起こりつづけている。

＊25 だが、これを日本軍「慰安婦」制度の特殊性と片づけることには慎重でありたい。軍事当局者がレイプと売買春をまとめて考えていることについては、ロバーツ『兵士とセックス』第六章（Roberts 2013＝2015）およびエンロー『策略』第三章（Enloe 2000＝2006）を参照のこと。なお、英国を中心にフランス、ドイツ、米国などの売春管理政策を比較分析した林の新著も参照のこと（林 2021）。

＊26 第一次安倍政権の「強制連行を直接示す記述は見あたらなかった」という二〇〇七年答弁書をタテに、強制性を否定する言説は後を絶たず、二〇一四年八月に朝日新聞が吉田清治氏の証言に基づく「慰安婦」強制連行関連の記事を取り消した後は、あたかも「慰安婦」問題に関するすべてがなかったかのようなキャンペーンが展開されている。こうした議論への反証には Fight for Justice のＨＰ（http://fightforjustice.info/）および以下の資料を参照）日本軍「慰安婦」問題ｗｅｂサイト制作員会編 2014；永井 2015）。

＊27　ただし、その差異に細心の注意を払う小野沢あかねが指摘するとおり、軍の命令を受けた業者等が軍からのお金で娼妓や芸者・酌婦などに前借金を支払い、期間を定めてその期間中廃業を厳しく戒めて「慰安婦」として働かせるケースもあり、「慰安婦」と公娼制度は連続してもいる（小野沢 2013：48；日本軍「慰安婦」問題ｗｅｂサイト制作員会編 2014：29－33）。

＊28　なお、韓国軍もまた朝鮮戦争時に軍管理慰安所をつくっており、ベトナム戦争時にはサイゴンにも慰安所を設けた。これは当時の韓国軍幹部に旧日本軍や旧「満州国」軍の軍人が多数いたことが大きな理由であり、彼らは日本軍「慰安婦」制度を模倣したのである（林 2015：324）。

＊29　また、『兵士とセックス』が異性間関係に特化していることも批判されているが（Frühstück 2014: 144; Meyerowitz 2014: 136）、ロバーツによれば、フランスの警察報告でフランス人とアメリカ人の男性間の関係は一例しか見つからず、アメリカで見つかったのはもっぱら米兵同士の同性間関係だったとのことである（Roberts 2014: 152）。

＊30　これは、「結婚にいたる恋愛」をした女性に最大限のエイジェンシーが読みこまれるためではなかろうか。そのような経験は、フランス女性の受難に光をあてた『兵士とセックス』において語りの正統性を持ちえないからである。本書第13章の議論を参照のこと。

＊31　マイヤーオヴィッツからの同様の批判に答え、ロバーツは、疑義のある黒人兵士の裁判記録に依拠することで、分析が女性の証言を虚偽や誤りだとするような見方に近接してしまったことを率直に認め、「これらの章を書くことはフェミニストとしてのわたしをとても苦しめた」と述べている（Roberts 2014: 153）。

＊32　公の場で経験を語るにふさわしい「慰安婦」とそうでない「慰安婦」にわかれ、後者が沈黙を強いられるのも同じ構造だ。とはいえ、その責めを負うべきは、二分法を利用して「慰安婦」全般をもともと「売春婦」だったと歪曲することで免責を図ろうとする者たちであり、それを許してしまっている日本社会全体であることは言うまでもない。

＊33　大阪市のＨＰを参照（https://warp.da.ndl.go.jp/info:ndljp/pid/9484236/www.city.osaka.lg.jp/keizaisenryaku/cmsfiles/contents/0000232/232705/01.koukaisyokanJapanese.pdf）。

＊34　安保理決議一三二五号第一一項は「ジェノサイド、人道に対する罪および女子と少女に対する性的およびその他に関するものを含む戦争犯罪に責任を有する者の不処罰に終止符を打ち訴追する全ての国家の責任を強調し、またこれとの関連

で、実行可能な場合には、恩赦規定からこれらの犯罪を除外する必要性を強調する。」となっている（https://www.unic.or.jp/files/s_res_1325.pdf）。

＊35　日本維新の会（党本部）の動画サイトの動画を参照（https://www.youtube.com/watch?v=c9McwEZljOo）。

＊36　国連は職員の性的搾取と虐待は許さないとの方針をくり返し確認してきたが、ハイチの女性二〇〇人以上がＰＫＯ隊員から支援物資を受け取るために「取り引きの性交渉」に応じたと証言するなど、性的搾取の常態化が問題になっている（『朝日新聞』2015. 6. 11 夕刊）。

第13章　戦争と性暴力――語りの正統性をめぐって

＊1　東京裁判については、吉見義明らによって関係資料がまとめられているが（吉見 2011）、性暴力の扱いは概して軽く、問題意識も希薄であったとされている（『朝日新聞』2017. 3. 21 朝刊）。

＊2　加害者の「相手は同意したと思った」という主観が尊重され、被害者の拒否が真の意思を伝えたものと見做されないような「レイプ・スクリプト」こそ、フェミニストが書きかえるべきもの、ということになる。なお、こうした構築主義的なレイプ研究に対しては、批判的実在論の立場からの批判がある（Van Ingen 2020）。

＊3　一九九〇年代初頭には、フェミニスト法学者のあいだで「ジェノサイドとしてのレイプ」対「ジェノサイドとしてのレイプ」という認識をめぐる論争もあった。「ジェノサイドとしての「ジェンダー犯罪としてのレイプ」を強調すべきだと考えるフェミニストに対し、その例外性を重視しすぎることで、さほど例外的ではない女性に対する暴力を見落としてしまうことを警戒するフェミニストもいたのである。しかし両者はともに、レイプをより大きな暴力の道具と見做すことに異論はなかった（Buss 2009: 149）。

＊4　メガーの「フェティッシュ化」はカール・マルクスに着想を得たもので、あるモノに交換価値が付与される際に労働からの脱文脈化と価値の均質化が起こり、商品の取り引きをめぐって物象化が生じ、人々の関係性にも影響を与えるというプロセスを指している。

＊5　ある問題が首尾よく「安全保障化」され、非常措置が展開され、脅威が弱まったり適切に処置されたりすると、「脱安全保障化」が行われる。脱安全保障化とは脅威を取り除き、その問題を安全保障化以前の状態へと戻すことである

（Hirschauer 2015: 29）。

＊6　国連は、①国際社会にとって懸念のある犯罪であること、②指揮官の責任があること、③民間人が標的であること、④犯罪を免責する空気があること、⑤国境横断的であること、⑥停戦違反であることという六つの柱を適用して、安全保障上の脅威としての性暴力を同定している（True 2012: 119; Meger 2016: 153）。

＊7　コンゴ民主共和国で二〇一〇年に起きた戦時レイプへの取り組みは、国際的なドナー国、ジャーナリスト、政治家のみならず、研究者の関心や善意をも惹きつけ、資源として機能したと報告されている（Eriksson Baaz and Stern 2013: 105; Meger 2016: 154）。

＊8　加えて、戦時性暴力が軍事化された対応を喚起し、「女性の人権」の名のもとに軍事的介入が行われる傾向が強まることへの批判もある。拙稿（佐藤 2021）および本書第9章を参照のこと。

＊9　紛争時の性暴力をグレーゾーンを含めて考察するために「性的支配」の語を用いた宮地尚子も参照せよ（宮地 2008）。

＊10　一九九二年に国連カンボジア暫定統治機構（UNTAC）事務総長特別代表だった明石康の悪名高き発言——きつい仕事に耐えている「血気盛んな若い兵士」には「若く美しい異性を追いかける権利」がある——から、二〇一三年に「慰安婦制度必要論」をぶって在沖米軍に風俗業の活用を進言した橋下徹前大阪市長にいたるまで、今日もなおこの系譜の例には事欠かない。

＊11　ただしこの図には、「自国における」性的関係というコンテクストの限定が必要だろう。「他国における」性的関係となると、男たちは恋愛や売春をオープンに語りながら、レイプについては目撃すらも断固否定してきた（Mühlhäuser 2010＝2015: 28-9）。ドイツの場合、「自国における」受難の物語として、ソ連軍兵士によるドイツ人女性のレイプが語られ、ドイツ人女性の敵国兵士との「裏切り」はくり返し非難された。一方、「他国における」ドイツ兵とロシア人女性との恋愛や売春婦との出会いがのびのび語られるのに対し、性暴力はけっして言及されることがなかったのである（Mühlhäuser 2010＝2015: 230-1）。

＊12　橋本明子は、日本の敗戦トラウマを、①勇敢に戦死した英雄の「美しい国」の語り、②犠牲になった被害者の「悲劇の国」の語り、③アジア各地における加害者の「やましい国」の語りのせめぎあう記憶として分析した（Hashimoto 2015＝2017）。エイジェンシーと語りの正統性に着目した図式は筆者のオリジナルであるが、背景として設定した図1の「受難

物語」は橋本の類型②、図2の「英雄物語」は①と重なりあっている。彼女の議論は、同一共同体のなかに複数の物語がせめぎあいながら共存することを示す点で大変示唆に富む。また、『戦争と性暴力の比較史へ向けて』刊行記念シンポジウムで岡野八代（蘭他 2020）、書評論文で佐藤雅哉（佐藤 2019）両氏よりこの理念型の難点を指摘していただいた。記して感謝し、今後もブラッシュアップしていきたい。

＊13 多くの語りは内容や語彙の選択、構造において類似しており、純潔と名誉を守り、命を犠牲にする女性たちの覚悟が強調される。ミュールホイザーもマーカスの「レイプ・スクリプト」を用いて、語りの頻出は出来事そのものではなく、その語りに与えられた正統性をあらわすものと解釈している（Mühlhäuser 2010＝2015: 35-6）。

＊14 近年、テレビ番組やジャーナリストによる書籍（平井 2022）、研究者による論文（猪股 2018；山本 2022）の刊行を通じて、急速に可視化が進んできている。一方、排外主義的でナショナリスティックなインターネット空間においては、だいぶ前から、隣国への敵意を煽り立てる材料として引揚女性の受難が利用されていた（山本 2015：45）。

＊15 総力戦への動員の後、国民は「総体記憶《トータル・メモリー》」へと再度動員されたとするキャロル・グラックは、その国民的物語における女性の章では、国旗を手に兵士を送り出した「国防婦人」が苦難に耐えるもんぺ姿の母親像になったと述べている（グラック 2007b：351, 373）。

＊16 林志弦《イム・ジヒョン》は、戦後の記憶文化が国境を超えて行き来することで生じたトランスナショナルな記憶空間における、記憶の脱民族化と再民族化の同時進行を分析している（林《イム》 2017）。

＊17 図1は「自国における」性的関係という限定を要した。共同体における自国での戦争経験が「受難物語」の色合いを濃くしたとしても、「他国における」性的関係の語りは「受難物語」の規定性を免れて反転するからである。この点については図の精緻化とともに稿をあらためて検討してみたい。

＊18 女性に対するさまざまな形態の暴力の撤廃を最初に提起したのは北の女性たちだった。南の女性たちは南北の構造的不平等を忘却することには断固抗いつつ、サティーやダウリー殺人、女性性器切除等の「有害な伝統」を文明化の遅れや文化の後進性として位置づけることを拒否し、北のDVやレイプとの共通性を模索していったのである（Weldon 2006: 84-85）。

＊19 この議論をさらに展開した拙稿も参照されたい（佐藤 2021）。

＊20　保護を合理的に選択する人びとは、体系的な依存を再生産することで本当は非合理的に行為していることになるのだが、安全を失うリスクをおかすことはできないので、脆弱な人ほどこの不平等な関係からの脱出は困難となる（Peterson 1992: 51-2）。

＊21　歴史社会学者のチャールズ・ティリーは、「政府自身が一般に外部の戦争の脅威をシミュレートし、刺激し、でっちあげさえすること、そして、政府の抑圧的・収奪的行為がしばしば市民の生計にとって現状最大の脅威を構成していることから、多くの政府は「ゆすり屋たち（racketeers）」と本質的に同じやり方で作動しているのである」と述べる（Tilly 1985: 171）。

＊22　個人間から国際関係まで、寝室から戦場まで、平時と戦時を問わず生起するさまざまな暴力を連続線上に捉えて考察したシンシア・コウバーンも参照せよ（Cockburn 2004, 1998＝2004：コウバーン 2010）。また、戦時と平時の性暴力の連続性に着目した森田成也の論考は、初出が一九九九年と非常に早い先駆的なものである（森田 1999［2021］）。

終　章　戦争・軍隊の批判的ジェンダー研究のために

＊1　批判理論アプローチについては五十嵐元道の解説をあわせて参照されたい（南山・前田編 2022：24－31）。

＊2　この分科会における四報告は、お茶の水女子大学ジェンダー研究センターの『ジェンダー研究』第二二号に収録されている。

＊3　土佐弘之も同様に、ケアの倫理を評価しつつ、それを従来的な安全保障の対抗原理とすることが、ステレオタイプ的二項対立に接近すること、また、他者の脆弱性に対する配慮がパターナリズムと結びつき、軍事化された暴力に転じうることを論じている（土佐 2016：239）。

＊4　こうした批判を意識しつつも、藤岡美恵子は、介入しなかった場合より介入したほうがより多くの人命を救えるという予測はほぼ不可能であること、武力行使が新たに生む犠牲者の問題があること、武力行使にかかわるジレンマや困難が「正しさの」確信ゆえに軽視される危険性があることに注意を促している（藤岡 2014：204）。

＊5　女性官僚がきわめて少なくフェミニズム運動とのつながりもほぼ皆無である日本において、フェモクラットやステイト・フェミニズムについて考える手がかりとして田中洋美の研究を参照のこと（田中 2008）。

あとがき

すべての時代は過渡期で、すべての世代は道半ばで斃《たお》れるだろう。自分の前に連なるひとびとの群れと、自分の後に連なるひとびとの群れに気づく時、わたしたちには責任が生まれる。それに気づくのに四〇代はじゅうぶんな年齢だろう。
——上野千鶴子（『世代の痛み——団塊ジュニアから団塊への質問状』中公新書ラクレ、二五〇頁、二〇一七年）

せっかちである。スーパーでレジに並べば前に三人いても財布を取り出すし、車を駐める時にはバックしながらドアミラーをたたんでしまう。三つ子の魂百まで。小学校の入学式では、先生が「それでは、お父さん、お母さんに、上履き袋をあずけて……」と指示するそばから、両親のもとへと駆け出して、母を赤面させた。

そんなわたしが、前著『軍事組織とジェンダー』の刊行から一七年。卒倒しそうなほどに長い年月をかけてしまった。気が急いて苛々しながら取り組んできた宿題を、ようやく提出し終えたような気分である。そのあいだに失ってしまった何人もの恩人たちの顔が思い浮かぶ。

もうだいぶ前から、ある予兆を抱えて仕事をするようになった。追いかけるべき背中はいつまでも前にいてくれるわけではないのだ、というあたり前のことに思いいたったのだ。せっかちゆえに、その不安をご存命の先輩方に直接吐露しては、失笑されたこと数知れず。そのうちの何人かは鬼籍に入られた。「あなた、今からそんなことを心配しているわけ？」とカラカラと笑われたことを思い出す。あの人にも、この人にも、読んでいただきたかった——そう思うと、やるせない気持ちでいっぱいになる。

この一七年のあいだ、さまざまなかたちで研究活動を支えてくださったすべての方々に感謝したい。職場である一橋大学大学院では、社会学研究科およびジェンダー社会科学研究センター（ＣＧｒａＳＳ）の同僚たちに、遅々として進まぬ研究をあたたかく見守っていただいた。ジェンダー研究と言えば、ワーク・ライフ・バランスや教育、ＬＧＢＴといった王道からだいぶ外れたところにいる教員につきあって、ゼミや授業に集ってくれる学生たちにも感謝したい。

学会活動、特に戦争社会学研究会やＩＳＡで交流してくださっている同志の方々、科学研究費（19710217, 23710317, 26380660, 15K01911, 21K12500）の研究会や外務省の一三二五号行動計画の評価委員会でご一緒したみなさんにも御礼申しあげる。さまざまなかたちで執筆や報告の機会をくださった方々、書いたものを評じてくださった方々、そして、日常の些事から学界の状況まで愚痴をこぼしあえる友人たちにも感謝している。

大学院の博士課程で調査をはじめた一九九〇年代末から二〇二〇年の今日まで、出会ってきた一〇〇名を超える自衛官／元自衛官の方々にも特別な感謝の気持ちを捧げたい。本書で直接用いることはなかったが、公式のインタビューだけでなく、さまざまな場面を通して教えられたことは数多くある。エイリアンのように得体の知れぬわたしのために割いてくださった時間と貴重なお話は、いつもわたしの研究の屋台骨だった。本書がみなさんの人生を害するようなものとなっていないことを心から願っている。

「あなた、次の単著はどうなっているの？」と追いつめつづけてくださった上野千鶴子さんにも。前の本を出したのは何年前かと聞かれ、背筋が凍ったことを昨日のことのように思い出す。小さく縮こまらぬよう、闘いの相手を見誤らぬよう、何度も助けていただいた。かつて生意気な宣言をしたように、この学恩を下の世代につなぐことがわたしの「責任」だと思っている。そして、急がねばと思わせてくれた大切な家族に。いつも熱心な最初の読者でありつづけてくれてありがとう。

一七年――。溜め息が出る一方で、この歳月はわたしにとって必要なものだった、とも思う。

研究者はみな、先行研究の系譜のなかに自らを置き、自説をできるかぎり卓越したものとして位置づけようと腐心する。挑戦的であろうとして、わたしたちは時に易々と先にあったものを乗り越えたふりをする。そこにごまかしがあることを誰よりも自らが知っていたとしてもなお、空虚な中心をつくりだし、舌鋒鋭く糾弾することで抵抗者の位置を占めようとする。こうした誘惑は、わたし自身のなかにもずっと巣くっていたものだった。

研究業界全体の状況がますます厳しくなる昨今、業績づくりに焦り、駆り立てられるように筆をとる若手研究者の姿に複雑な思いを抱くことが多くなった。研究の進み方は外国語の習得に似ていると思う。インプットだけではもちろん使いものにならず、適切なタイミングでのアウトプットが必要だ。だが、インプットを積み重ねていくことで、前よりほんの少しアウトプットが上手になっていく。同じように、研究も、勉強の後の適切なタイミングでの成果公表が必要となる。良質な先行研究に数多く触れることで、少しずつ自分自身の思考が研ぎすまされ、深められていく。その積み重ねとくり返しは、どんな研究者にとっても必要不可欠なプロセスだろう。

駆け出しの頃、わたしにも「次著を是非一緒に」と声をかけてくださった編集者の方々がいた。けれども、自分にアウトプットよりもインプットが必要だと痛感していた当時のわたしは、そのいずれにも首を縦にふることができなかった。そうしたわがままができたのも、焦らずにいることを許される境遇にあったからだろう。

出版業界はこの間、悪化の一途をたどり、数多の編集者たちの呻吟が聞こえてくるようになった。廃刊になった論壇誌も多い。少しでもよい条件を求めて異動をくり返す彼らの苦境もまた察してあまりあるものがある。そうしたなかで、志を持って質の高い刊行物を世に送りつづける方々には頭の下がる思いだが、業績を焦る若手に、売れ筋を見つけたい編集者、という一見ｗｉｎ－ｗｉｎの関係によって失われていくものを考えると暗澹たる気持ちになる。

だからなおのこと、長い長い熟成期間を待っていてくださった慶應義塾大学出版会の上村和馬さんには感謝しかない。ソフトな「スパルタ編集者」として、前著につづき絶妙なタイミングで折々にお声がけくださったことで、ようやく本書は完成した。ありがとうございました。

桜散る母の命日に

佐藤文香

初出一覧

はじめに　「訳者あとがき」シンシア・エンロー『〈家父長制〉は無敵じゃない――日常からさぐるフェミニストの国際政治』岩波書店、二二五－三三頁、二〇二〇年

第Ⅰ部　ジェンダーから問う戦争・軍隊の社会学

第1章　「ジェンダーの視点から見る戦争・軍隊の社会学」福間良明・野上元・蘭信三・石原俊編『戦争社会学の構想――制度・体験・メディア』勉誠出版、二三三－六九頁、二〇一三年

第2章　同上

「男性研究の新動向――軍事領域の男性研究に向けて」『社会学評論』日本社会学会、第六一巻第二号、一八六－九五頁、二〇一〇年

第3章　「軍事化とジェンダー」『ジェンダー史学』ジェンダー史学会、第一〇号、三三－七頁、二〇一四年

「軍事化とジェンダー」江原由美子・山崎敬一編『ジェンダーと社会理論』有斐閣、二七一－四頁、二〇〇六年

第Ⅱ部　女性兵士という難問

第4章　「女性兵士をとりまく困難」『女性学』日本女性学会、第一三号、八－一八頁、二〇〇六年

「自衛隊は二一世紀の軍隊たりえるか――セクハラ裁判からみえてくるもの」『三田評論』慶應義塾、六〇－三頁、二〇〇九年

第5章　「女性兵士は男女平等の象徴か？」『世界思想』世界思想社、第四六号、六二－六頁、二〇一九年

「軍事化に取り込まれる『女性活躍』」『女たちの二一世紀』アジア女性資料センター、第八六号、二二－五頁、二〇一六年

第6章　「闘う――戦争・軍隊とフェミニズム」伊藤公雄・牟田和恵編『全訂新版　ジェンダーで学ぶ社会学』世界思想社、二〇四―一七頁、二〇一五年

第Ⅲ部　自衛隊におけるジェンダー

第7章　"A Camouflaged Military: Japan's Self-Defense Forces and Globalized Gender Mainstreaming" *The Asia-Pacific Journal*, 10-36-3, 2012, https://apjjf.org/2012/10/36/Fumika-Sato/3820/article.html

第8章　「ジェンダー化される『ポストモダンの軍隊』――『新しさ』をめぐり動員される女性性／男性性」木本喜美子・貴堂嘉之編『一橋大学大学院社会学研究科先端課題研究叢書五　ジェンダーと社会――男性史・軍隊・セクシュアリティ―』旬報社、一四一―六九頁、二〇一〇年

第9章　"The 'Benevolent' Japan Self-Defense Forces and Their Utilization of Women" *Hitotsubashi Journal of Social Studies*, Hitotsubashi University, 51(1), 1-23, 2020

第Ⅳ部　米軍におけるジェンダー

第10章　「アメリカにおける軍隊の女性の今――軍隊の女性に関する会議に参加して」『国際ジェンダー学会誌』国際ジェンダー学会、第一一号、一一七―二七頁、二〇一三年

第11章　「軍事化される『平等』と『多様性』――米軍を手がかりとして」『ジェンダー史学』ジェンダー史学会、第一二号、三七―五〇頁、二〇一六年

第Ⅴ部　戦争と性暴力

第12章　「監訳者解題」メアリー・ルイーズ・ロバーツ『兵士とセックス――第二次世界大戦下のフランスで米兵は何をしたのか？』明石書店、三三六―六〇頁、二〇一五年

第13章　「戦争と性暴力――語りの正統性をめぐって」上野千鶴子・蘭信三・平井和子編『戦争と性暴力の比較史へ向けて』岩波書店、三一五―四〇頁、二〇一八年

「戦争と性暴力」現代地政学事典編集委員会編『現代地政学事典』丸善出版、四九二―三頁、二〇二〇年

終章　日本政治学会二〇一八年大会コメントをもとに、書き下ろし

索 引

英 数 字

ア 行

カ 行

サ　行

タ　行

ナ　行

ハ　行

マ　行

ラ　行

ワ　行

参考文献

阿部浩己，2010，「ジェンダーの主流化／文明化の使命――国際法における〈女性〉の表象」『国際法の暴力を超えて』岩波書店．

阿部恒久・大日方純夫・天野正子編，2006，『男性史 1 男たちの近代』『男性史 2 モダニズムから総力戦へ』『男性史 3「男らしさ」の現代史』日本経済評論社．

秋林こずえ，2005，「WILPF と国連――国連安全保障理事会決議一三二五号」『日本女子大学総合研究所紀要』8．

秋林こずえ，2006，「WILPF と国連――国連安全保障理事会決議一三二五号」中嶋邦・杉森長子編『二〇世紀における女性の平和運動――婦人国際平和自由連盟と日本の女性』ドメス出版．

Aleksievich, Svetlana, 1987, У войны не женское лицо, Mastatskaya litaratura.（三浦みどり訳，2008，『戦争は女の顔をしていない』群像社．）

天野正子・伊藤公雄・伊藤るり・井上輝子・上野千鶴子・江原由美子・大沢真理・加納実紀代編，2009，『新編 日本のフェミニズム 12 男性学』岩波書店．

蘭信三他，2020，「『戦争と性暴力の比較史へ向けて』刊行記念シンポジウム」『コスモポリス』14．

蘭信三・一ノ瀬俊也・石原俊・佐藤文香・西村明・野上元・福間良明編，2021－2022，『シリーズ 戦争と社会 1－5』岩波書店．

蘭信三・一ノ瀬俊也・石原俊・佐藤文香・西村明・野上元・福間良明編，2022，『戦争と社会 2 社会のなかの軍隊／軍隊という社会』岩波書店．

Ashley, Colin P., 2015, “Gay Liberation: How a Once Radical Movement Got Married and Settled Down,” *New Labor Forum*, 24(3)

Baggiarini, Bianca, 2015, “Military Privatization and the Gendered Politics of Sacrifice,” Maya Eichler ed., *Gender and Private Security in Global Politics*, Oxford University Press. Binkin, Martin and Shirly J. Bach, 1977, *Women and the Military*, The Brookings Institusion.

Barker, Isabelle V., 2015, “(Re)Producing American Soldiers in an Age of Empire,” Maya Eichler ed., *Gender and Private Security in Global Politics*, Oxford University Press.

Barnett, Anthony, 1982, *Iron Britannia*, Allison & Busby.

Barrett, Frank J., 2001, “The Organizational Construction of Hegemonic Masculinity: The Case of the US Navy,” Stephen M. Whitehead and Frank J. Barrett eds., *The Masculinities Reader*, Polity Press.

Battistelli, Fabrizio, 1997, “Peacekeeping and the Postmodern Soldier,” *Armed Forces & Society*,

23(3).

Belkin, Aaron, 2012, *Bring Me Men: Military Masculinity and the Benign Façade of American Empire, 1898-2001*, Columbia University Press.

Bibbings, Lois, 2003, "Conscientious Objectors in the Great War: The Consequences of Rejecting Military Masculinities," Paul R. Higate ed., *Military Masculinities: Identity and the State*, Praeger.

防衛庁，1961，『自衛隊十年史』防衛庁.

防衛力の人的側面についての抜本的改革に関する検討会，2007，「防衛力の人的側面についての抜本的改革報告書」2007年6月28日，https://warp.da.ndl.go.jp/info:ndljp/pid/11591426/www.mod.go.jp/j/approach/agenda/meeting/materials/jinteki/houkoku/pdf/report3_5.pdf.

防衛省，2017，「女性自衛官活躍推進イニシアティブ——時代と環境に適応した魅力ある自衛隊を目指して」2017年4月17日，https://www.mod.go.jp/j/profile/worklife/keikaku/pdf/initiative.pdf.

Booth, Bradford, Meyer Kestnbaum, and David R. Segal, 2001, "Are Post-Cold War Militaries Postmodern?," *Armed Forces & Society*, 27(3).

Brideges, Donna and Debbie Horsfall, 2009, "Increasing Operational Effectiveness in UN Peacekeeping: Toward a Geder-Balanced Force," *Armed Forces & Society*, 36(1).

Bristow, Nancy, 1996, *Making Men Moral: Social Engineering During the Great War*, New York University Press.

Brittain, Melisa, 2006, "Benevolent Invades, Heroic Victims and Depraved Villians: White Femininity in Media Coverage of the Invasion of Iraq," Krista Hunt and Kim Rygiel eds., *(En)Gendering the War on Terror: War Stories and Camouflaged Politics*, Ashgate.

Brown, Melissa T., 2012, *Enlisting Masculinity: The Construction of Gender in U.S. Military Recruiting Advertising during the All-Volunteer Force*, Oxford University Press.

Brownmiller, Susan, 1975, *Against Our Will: Men, Women, and Rape*, New York: Simon & Shuster.（幾島幸子訳，2000，『レイプ——踏みにじられた意思』勁草書房.）

Bryson, Valerie, 1999, *Feminist Debates: Issues of Theory and Political Practice*, Macmillan Press.（江原由美子監訳，長谷部美佳・岩瀬民可子・小宮友根・中西泰子・久保田京訳，2004，『争点・フェミニズム』勁草書房.）

Bulmer, Sarah and Maya Eichler, 2017, "Unmaking Militarized Masculinity: Veterans and the Project of Military-to-Civilian Transition," *Critical Military Studies*, 3(2).

Burns, James MacGregor, 1978, *Leadership*, Harper & Row.

Buss, Doris E., 2009, "Rethinking 'Rape as a Weapon of War'," *Feminist Legal Studies*, 17.

Butler, Judith, 2009, *Frames of War: When Is Life Grievable?*, Verso.（清水晶子訳，2012，『戦争の枠組——生はいつ嘆きうるものであるのか』筑摩書房.）

Butler, Judith, 2015, *Notes Toward a Performative Theory of Assembly*, Harvard University Press.（佐藤嘉幸・清水知子訳，2018，『アセンブリ——行為遂行性・複数性・政治』青土社.）

Butterfield, Herbert, 1951, *History and Human Relations*, Collins

Buzan, Barry, Ole Wæver, Jaap de Wilde, 1998, *Security: A New Framework for Analysis*, Lynne Rienner.

Caforio, Giuseppe, 2003, "Some Historical Notes," Giuseppe Caforio ed., *Handbook of the Sociology of the Military*, Kluwer Academic/Plenum Publishers.

Caforio, Giuseppe ed., 2003, *Handbook of the Sociology of the Military*, Kluwer Academic/Plenum Publishers.

Canaday, Margot, 2009, *The Straight State: Sexuality and Citizenship in Twentieth-Century America*, Princeton University Press.

Camacho, Keith L. and Laurel A. Monnig, 2010, "Uncomfortable Fatigues: Chamorro Soldiers, Gendered Identities, and the Question of Decolonization in Guam," Setsu Shigematsu and Keith L. Camacho eds., *Militarized Currents: Toward a Decolonized Future in Asia and the Pacific*, University of Minnesota Press.

Carreiras, Helena, 2006, *Gender and the Military: Women in the Armed Forces of Western Democracies*, Routledge.

Carreiras, Helena and Gerhard Kümmel eds., 2008, *Women in the Military and in Armed Conflict*, Vs Verlag für Sozialwissenschaften.

Chamallas, Martha, 1998, "The New Gender Panic: Reflections on Sex Scandals and the Military," *Minnesota Law Review*, 83(2).

Chapman, Anne W., 2008, *Mixed-Gender Basic Training: The U.S. Army Experience, 1973-2004*, U.S. Government Printing Office.

Chapkis, Wendy ed., 1981, *Loaded Questions: Women in the Military*, Transnational Institute.

茶園敏美，2014，『パンパンとは誰なのか——キャッチという占領期の性暴力とGIとの親密性』インパクト出版会.

茶園敏美，2018，『もう一つの占領——セックスというコンタクト・ゾーンから』インパクト出版会.

Chomsky, Noam, 1999, *New Military Humanism: Lessons from Kosovo*, Common Courage Press.（益岡賢／大野裕／ステファニー・クープ訳，2002，『アメリカの「人道的」軍事主義——コソボの教訓』現代企画室.）

Christie, Ryerson, 2017, "Gender, Humanitarianism and the Military," Rachel Woodward and Claire Duncanson eds., *The Palgrave International Handbook of Gender and the Military*, Palgrave McMillan.

Cockburn, Cynthia, 1998, *The Space Between Us: Negotiating Gender and National Identities in*

Conflict, Zed Books.（藤田真利子訳，2004，『紛争下のジェンダーと民族――ナショナル・アイデンティティをこえて』明石書店.）

Cockburn, Cynthia, 2004, "The Continuum of Violence: A Gender Perspective on War and Peace," Wenona Giles and Jennifer Hyndman eds., *Sites of Violence: Gender and Conflict Zones*, University of California Press.

シンシア・コウバーン（Cockburn, Cynthia）／池田直子・佐藤文香訳，2010，「軍事化と戦争の根源的要因としてのジェンダー」木本喜美子・貴堂嘉之編『一橋大学大学院社会学研究科先端課題研究叢書 5　ジェンダーと社会――男性史・軍隊・セクシュアリティ』旬報社.）

Cockburn, Cynthia, 2012, "Gender Relations as Causal in Militarization and War: A Feminist Standpoint," Annica Kronsell and Erika Svedberg eds. *Making Gender, Making War: Violence, Military and Peacekeeping Practices*, Routledge.

Cockburn Cynthia, 2014, "A Continuum of Violence: Gender, War and Peace," Ruth Jamieson ed., *The Criminology of War*, Ashgate.

Cockburn, Cynthia and Meliha Hubic, 2002, "Gender and the Peacekeeping Military: A View from Bosnian Women's Organizations," Cynthia Cockburn and Dubravka Zarkov eds., *The Postwar Moment: Militaries, Masculinities and International Peacekeeping*, Lawrence and Wishart.

Cockburn, Cynthia and Dubravka Zarkov eds., 2002, *The Postwar Moment: Militaries, Masculinities and International Peacekeeping*, Lawrence and Wishart.

C. O. E. オーラル・政策研究プロジェクト，2001，『海原治（元内閣国防会議事務局長）オーラルヒストリー 上巻』政策研究大学院大学.

Cohn, Carol, 1998, "Gays in the Military: Texts and Subtexts," Marysia Zalewski and Jane Parpart eds., *The "Man" Question in International Relations*, Westview Press.

Coleman, Liv, 2017, "Japan's Womenomics Diplomacy: Fighting Stigma and Constructing ODA Leadership on Gender Equality," *Japanese Journal of Political Science*, 18(4).

Connell, R. W., 1987, *Gender and Power: Society, the Person and Sexual Politics*, Polity.（森 重雄・菊地栄治・加藤隆雄・越智康詞訳，1993，『ジェンダーと権力――セクシュアリティの社会学』三交社.）

Connell, R. W., 2002, "Masculinities, the Reduction of Violence and the Pursuit of Peace," Cynthia Cockburn and Dubravka Zarkov eds., *The Postwar Moment: Militaries, Masculinities and International Peacekeeping*, Lawrence and Wishart.

Cox, Robert W., 1986, "Social Forces, States and World Orders: Beyond International Relations Theory," Robert O. Keohane ed., *Neorealism and Its Critics*, Columbia University Press.

Creveld, Martin van, 2000, "The Great Illusion: Women in the Military," *Millennium: Journal of International Studies*, 29(2).

D'Amico, Francine and Laurie Weinstein eds., 1999, *Gender Camouflage: Women and the U.S. Military*, New York University Press.

Dandeker, Christopher, 1999, *Facing Uncertainty: Flexible Forces for the Twenty-First Century*, National Defense College.

Defense Manpower Data Center (DMDC), 1999, *Armed Forces Equal Opportunity Survey*, https://www.quantico.marines.mil/Portals/147/Docs/Resources/EOA/EO_Armed%20Forces%20Equal%20Opportunity%20Survey.pdf?ver=2012-09-21-090123-163.

DeGroot, Gerard J., 2001, "A Few Good Women :Gender Stereotypes, The Military and Peacekeeping," Louise Olsson and Torunn L. Tryggestad eds., *Women and International Peacekeeping*, Frank Cass Publishers.

D'Emilio, John and Estelle B. Freedman, 1997, *Intimate Matters: A History of Sexual in America*, Second Edition, Chicago University Press.

Dekker, Rudolf M. and Lotte C. van de Pol, 1989, *The Tradition of Female Transvestism in Early Modern Europe*, Macmillan.（大木昌訳，2007，『兵士になった女性たち――近世ヨーロッパにおける異性装の伝統』法政大学出版局.）

De Pauw, Linda Grand, 1998, *Battle Cries and Lullabies: Women in War from Prehistory to the Present*, University of Oklahoma Press.

Department of Defense Sexual Assault Prevention and Response Office (DoD SAPRO), 2011, *Department of Defense Annual Report on Sexual Assault in the Military: Fiscal Year 2010*, https://www.sapr.mil/public/docs/reports/DoD_Fiscal_Year_2010_Annual_Report_on_Sexual_Assault_in_the_Military.pdf.

Department of Defense Sexual Assault Prevention and Response Office (DoD SAPRO), 2013, *Department of Defense Annual Report on Sexual Assault in the Military: Fiscal Year 2012, Volume 1*, https://www.sapr.mil/public/docs/reports/FY12_DoD_SAPRO_Annual_Report_on_Sexual_Assault-VOLUME_ONE.pdf.

Detraz, Nicole, 2012, *International Security and Gender*, Polity Press.

Dower, John W., 1999, *Embracing Defeat: Japan in the Wake of World War II*, W.W.Norton & Company/The New Press.（三浦陽一・高杉忠明訳，2001，『敗北を抱きしめて 上・下』岩波書店.）

Dowler, Lorraine, 2002, "Women on the Frontlines: Rethinking War Narratives Post 9/11," *GeoJournal*, 58(2-3).

Duncanson, Claire, 2015, "Hegemonic Masculinity and the Possibility of Change in Gender Relations," *Men and Masculinities*, 18(2).

Edkins, Jenny, 2003, "Humanitarianism, Humanity, Human," *Journal of Human Rights*, 2(2).

Eichler, Maya, 2012, *Militarizing Men: Gender, Conscription, and War in Post-Soviet Russia*, Stanford University Press.

Eichler, Maya, 2015, "Gender, PMSCs, and the Global Rescaling of Protection: Implications for Feminist Security Studies," Maya Eichler, *Gender and Private Security in Global Politics*, Oxford University Press.

Eichler, Maya ed., 2015, *Gender and Private Security in Global Politics*, Oxford University Press.

Eisenstein, Zillah, 2004, "Sexual Humiliation, Gender Confusion and the Horrors at Abu Ghraib," *ZNET: A Community of People Committed to Social Change*, June 22, 2004, https://zcomm.org/znetarticle/sexual-humiliation-gender-confusion-and-the-horrors-at-abu-ghraib-by-zillah-eisenstein/.

Eisenstein, Zillah, 2007, *Sexual Decoys: Gender, Race and War*, Zed Books.

Elshtain, Jean Bethke, 1987, *Women and War*, Basic Books.（小林史子・廣川紀子訳，1994,『女性と戦争』法政大学出版局.）

Enloe, Cynthia, 1983, *Does Khaki Become You?: The Militarisation of Women's Lives*, Pluto Press.

Enloe, Cynthia, [1989] 2014, *Bananas, Beaches and Bases: Making Feminist Sense of International Politics*, Second Edition, University of California Press.（望戸愛果訳，2020,『バナナ・ビーチ・軍事基地——国際政治をジェンダーで読み解く』人文書院.）

Enloe, Cynthia, 1993, *The Morning After: Sexual Politics at the End of the Cold War*, University of California Press.（池田悦子訳，1999,『戦争の翌朝——ポスト冷戦時代をジェンダーで読む』緑風出版.）

Enloe, Cynthia, 2000, *Maneuvers: The International Politics of Militarizing Women's Lives*, University of California Press.（上野千鶴子監訳，佐藤文香訳，2006,『策略——女性を軍事化する国際政治』岩波書店.）

Enloe, Cynthia, 2001, "Closing Remarks," Louise Olsson and Torunn L. Tryggestad eds., *Women and International Peacekeeping*, Frank Cass Publishers.

Enloe, Cynthia, 2002, "Demilitarization — or More of the Same? Feminist Questions to Ask in the Postwar Moment," Cynthia Cockburn and Dubravka Zarkov eds., *The Postwar Moment: Militaries, Masculinities and International Peacekeeping*, Lawrence and Wishart.

シンシア・エンロー（Enloe, Cynthia），〈国際ジェンダー研究〉編集委員会編，2004,『フェミニズムで探る軍事化と国際政治』御茶の水書房.

Enloe, Cynthia, 2007, *Globalization and Militarism: Feminists Make the Link*, Rowman & Littlefield.

Enloe, Cynthia, 2010, "The Risks of Scholarly Militarization: A Feminist Analysis," *Perspectives on Politics*, 8(4).

Enloe, Cynthia, 2017, *The Big Push: Exposing and Challenging the Persistence of Patriarchy*, Myriad Editions.（佐藤文香監訳，田中恵訳，2020,『〈家父長制〉は無敵じゃない——日常からさぐるフェミニストの国際政治』岩波書店.）

Eriksson Baaz, Maria and Maria Stern, 2013, *Sexual Violence as a Weapon of War?: Perceptions,*

Prescriptions, Problems, in the Congo and Beyond, Zed Books
Feinman, Ilene Rose, 2000, *Citizenship Rites: Feminist Soldiers and Feminist Antimilitarists*, New York University Press.
Feitz, Lindsey and Joane Nagel, 2008, "The Militarization of Gender and Sexuality in the Iraq War," Helena Carreiras and Gerhard Kümmel eds., *Women in the Military and in Armed Conflict*, Vs Verlag für Sozialwissenschaften.
Fineman, Martha Albertson, 2004, *The Autonomy Myth: A Theory of Dependency*, New Press.（穐田信子・速見葉子訳，2009，『ケアの絆――自律神話を超えて』岩波書店．）
Fluri, Jennifer L., 2008, "'Rallying Public Opinion' and Other Misuses of Feminism," Robin L. Riley, Chandra Talpade Mohanty, and Minnie Bruce Partt eds., *Feminism and War: Confronting U.S. Imperialism*, Zed Books.
Freedman, Michael Jay, 2008, *Free at Last: The U.S. Civil Rights Movement*, U.S. Department of State, Bureau of International Information Program.（米国大使館レファレンス資料室訳，2010，『ついに自由を我らに――米国の公民権運動』米国務省国際情報プログラム部．）
Friedan, Betty, 1981, *The Second Stage*, Summit Books.（下村満子訳，1984，『セカンド・ステージ――新しい家族の創造』集英社．）
サビーネ・フリューシュトゥック（Frühstück, Sabine），2004，「アヴァンギャルドとしての自衛隊――将来の軍隊における軍事化された男らしさ」『人文学報』90.
Frühstück, Sabine, 2007, *Uneasy Warriors: Gender, Memory, and Popular Culture in the Japanese Army*, University of California Press.（花田知恵訳，2008，『不安な兵士たち――ニッポン自衛隊研究』原書房．）
Frühstück, Sabine, 2014, "World War II: Transnationally Speaking," *Journal of Women's History*, 26(3).
Frühstück, Sabine and Eyal Ben-Ari, 2002, "'Now We Show It All! ': Normalization and the Management of Violence in Japan's Armed Forces," *Journal of Japanese Studies*, 28(1).
婦人自衛官教育隊，1998，『三〇周年記念誌』陸上自衛隊婦人自衛官教育隊.
藤岡美恵子，2014，「戦争を止めることが人権を守ること」中野憲志編『終わりなき戦争に抗う』新評論.
藤田愛子，2000，「航空自衛官のジェンダーの構築」防衛大学校大学院総合安全保障研究科 平成 12 年度修士論文.
福間良明・野上元・蘭信三・石原俊編，2013，『戦争社会学の構想――制度・体験・メディア』勉誠出版.
福永玄弥，2022，「冷戦体制と軍事化されたマスキュリニティ――台湾と韓国の徴兵制を事例に」小浜正子・板橋暁子編『東アジアの家族とセクシュアリティ――規範と逸脱』京都大学学術出版会.

Fukuyama, Francis, 1998, "Women and the Evolution of World Politics," *Foreign Affairs*, 77(5).
布施祐仁，2015，『経済的徴兵制』集英社．
布施祐仁，2021，「志願制時代の『経済的徴兵』」蘭信三・一ノ瀬俊也・石原俊・佐藤文香・西村明・野上元・福間良明編『シリーズ戦争と社会 1「戦争と社会」という問い』岩波書店．
Gill, Lesley, 1997, "Creating Citizens, Making Men: The Military and Masculinity in Bolivia," *Cultural Anthropology*, 12(4).
Gluck, Carol, 2007a, "Operations of Memory: 'Comfort Women' and the World," Sheila Myoshi Jager and Rana Mitter eds., *Ruptured Histories: War, Memory and the Post–Cold War in Asia*, Harvard University Press.（梅崎透訳，2002，「記憶の作用――世界の中の『慰安婦』」『岩波講座 近代日本の文化史 8 感情・記憶・戦争』岩波書店．）
キャロル・グラック（Gluck, Carol）／梅崎透訳，2007b，『歴史で考える』岩波書店．
Goedde, Petra, 2003, *GIs and Germans: Culture, Gender and Foreign Relations, 1945-1949*, Yale University Press.
Goffman, Erving, 1961, *Asylums: Essays on the Social Situation of Mental Patients and Other Inmates*, Doubleday Anchor.（石黒毅訳，1984，『アサイラム――施設被収容者の日常生活』誠信書房．）
Grossmann, Atina, 1995, "A Question of Silence: The Rape of German Women by Occupation Soldiers," *October*, 72.（荻野美穂訳，1999，「沈黙という問題――占領軍兵士によるドイツ女性の強姦」『思想』898．）
Gutmann, Stephanie, 2000, *The Kinder, Gentler Military: Can America's Gender-Neutral Fighting Force Still Win Wars?*, Scribner.
半田滋 , 2012,『3. 11 後の自衛隊――迷走する安全保障政策のゆくえ』岩波書店．
Harrell, Margaret C. and Laura L. Miller, 1997, *New Opportunities for Military Women: Effects Upon Readiness, Cohesion, and Morale*, Rand.
Harrison, Deborah, 2003, "Violence in the Military Community," Paul R. Higate ed., *Military Masculinities: Identity and the State*, Praeger.
Harrison, Deborah and Lucie Laliberté, 1994, *No Life Like It: Military Wives in Canada*, James Lorimer.
春木育美，2000，「軍隊と韓国男性――兵役が韓国男性に与える影響」『同志社社会学研究』4．
春木育美，2011，「韓国の徴兵制と軍事文化の中の男性と女性」朝鮮文化研究会編『韓国朝鮮の文化と社会』10．
春木育美，2022，「韓国 Z 世代の"男女対立"」『世界』956．
Hashimoto, Akiko, 2015, *The Long Defeat: Cultural Trauma, Memory, and Identity in Japan*, Oxford University Press.（山岡由美訳，2017，『日本の長い戦後――敗戦の記憶・

トラウマはどう語り継がれているか』みすず書房.）
Hawkesworth, Mary, 2008, "War as a Mode of Production and Reproduction: Feminist Analytics," Karen Alexander and Mary Hawkesworth eds., *War and Terror: Feminist Perspectives*, University of Chicago Press.
林博史，2015，『日本軍「慰安婦」問題の核心』花伝社.
林博史，2021，『帝国主義国の軍隊と性——売春規制と軍用性的施設』吉川弘文館.
林奈津子，2007，「国際政治学におけるジェンダー研究——アメリカの研究動向を中心として」『ジェンダー研究——お茶の水女子大学ジェンダー研究センター年報』10.
林田敏子，2013，『戦う女，戦えない女——第一次世界大戦期のジェンダーとセクシュアリティ』人文書院.
Herbert, Melissa S., 1998, *Camouflage Isn't Only for Combat: Gender, Sexuality, and Women in the Military*, New York University Press.
東澤靖，2008，「紛争下の性的暴力と国際法の到達点」金富子・中野敏男編著『歴史と責任——「慰安婦」問題と一九九〇年代』青弓社.
Higate, Paul R., 2003a, "'Soft Clears' and 'Hard Civvies': Pluralizing Military Masculinities," Paul R. Higate ed., *Military Masculinities: Identity and the State*, Praeger.
Higate, Paul R., 2003b, "Concluding Thoughts: Looking to the Future," Paul R. Higate ed., *Military Masculinities: Identity and the State*, Praeger.
Higate, Paul R., ed., 2003, *Military Masculinities: Identity and the State*, Praeger.
Higate, Paul, 2004, *Peacekeeping and Gendered Relations in the Republic of Congo and Sierra Leone*, Institute for Security Studies.
Higate, Paul, 2007, "Peacekeepers, Masculinities, and Sexual Exploitation," *Men and Masculinities,* 10(1).
Higate, Paul and John Hopton, 2005, "War, Militarism, and Masculinities," Michael S. Kimmel, Jeff Hearn and R. W. Connell eds., *Handbook of Studies on Men & Masculinities*, Sage Publications.
Hill, Felicity, Mikele Aboitiz, and Sara Poehlman-Doumbouya, 2003, "Nongovernmental Organizations' Role in the Buildup and Implementation of Security Council Resolution 1325," *Signs: Journal of Women in Culture and Society*, 28(4).
平井和子，2013，「軍隊と性差別の深い関係——『橋下発言』をめぐって」『インパクション』190.
平井和子，2014，『日本占領とジェンダー——米軍・売買春と日本女性たち』有志舎.
平井和子，2018，「兵士と男性性——『慰安所』へ行った兵士／行かなかった兵士」上野千鶴子・蘭信三・平井和子編『戦争と性暴力の比較史へ向けて』岩波書店.

平井美帆，2022，『ソ連兵へ差し出された娘たち』集英社.

Hirschauer, Sabine, 2014, *The Securitization of Rape: Women, War and Sexual Violence*, Hampshire, Palgrave Macmillan.

Hockey, John, 2003, "No More Heroes: Masculinity in the Infantry," Paul R. Higate ed., *Military Masculinities: Identity and the State*, Praeger.

Höhn, Maria, 2002, *GIs and Fräuleins: The German-American Encounter in 1950s West Germany*, University of North Carolina Press.

Höhn, Maria and Seungsook Moon eds., 2010, *Over There: Living with the U.S. Military Empire from World War Two to the Present*, Duke University Press.

Hondagneau-Sotelo, Pierrette and Michael A. Messner, 1994, "Gender Displays and Men's Power: The 'New Man' and the Mexican Immigrant Man," Harry Brod and Michael Kaufman eds., *Theorizing Masculinities*, SAGE.

Hooker, Richard D. Jr., 1993, "Affirmative Action and Combat Exclusion: Gender Roles in the U.S. Army," Lois Lovelace Duke ed., *Women in Politics: Outsiders or Insiders? A Collection of Readings*, Prentice Hall.

Hooper, Charlotte, 2001, *Manly States: Masculinities, International Relations, and Gender Politics*, Columbia University Press.

Hopton, John, 2003, "The State and Military Masculinity," Paul R. Higate ed., *Military Masculinities: Identity and the State*, Praeger.

細谷実，2009，「日本における徴兵制導入と男性性」加藤千香子・細谷実編著『ジェンダー史叢書 5　暴力と戦争』明石書店.

Hudson, Valerie M., Bonnie Ballif-Spanvill, Mary Caprioli and Chad F. Emmett, 2012, *Sex and World Peace*, Columbia University Press.

Hunt, Krista and Kim Rygiel eds., 2006, *(En)Gendering the War on Terror: War Stories and Camouflaged Politics*, Ashgate.

Hutchings, Kimberly, 2008, "Making Sense of Masculinity and War," *Men and Masculinities*, 10(4).

市川房枝，1974，『市川房枝自伝 戦前編』新宿書房.

猪股祐介，2018，「語り出した性暴力被害者——満州引揚者の犠牲者言説を読み解く」上野千鶴子・蘭信三・平井和子編『戦争と性暴力の比較史へ向けて』岩波書店.

International Commission on Intervention and State Sovereignty (ICISS), 2013, *The Responsibility to Protect: Report of the International Commission on Intervention and State Sovereignty*, https://www.idrc.ca/en/book/responsibility-protect-report-international-commission-intervention-and-state-sovereignty.

石原俊，2022，「島嶼戦と住民政策——日本帝国の総力戦と疎開・動員・援護の展

開」『思想』1177.
石井香江，2008，「ドイツ男性史研究の展開と課題――近年のドイツ近現代史研究を事例として」『歴史学研究』84.
伊藤公雄，［1984］1993，「〈男らしさ〉の革命と挫折――イタリア・ファシズムにおける性と政治」『〈男らしさ〉のゆくえ』新曜社.
伊藤公雄，2004，「戦後男の子文化のなかの『戦争』」中久郎編『戦後日本のなかの「戦争」』世界思想社.
伊藤公雄，2017，『「戦後」という意味空間』インパクト出版会.
岩田英子，2022，「軍隊と女性に関する一考察――アメリカにおける女性の軍隊への参加から見る基本理念」『同志社アメリカ研究』58.
泉博子，2012，『告発！ 隠蔽されてきた自衛隊の闇――元防衛省女性事務官が体験した沖永良部島基地「腐敗といじめの二〇年」』光文社.
鄭《チョン》 喜鎮《ヒジン》（Jeong, Hee-jin）／山下英愛訳，2007，「性販売女性、フェミニスト、女性主義方法の再考」『女性・戦争・人権』8.
Johnson, Akemi, 2019, *Night in the American Village: Women in the Shadow of the U.S. Military Bases in Okinawa*, The New Press.（真田由美子訳，2021，『アメリカンビレッジの夜――基地の町・沖縄に生きる女たち』紀伊國屋書店.）
Jones, Kathleen, 1990, “Dividing the Ranks: Women and the Draft,” Jean Bethke Elshtain and Sheila Tobias eds., *Women, Militarism, and War: Essays in History, Politics, and Social Theory*, Rowman and Littlefield.
Jones, Kathleen B., 1994, “Identity, Action, and Locale: Thinking about Citizenship, Civic Action, and Feminism,” *Social Politics*, 1(3).
海妻径子・佐藤文香・兼子歩・平山亮共編，2022，『男性学基本論文集』勁草書房，近刊.
Kaplan, Robert D., 2005, *Imperial Grunts: The American Military on the Ground*, Random House.
Kandiyoti, Deniz, 1991, “Identity and Its Discontents: Women and the Nation,” *Millennium: Journal of International Studies*, 29(3).
兼子歩，［2008］2010，「〈男性の歴史〉から〈ジェンダー化された歴史学〉へ――アメリカ史研究における男性性の位置」木本喜美子・貴堂嘉之編，『一橋大学大学院社会学研究科先端課題研究叢書 5 ジェンダーと社会――男性史・軍隊・セクシュアリティ』旬報社.
加納実紀代，1995，『女たちの〈銃後〉増補新版』インパクト出版会.
加藤千香子・細谷実編，2009，『ジェンダー史叢書 5 暴力と戦争』明石書店.
加藤聖文，2009，『「大日本帝国」崩壊―東アジアの一九四五年』中央公論社.
河原宏，1993，「軍国主義」森岡清美ほか編『新社会学辞典』有斐閣.

河野仁，2004，「自衛隊 PKO の社会学——国際貢献任務拡大のゆくえと派遣ストレス」中久郎編『戦後日本のなかの「戦争」』世界思想社.
河野仁，2007a，「ポストモダン軍隊論の射程——リスク社会における自衛隊の役割拡大」村井友秀・真山全編著『リスク社会の危機管理』明石書店.
河野仁，2007b，「『軍隊と社会』研究の現在」『国際安全保障』35（3）.
河野仁，2013，「『新しい戦争』をどう考えるか——ハイブリッド安全保障論の視座」福間良明・野上元・蘭信三・石原俊編『戦争社会学の構想——制度・体験・メディア』勉誠出版.
河野仁・彦谷貴子，2006，「冷戦後の自衛隊と社会——自衛官・文民エリート意識調査の分析」『防衛大学校紀要 社会科学分冊』92.
Kelly, Liz, 1987, "The Continuum of Sexual Violence," Mary Maynard and Jalna Hanmer eds., *Women, Violence and Social Control*, Palgrave Macmillan.（喜多加実代訳，2001，「性暴力の連続体」ジャルナ・ハマー／メアリー・メイナード編／堤かなめ監訳『ジェンダーと暴力——イギリスにおける社会学的研究』明石書店.）
Kim, Myung-Hye, 2008, "Narrative Darstellung und Produktion von Wissen. Erzählungen koreanischer Frauen, die das System sexueller Versklavung durch die japanische Armee überlebt haben, 1935-1945"（ナラティヴ表現と知識の生産——日本軍性奴隷制を生き延びた韓国女性の語り 1935-1945）, von Insa Eschebach and Regina Mühlhäuser eds., *Krieg und Geschlecht: Sexuelle Gewalt im Krieg und Sex-Zwangsarbeit in NS-Konzentrationslagern*（戦争とジェンダー——戦時性暴力とナチ強制収容所における性の強制労働）, Metropol Verlag.
Kimmel, Michael S., Jeff Hearn and R.W. Connell eds., 2005, *Handbook of Studies on Men and Masculinities*, Sage.
木本喜美子・貴堂嘉之編，2010，『一橋大学大学院社会学研究科先端課題研究叢書 5 ジェンダーと社会——男性史・軍隊・セクシュアリティ』旬報社.
木下直子，2017，『「慰安婦」問題の言説空間——日本人「慰安婦」の不可視化と現前』勉誠出版.
Kittay, Eva Feder, 1999, *Love's Labor: Essays on Women, Equality, and Dependency*, Routledge.（岡野八代・牟田和恵監訳，2010，『愛の労働あるいは依存とケアの正義論』白澤社（発行）・現代書館（発売）.）
清末愛砂，2014，「『対テロ』戦争と女性の均質化——アフガニスタンにみる〈女性解放〉という陥穽」『ジェンダーと法』11.
Kleppe, Toiko Tõnisson, 2008, *Gender Training for Security Sector Personnel: Good Practices and Lessons Learned*, DCAF, OSCE/ODIHR, UN-INSTRAW.
児玉谷レミ・佐藤文香，2022，「戦時性暴力とジェンダー——男性被害者を包摂した議論のために」『思想』1177.

Koikari, Mire, 1999, "Rethinking Gender and Power in the U.S. Occupation of Japan, 1945-1952," *Gender and History*, 2(2).

Kovitz, Marcia, 2003, "The Roots of Military Masculinity," Paul R. Higate ed., *Military Masculinities: Identity and the State*, Praeger.

Kovner, Sarah, 2014, "GIs in the Global History of Gender and Sexuality," *Journal of Women's History*, Indiana University Press, 26(3).

Kronsell, Annica, 2012, *Gender, Sex, and the Postnational Defense: Militarism and Peacekeeping*, Oxford University Press.

久保田茉莉，2022，「フランスにおける女性軍人の法的取扱いとその実態（1）（2）（3）」『立命館法學』396－398.

Kühne, Thomas ed., 1996, *Männergeschichte: Geschlechtergeschichte, Männlichkeit im Wandel der Moderne*, Campus.（星乃治彦訳，1997，『男の歴史――市民社会と〈男らしさ〉の神話』柏書房.）

熊谷奈緒子，2014，『慰安婦問題』筑摩書房.

権 仁淑《クォン・インスク》（Kwon, Insook），2005，『大韓民国は軍隊だ――女性学的視点で見た平和，軍事主義，男性性』青年社.（山下英愛訳，2006，『韓国の軍事文化とジェンダー』御茶の水書房.）

林志弦《イム・ジヒョン》（Lim, Jie-Hyum）／原佑介訳，2017，「グローバルな記憶空間と犠牲者意識――ホロコースト，植民地主義ジェノサイド，スターリニズム・テロの記憶はどのように出会うのか」『思想』1116.

Lipari, Rachel N., Paul J. Cook, Lindsay M. Rock, and Kenneth Matos, 2008, *2006 Gender Relations Survey of Active Duty Members*, Defense Manpower Data Center Human Resources Strategic Assessment Program, http://www.ncdsv.org/images/DOD_GenderRelationsSurveyOfActiveDutyMembers_2006.pdf.

前田眞理子，2002，「『テロ後』とフェミニズムの理論――誰のための，何のための解放か」『法律時報』74（6）.

Mann, Bonnie, 2014, *Sovereign Masculinity: Gender Lessons from the War on Terror*, Oxford University Press.

Manson, Corinne L., 2013, "Global Violence Against Women as a National Security 'Emergency'," *Feminist Formations*, 25(2).

Marcus, Sharon, 1992, "Fighting Bodies, Fighting Words: A Theory and Politics of Rape Prevention," Judith Butler and Joan W. Scott eds., *Feminists Theorize the Political*, Routledge.

McGregor, Robert, 2003, "The Popular Press and the Creation of Military Masculinities in Georgian Britain," Paul R. Higate ed., *Military Masculinities: Identity and the State*, Praeger.

Meger, Sara, 2016, "The Fetishization of Sexual Violence in International Security," *International Studies Quarterly*, 60(1).

Messey, Doreen B. and Pat Jess eds., 1995, *A Place in the World? Places, Cultures and Globalization*, Open University Press.

Meyer, Leisa D., 1992, "Creating G.I.Jane: The Regulation of Sexuality and Sexual Behavior in the Women's Army Corps during World War II," *Feminist Studies*, 18(3).

Meyerowitz, Joanne, 2014, "Louts in Uniform," *Journal of Women's History*, Indiana University Press, 26(3).

御巫由美子，2009，「ジェンダー――フェミニスト国際関係論の発展と課題」日本国際政治学会編『学としての国際政治』有斐閣.

Mikanagi, Yumiko, 2011, *Masculinity and Japan's Foreign Relations*, First Forum Press.

Miller, Laura L. and Charles Moskos, 1995, "Humanitarians or Warriors?: Race, Gender, and Combat Status in Operation Restore Hope," *Armed Forces & Society*, 21(4).

南山淳・前田幸男編，2022，『批判的安全保障論――アプローチとイシューを理解する』法律文化社.

三輪敦子，2011，「女性と平和・安全保障をめぐって――国連安全保障理事会決議一三二五号の意義と課題」『研究紀要』16.

Mixner, David and Dennis Bailey, 2000, *Brave Journeys: Profiles in Gay and Lesbian Courage*, Bantam Books.

宮台真司・辻泉・岡井崇之編，2009，『「男らしさ」の快楽――ポピュラー文化からみたその実態』勁草書房.

宮地尚子，2008，「性暴力と性的支配」宮地尚子編著『性的支配と歴史――植民地主義から民族浄化まで』大月書店.

三宅勝久，2008，『自衛隊員が死んでいく――"自殺事故"多発地帯からの報告』花伝社.

宮西香穂里，2012，『沖縄軍人妻の研究』京都大学学術出版会.

望月寛子，2018，「ダイバーシティ・マネジメントと自衛隊――軍隊とLGBT」『鵬友』44（2）.

最上敏樹，2001，『人道的介入――正義の武力行使はあるか』岩波書店.

Mohanty, Chandra Talpade, [1984] 2003, "Under Western Eyes: Feminist Scholarship and Colonial Discourses," *Feminism without Borders,* Duke University Press.（堀田碧監訳，2012，「西洋の視線の下で――フェミニズム理論と植民地主義言説」『境界なきフェミニズム』法政大学出版局.）

Moon, Katharine H. S., 1997, *Sex Among Allies: Military Prostitution in U.S. - Korea Relations*, Columbia University Press.

Morgan, David H.J., 1994, "Theater of War: Combat, the Military, and Masculinities," Harry

Brod and Michael Kaufman eds., *Theorizing Masculinities*, Sage Publications.
森田成也，［1999］2021，「戦時の性暴力，平時の性暴力――「女性に対する暴力」の二〇世紀」『マルクス主義、フェミニズム、セックスワーク論――搾取と暴力に抗うために』慶應義塾大学出版会.
Moskos, Charles, [1992] 1998, "Armed Forces in Warless Society," Giuseppe Caforio ed., *The Sociology of the Military*, Edward Elgar Publishing.
Moskos, Charles C., John Allen Williams, and David R. Segal eds, 2000, *The Postmodern Military: Armed Forces after the Cold War*, Oxford University Press.
Mosse, George L.., 1996, *The Image of Man: The Creation of Modern Masculinity*, Oxford University Press.（2005，細谷実・小玉亮子・海妻径子訳『男のイメージ――男性性の創造と近代社会』作品社.）
Motoyama, Hisako, 2018, "Formulating Japan's UNSCR 1325 National Action Plan and Forgetting the 'Comfort Women'," *International Feminist Journal of Politics*, 20(1).
本山央子，2019，「武力紛争下の〈女性〉とは誰か――女性・平和・安全保障アジェンダにおける主体の生産と主権権力」『ジェンダー研究』22.
Mühlhäuser, Regina, 2010, *Eroberungen: Sexuelle Gewalttaten und intime Beziehungen deutscher Soldaten in der Sowjetuunion, 1941-1945*, Hamburger Edition（姫岡とし子監訳，2015，『戦場の性――独ソ戦下のドイツ兵と女性たち』岩波書店.）
村田陽平，2009，『空間の男性学――ジェンダー地理学の再構築』京都大学学術出版会.
永原陽子，2014，「『慰安婦』の比較史に向けて」歴史学研究会・日本史研究会編『「慰安婦」問題を／から考える――軍事性暴力と日常世界』岩波書店.
永井和，2015，「日本軍の慰安所政策について」「戦争と女性への暴力」リサーチ・アクションセンター編『日本人「慰安婦」――愛国心と人身売買と』現代書館.
内藤千珠子，2021，『「アイドルの国」の性暴力』新曜社.
内藤寿子，2005，「戦争と看護――従軍看護婦の位相」，早川紀代編『軍国の女たち』吉川弘文堂.
中林健・佐藤文香，2015，「国際平和活動におけるジェンダー主流化――軍のジェンダー・アドバイザーの機能に焦点を当てて」『国際ジェンダー学会誌』13.
中川徹，1982，「男性のみの徴兵予備登録と法の下の平等―― Rostker v. Goldberg, 49LW4798 (1981)」『判例タイムズ』456.
中野耕太郎，2013，『戦争のるつぼ――第一次世界大戦とアメリカニズム』人文書院.
七尾寿子・東由佳子・菅原亜都子，2008，「軍隊と女性――私たちはなぜ女性自衛官を支えるのか」『インパクション』161.
Niarchos, Catherine N., 1995, "Women, War, and Rape: Challenges Facing the International

Tribunal for the Former Yugoslavia," *Human Rights Quarterly*, 17(4).
日本軍「慰安婦」問題 web サイト制作員会編，2014,『Q&A「慰安婦」・強制・性奴隷――あなたの疑問に答えます』御茶の水書房.
西川祐子，2000,『近代国家と家族モデル』吉川弘文館.
西野留美子，1996,「軍隊と性暴力――あのとき国連軍兵士はカンボジア女性に何をしたか」『金曜日』4（24).
野上元・福間良明編，2012,『戦争社会学ブックガイド――現代世界を読み解く 132 冊』創元社.
North Atlantic Treaty Organization (NATO), 2017, *Summary of the National Reports of NATO Member and Partner Nations to the NATO Committee on Gender Perspectives*, https://www.nato.int/nato_static_fl2014/assets/pdf/pdf_2019_09/20190909_190909-2017-Summary-NR-to-NCGP.pdf.
Nuciari, Marina, 2003, "Women in the Military: Sociological Arguments for Integration," Giuseppe Caforio ed., *Handbook of the Sociology of the Military*, Kluwer Academic/Plenum Publishers.
大江志乃夫，1982,『昭和の歴史 3 天皇の軍隊』小学館.
Office of the Inspector General of the Department of Defense (DoDIG), 2003, "Report on the United States Air Force Academy Sexual Assault Survey," 9.11, 2003, https://media.defense.gov/2018/Aug/28/2001959396/-1/-1/1/USAFASEXUALASSAULTSURVEY.PDF.
大越愛子，1998,「『国家』と性暴力」江原由美子編『フェミニズムの主張 4 性・暴力・ネーション』勁草書房.
小倉利丸・大橋由香子編，1991,『働く／働かない／フェミニズム――家事労働と賃労働の呪縛?!』青土社.
岡野八代，2012,『フェミニズムの政治学――ケアの倫理をグローバル社会へ』みすず書房.
岡野八代，2015,『戦争に抗する――ケアの倫理と平和の構想』岩波書店.
岡野八代，2019,「批判的安全保障とケア――フェミニズム理論は『安全保障』を語れるのか？」『ジェンダー研究』22.
Oliver, Kelly, 2007, *Women as Weapons of War: Iraq, Sex and the Media*, Columbia University Press.
Olsson, Louise and Torunn L. Tryggestad eds., 2001, *Women and International Peacekeeping*, Frank Cass Publishers.
小野沢あかね，2008,「女性史から『男性史』への問い――『男性史』全 3 巻によせて」歴史学研究会編『歴史学研究』844，青木書店.
小野沢あかね，2013,「『慰安婦』問題と公娼制度」「戦争と女性への暴力」リサー

チ・アクションセンター編『「慰安婦」バッシングを超えて――「河野談話」と日本の責任』大月書店.

Orford, Anne, 2003, *Reading Humanitarian Intervention: Human Rights and the Use of Force in International Law*, Cambridge University Press.

Peterson, V. Spike, 1992, "Security and Sovereign States: What Is at Stake in Taking Feminism Seriously?," V. Spike Peterson ed., *Gendered States: Feminist (Re)Visions of International Relations Theory*, Lynne Rienner Publishers.

Peterson, V. Spike, 1999, "Sexing Political Identities / Nationalism as Heterosexism," *International Feminist Journal of Politics*, 1.

Platt, Steve, 1991, "Casualties of War," *New Statesman & Society*, 4(139).

Polchar, Joshua, Tim Sweijs, Philipp Marten, and Jan Galdiga, 2014, *LGBT Military Personnel: A Strategic Vision for Inclusion*, Hague Centre for Strategic Studies, https://hcss.nl/report/lgbt-military-personnel-a-strategic-vision-for-inclusion/.

Reardon, Betty A., 1985, *Sexism and the War System*, Teachers College Press.（山下史訳，1988，『性差別主義と戦争システム』勁草書房.）

ベティ・A．リアドン（Reardon, Betty A.）／秋林こずえ訳，2008，「すべての制度は、ジェンダー視点から検討されなければならない」『女性・戦争・人権』9.

Regan de Bere, Samantha, 2003, "Masculinity in Work and Family Lives: Implications for Military Service and Resettlement," Paul R. Higate ed., *Military Masculinities: Identity and the State*, Praeger.

Ress, Madeline, 2002, "International Intervention in Bosnia-Herzegovina: The Cost of Ignoring Gender," Cynthia Cockburn and Dubravka Zarkov eds., *The Postwar Moment: Militaries, Masculinities and International Peacekeeping*, Lawrence and Wishart.

Riley, Robin L., Chandra Talpade Mohanty, and Minnie Bruce Partt eds., 2008, *Feminism and War: Confronting U.S. Imperialism*, Zed Books.

Roberts, Mary Louise, 2013, *What Soldiers Do: Sex and the American GI in World War II France*, University of Chicago Press.（佐藤文香監訳，西川美樹訳，2015，『兵士とセックス――第二次世界大戦下のフランスで米兵は何をしたのか？』明石書店.）

Roberts, Mary Louise, 2014, "Response," *Journal of Women's History*, Indiana University Press, 26(3).

Ruddick, Sarah, 1983, "Pacifying the Forces: Drafting Women in the Interests of Peace," *Signs, Journal of Women in Culture and Society*, 8(3).

佐々木正徳，2019，「現代韓国社会の男性性――軍事主義との関係から」『ジェンダー史学』15.

Sasaki, Tomoyuki, 2009, *An Army for the People: The Self-Defense Forces and Society in Postwar Japan*, UMI. Dissertation Publishing.

Sasaki, Tomoyuki, 2015, *Japan's Postwar Military and Civil Society: Contesting a Better Life*, Bloomsbury Academic.

佐々木陽子，2001，『総力戦と女性兵士』青弓社.

Sasson-Levy, Orna, 2003, "Feminism and Military Gender Practices: Israeli Women Soldiers in 'Masculine' Roles," *Sociological Inquiry*, 73(3).

Sasson-Levy, Orna, 2011a, "The Military in a Globalized Environment: Perpetuating an 'Extremely Gendered' Organization," Emma L. Jeanes, David Knights and Patricia Yancey Martin eds., *Handbook of Gender, Work and Organization*, Wiley.

Sasson-Levy, Orna, 2011b, "Research on Gender and the Military in Israel: From a Gendered Organization to Inequality Regimes," *Israel Studies Review: An Interdisciplinary Journal*, 26(2).

佐藤文香，2004，『軍事組織とジェンダー――自衛隊の女性たち』慶應義塾大学出版会.

佐藤文香，2009，「自衛隊は二一世紀の軍隊たりえるか――セクハラ裁判からみえてくるもの」『三田評論』1123.

Sato, Fumika, 2010, "Why Have the Japanese Self-Defense Forces Included Women?: The State's 'Nonfeminist Reasons'," Setsu Shigematsu and Keith L. Camacho eds., *Militarized Currents: Toward a Decolonized Future in Asia and the Pacific*, University of Minnesota Press.

佐藤文香，2021，「戦争と暴力――戦時性暴力と軍事化されたジェンダー秩序」蘭信三・一ノ瀬俊也・石原俊・佐藤文香・西村明・野上元・福間良明編『シリーズ戦争と社会 1「戦争と社会」という問い』岩波書店.

佐藤文香，2022，「『自衛官になること／であること』――男性自衛官の語りから」蘭信三・一ノ瀬俊也・石原俊・佐藤文香・西村明・野上元・福間良明編『シリーズ戦争と社会 2 社会のなかの軍隊／軍隊という社会』岩波書店.

佐藤文香・加納実紀代（聞き手），2008，「『軍事組織とジェンダー』をめぐって――女性自衛官人権裁判のアンビバレンツ」『インパクション』161.

佐藤雅哉，2019，「書評 上野千鶴子・蘭信三・平井和子編『戦争と性暴力の比較史へ向けて』」『ジェンダー史学』15.

Scott, Catherine V., 2006, "Rescue in the Age of Empire: Children, Masculinity, and the War on Terror," Krista Hunt and Kim Rygiel eds., *(En)Gendering the War on Terror: War Stories and Camouflaged Politics*, Ashgate.

Seager, Joni, 2018, *The Women's Atlas*, Penguin Books.（中澤高志・大城直樹・荒又美陽・中川秀一・三浦尚子訳，2020，『女性の世界地図――女たちの経験・現在地・これから』明石書店.）

Segal, Lynne, 1990, *Slow Motion: Changing Masculinities, Changing Men*, Virago.

Segal, Mady Wechsler, 1995, "Women's Military Roles Cross-Nationally: Past, Present, and Future," *Gender & Society*, 9(6).

Segal, Mady Wechsler, 1999, "Gender and the Military," Janet Saltzman Chafetz ed., *Handbook of the Sociology of Gender*, Kluwer Academic/Plenum Publishers.

Seifert, Ruth, 1994, "War and Rape: A Prelininary Analysis," Alexandra Stiglmayer ed., *Mass Rape: The War Against Women in Bosnia-Herzegovina*, University of Nebraska Press.

「戦争と女性への暴力」リサーチ・アクションセンター編, 2015,『日本人「慰安婦」――愛国心と人身売買と』現代書館.

Shepherd, Laura J., 2006, "Veiled References: Constructions of Gender in the Bush Administration Discourse on the Attacks on Afghanistan post-9/11," *International Feminist Journal of Politics*, 8(1).（本山央子訳／佐藤文香監訳「ヴェールに隠された参照項――九・一一後アフガニスタン攻撃に関するブッシュ政権の言説におけるジェンダー構築」海妻径子・佐藤文香・兼子歩・平山亮共編『男性学基本論文集』勁草書房、近刊).

Shepherd, Laura J., [2007] 2011, "Victims, Perpetrators and Actors' Revisited: Exploring the Potential for a Feminist Reconceptualization of (International) Security and (Gender) Violence," Christine Sylvester ed., *Feminist International Relations: Critical Concepts in International Relations, Vol. V 1997-2008*, Routledge.

Shibusawa, Naoko, 2006, *America's Geisha Ally: Reimagining the Japanese Enemy*, Harvard University Press.

Shigematsu, Setsu and Keith L. Camacho eds., 2010, *Militarized Currents: Toward a Decolonized Future in Asia and the Pacific*, University of Minnesota Press.

渋谷知美, 2001,「『フェミニスト男性研究』の視点と構想――日本の男性学および男性研究批判を中心に」『社会学評論』51（4).

申惠丰《しんへぼん》（Shin, Hae Bong), 2003,「国際法とジェンダー――国際法におけるフェミニズム・アプローチの問題提起とその射程」『世界法年報』22.

Singer, Peter Warren, 2003, *The Rise of the Privatized Military Industry*, Cornell University Press.（山崎淳訳, 2004,『戦争請負会社』NHK 出版.）

宋少鵬《そうしょうほう》（Song, Xiaopeng）／秋山洋子訳, 2016,「メディアの中の『慰安婦』ディスコース――記号化された『慰安婦』と『慰安婦』叙述における記憶／忘却のメカニズム」小浜正子・秋山洋子編『現代中国のジェンダー・ポリティクス――格差・性売買・「慰安婦」』勉誠出版.

Spivak, Gayatri Chakravorty. 1988. "Can the Subaltern Speak?," Cary Nelson and Lawrence Grossberg eds., *Marxism and the Interpretation of Culture*, University of Illinois Press, 271-313.（上村忠男訳, 1998,『サバルタンは語ることができるか』みすず書房.）

Stachowitsch, Saskia, 2011, *Gender Ideologies and Military Labor Markets in the US*, Routledge.

Steans, Jill, 2006, *Gender and International Relations: Issues, Debates and Future Directions*, Second Edition, Polity Press.

Stiehm, Judith Hicks, 1982, "The Protected, The Protector, The Defender," *Women's Studies International Forum,* 5(3/4).

Summerfield, Penny and Corinna Peniston-Bird, 2003, "The Home Guard in Britain in the Second World War: Uncertain Masculinities?," Paul R. Higate ed., *Military Masculinities: Identity and the State*, Praeger.

Szekely, Ora, 2019, "Fighting about Women: Ideologies of Gender in the Syrian Civil War," *Journal of Global Security Studies*, 5(3).

鈴木佑司，1993，「軍事化」森岡清美ほか編『新社会学辞典』有斐閣.

多賀太，2002，「男性学・男性研究の諸潮流」『日本ジェンダー研究』5.

Taga, Futoshi, 2005, "East Asian Masculinities," Michael S. Kimmel, Jeff Hearn and R.W. Connell eds., *Handbook of Studies on Men and Masculinities*, Sage.

多賀太編，2011，『揺らぐサラリーマン生活――仕事と家庭のはざまで』ミネルヴァ書房.

高橋三郎，1974，「戦争研究と軍隊研究――ミリタリー・ソシオロジーの展望と課題」『思想』605.

高良沙哉，2015，『「慰安婦」問題と戦時性暴力――軍隊による性暴力の責任を問う』法律文化社.

高内悠貴，2015，「『従軍する権利』をめぐるダブルバインド――1970年代アメリカ合衆国におけるゲイ解放運動とベトナム反戦運動」『ジェンダー＆セクシュアリティ』10.

高里鈴代，1996，『沖縄の女たち――女性の人権と基地・軍隊』明石書店.

玉城福子，2022，『沖縄とセクシュアリティの社会学――ポストコロニアル・フェミニズムから問い直す沖縄戦・米軍基地・観光』人文書院.

田中洋美，2008，「ステイト・フェミニズムと女性官僚――女性官僚はフェモクラットか」『国際ジェンダー学会誌』6.

田中利幸，2007，「国家と戦時性暴力と男性性――『慰安婦制度』を手がかりに」宮地尚子編『性的支配と歴史――植民地主義から民族浄化まで』大月書店.

田中俊之，2009，『男性学の新展開』青弓社.

Tickner, J. Ann, 1992, *Gender in International Relations: Feminist Perspectives on Achieving Global Security*, Columbia University Press.（進藤久美子・進藤榮一訳，2005，『国際関係論とジェンダー――安全保障のフェミニズムの見方』岩波書店.）

Tickner, J. Ann, 2002, "Feminist Perspectives on 9/11," *International Studies Perspectives*, 3.

Tilly, Charles, 1985, "War Making and State Making as Organized Crime," Evans Peter, Dietrich Rueschemeyer and Theda Skocpol eds., *Bringing the State Back In*, Cambridge:

Cambridge University Press.
富坂キリスト教センター編，2017,『沖縄にみる性暴力と軍事主義』御茶の水書房.
土佐弘之，2000,『グローバル／ジェンダー・ポリティクス――国際関係論とフェミニズム』世界思想社.
土佐弘之，2016,『境界と暴力の政治学――安全保障国家の論理を超えて』岩波書店.
True, Jacqui, 2012, *The Political Economy of Violence Against Women*, Oxford University Press.
土野瑞穂，2017,「国連安全保障理事会決議 1325 号と紛争下における女性への性暴力の脱政治化――日本版国別行動計画における『慰安婦』問題をめぐる議論に着目して」『国際ジェンダー学会誌』15.
堤未果，2008,『ルポ 貧困大国アメリカ』岩波書店.
Turpin, Jennifer, 1998, "Many Faces: Women Confronting War," Lorentzen, Lois Ann and Jennifer Turpin eds., *The Women and War Reader*, New York University Press.
内田雅克，2010,『大日本帝国の「少年」と「男性性」――少年少女雑誌に見る「ウィークネス・フォビア」』明石書店.
上野千鶴子，1998,『ナショナリズムとジェンダー―― Engendering Nationalism』青土社.
上野千鶴子，2006,『生き延びるための思想――ジェンダー平等の罠』岩波書店.
上野千鶴子・蘭信三・平井和子編，2018,『戦争と性暴力の比較史へ向けて』岩波書店 .
United Nations (UN), 1997, *Report of the Economic and Social Council for 1997*, A/52/3, September 18, 1997, https://digitallibrary.un.org/record/271316.
United Nations (UN), 2003, *Women, Peace and Security: At a Glance*, https://digitallibrary.un.org/record/523994?ln=zh_CN.
United Nations Children's Fund (UNICEF), 1986, *Children in Situations of Armed Conflict*, http://www.cf-hst.net/unicef-temp/Doc-Repository/doc/doc406082.PDF.
United Nations Department of Peacekeeping Operations (UNDPKO), 2004, *Gender Resource Package for Peacekeeping Operations*, https://www.un.org/ruleoflaw/files/Gender%20Resource%20Package.pdf.
United Nations International Research and Training Institute for the Advancement of Women (UN INSTRAW), 2006, *Securing Equality, Engendering Peace: A Guide to Policy and Planning on Women, Peace and Security (UN SCR 1325)*, https://digitallibrary.un.org/record/617272.
U.S. Department of Defense (USDoD), Office of the Deputy Assistant Secretary of Defense, 2011, "Contractor Support of U.S. Operations in the USCENTCOM Area of Responsibility, Iraq, and Afghanistan," October, 2011, http://www.acq.osd.mil/log/ps/

centcom_reports.html.

U.S. Government Accountability Office (USGAO), 2005, *Military Personnel: Reporting Additional Service Member Demographics Could Enhance Congressional Oversight*, https://www.gao.gov/assets/gao-05-952.pdf.

Van Ingen, Michiel, 2020, "After Constructivism: Rethinking Feminist Security Studies through Interdiscrplinary Research," Michiel van Ingen, Steph Grohmann, and Lena Gunnarsson eds., *Critical Realism, Feminism, and Gender: A Reader*, Routledge.

和田賢治，2009，「統治の技術としてのジェンダー訓練」『国際協力論集』17(2).

Waylen, Georgina, 1998, "Gender, Feminism and State: An Overview," Vicky Randoll and Georgina Waylen eds., *Gender, Politics and State*, Routledge.

Weinek, Nora and Fumika Sato, 2019, "Living with the US Military: The Women Working on Okinawa Bases," *Hitotsubashi Journal do Social Studies*, 50(1).

ノーラ・ワイネク（Winek, Nora Beryll）／佐藤文香，2019，「沖縄で在日米軍と共に生きる――基地従業員女性の経験の両義性に注目して」『ジェンダー研究』22.

Weldon, S. Laurel, 2006, "Inclusion and Understanding: A Collective Methodology for Feminist International Relations," Brooke A. Ackerly, Maria Stern and Jacqui True eds., *Feminist Methodologies for International Relations*, Cambridge University Press.

Weston, Stefanie A., 2014, "The Dilemma of Japan's Proactive Pacifism in Asia," *Fukuoka University Review of Law*, 59(2).

Whitworth, Sandra, 1997, *Feminism and International Relations: Towards a Political Economy of Gender in Interstate and Non-Governmental Institutions*, Macmillan.（武者小路公秀他監訳，2000，『国際ジェンダー関係論――批判理論的政治経済学に向けて』藤原書店.）

Whitworth, Sandra, 2004, *Men, Militarism & UN Peacekeeping: A Gendered Analysis*, Lynne Rienner Publishers.

Wiegand, Karl L., 1982, "Japan: Cautious Utilization," Nancy Loring Goldman ed., *Female Soldiers — Combatants or Noncombatants? Historical and Contemporary Perspectives*, Greenwood Press.

Wolfe, Jessica, Erica J. Sharkansky, Jennifer P. Read, Ree Dawson, James A. Martin and Paige Crosby Ouimette, 1998, "Sexual Harassment and Assault as Predictors of PTSD Symptomatology Among U.S. Female Persian Gulf War Military Personnel," *Journal of Interpersonal Violence*, 13(1).

Women's Research and Education Institute (WREI), 2010, *Women in the Military: Where They Stand*, 7th edition, WREI.

Woodward, Rachel, 2003, "Locating Military Masculinities: Space, Place, and the Formation of

Gender Identity in the British Army," Paul R. Higate ed., *Military Masculinities: Identity and the State*, Praeger.
山本めゆ，2015，「戦時性暴力の再－政治化に向けて――『引揚女性』の性暴力被害を手がかりに」『女性学』22.
山本めゆ，2022，「引揚者の性暴力被害――集合的記憶の間隙から届いた声」蘭信三・一ノ瀬俊也・石原俊・佐藤文香・西村明・野上元・福間良明編『シリーズ戦争と社会 3 総力戦・帝国崩壊・占領』岩波書店.
兪炳完《ユ・ビョンワン》（Yoo, Byoungoan）・佐藤文香，2012，「韓国女性軍人のプライドと困難――男性中心的な軍隊規範への順応に注目して」『国際ジェンダー学会誌』9.
吉田純編・ミリタリー・カルチャー研究会，2020，『ミリタリー・カルチャー研究――データで読む現代日本の戦争観』青弓社.
吉田裕，2002，『日本の軍隊――兵士たちの近代史』岩波書店.
吉田裕，2005，「日本陸軍と女性兵士」早川紀代編『戦争・暴力と女性 2 軍国の女たち』吉川弘文堂.
吉見義明監修，2011，『東京裁判――性暴力関係資料』現代史料出版.
Zalewski, Marysia, 1996, "'All These Theories Yet the Bodies Keep Piling Up': Theorists, Theories and Theorizing," Steve Smith, Ken Booth, and Marysia Zalewski eds., *International Relations: Positivism and Beyond*, Cambridge University Press.

佐藤文香（さとう ふみか）
一橋大学大学院社会学研究科教授
1995年慶應義塾大学環境情報学部卒、1997年慶應義塾大学大学院政策・メディア研究科修士課程修了、2000年同博士課程単位取得退学。2002年博士（学術）（慶應義塾大学）。中部大学人文学部専任講師、一橋大学大学院社会学研究科助教授・准教授を経て、2015年同研究科教授、現在に至る。専門分野はジェンダーの社会理論・社会学、戦争・軍隊の社会学。
著書に『軍事組織とジェンダー——自衛隊の女性たち』（慶應義塾大学出版会、2004年）、『ジェンダー研究を継承する』（共編、人文書院、2017年）、『ジェンダーについて大学生が真剣に考えてみた——あなたがあなたらしくいられるための29問』（監修、明石書店、2019年）、『シリーズ 戦争と社会 全5巻』（共編、岩波書店、2021-22年）、訳書にシンシア・エンロー『策略——女性を軍事化する国際政治』（上野千鶴子監訳、岩波書店、2006年）、メアリー・ルイーズ・ロバーツ『兵士とセックス——第二次世界大戦下のフランスで米兵は何をしたのか？』（監訳、明石書店、2015年）、シンシア・エンロー『〈家父長制〉は無敵じゃない——日常からさぐるフェミニストの国際政治』（監訳、岩波書店、2020年）などがある。

女性兵士という難問
——ジェンダーから問う戦争・軍隊の社会学

2022年 7月20日　初版第1刷発行
2022年11月 1日　初版第2刷発行

著　者————佐藤文香
発行者————依田俊之
発行所————慶應義塾大学出版会株式会社
〒108-8346　東京都港区三田 2-19-30
TEL〔編集部〕03-3451-0931
〔営業部〕03-3451-3584〈ご注文〉
〔　〃　〕03-3451-6926
FAX〔営業部〕03-3451-3122
振替 00190-8-155497
https://www.keio-up.co.jp/
装丁・イラスト——中尾悠
組　版————株式会社キャップス
印刷・製本——中央精版印刷株式会社
カバー印刷——株式会社太平印刷社

Printed in Japan　ISBN 978-4-7664-2835-3